確率思考でビジネスの成果を確実化する
エビデンス・ベースド・マーケティング

その決定に根拠はありますか？

著者 小川 貴史、山木 窅

JN081754

マイナビ

■ **本書のサポートサイト**

本書の補足情報、訂正情報などを掲載します。適宜ご参照ください。

https://book.mynavi.jp/supportsite/detail/9784839981860.html

- 本書は2024年5月段階での情報に基づいて執筆されています。
  本書に登場するサイトのURL、画面、サービス内容、そのほか製品やソフトウェア、
  サービスのバージョン、画面、機能、製品のスペックなどの情報は、すべて
  その原稿執筆時点でのものです。
  執筆以降に変更されている可能性がありますので、ご了承ください。

- 本書に記載された内容は、情報の提供のみを目的としております。
  したがって、本書を用いての運用はすべてお客様自身の責任と判断において行ってください。

- 本書の制作にあたっては正確な記述につとめましたが、
  著者や出版社のいずれも、本書の内容に関してなんらかの保証をするものではなく、内容に
  関するいかなる運用結果についてもいっさいの責任を負いません。あらかじめご了承ください。

- 本書中の会社名や商品名は、該当する各社の商標または登録商標です。
  本書中ではTMおよびRマークは省略させていただいております。

はじめに
マーケティングの意思決定にたしかな「根拠（エビデンス）」を

　私は現在まで（執筆時2024年4月）、およそ20年マーケティング関係の業務に関わってきました。消費者の心理・行動・市場のメカニズムを左脳と右脳双方の思考で紐解き、考案した施策を実行し商品やサービスを浸透させていく業務には日々発見があります。勉強すべきテーマが多く、マーケティングの業務は知的好奇心が常に刺激されるやりがいのある業務だと思います。

　2021年12月、インターネット調査[1]で**「最後にいつご自身のお仕事のための書籍（または電子書籍）を買いましたか？」**と聞きました。その回答結果をもとに、1年間で自身の仕事に役立つ書籍（または電子書籍）の購買確率を「M[2]」という値を導いて分析すると、消費者調査や広告販促、DXなど、マーケティング関連業務経験のある方とそうでない方で大きな差があることがわかりました（次ページの**図表0-1**参照）。

　「M」は**「プレファレンス（消費者の選好性）」**に対応する値で、消費者の購買確率を予測する**「NBDモデル（負の二項分布）」**の重要な係数です。Mは「自社ブランドをすべての消費者が選択した延べ回数を消費者の頭数で割ったもの[3]」で、一定期間で市場1人あたりに購買などのアクションが発生する回数の期待値です。書籍**『確率思考の戦略論』**(KADOKAWA)[4]で紹介され、多くのマーケターに影響を与えました。本書においても、確率モデルや因果推論の専門知識や数式が多少出てきますが、これらをビジネスパーソン向けにわかりやすく解説して参ります。

図表0-1 マーケティング関連業務に関わったことがある方とそれ以外の方の1年間における書籍購買確率「M」

年代性別	マーケティング関連業務経験あり	マーケティング関連業務経験なし
F20-29	0.612	0.337
F30-39	0.755	0.153
F40-49	0.676	0.154
F50-59	0.638	0.112
M20-29	0.730	0.129
M30-39	0.721	0.189
M40-49	0.817	0.162
M50-59	0.977	0.161

参考URL
マーケティング関連業務に関わったことがある方を分析したnote
328万人のマーケターの皆さまへ！「顧客理解サイクルの作り方」
https://note.com/ogataka/n/n121abfb792d1

※1　調査内容について
- 2021年12月にセルフリサーチFreeasyパネルの職種「会社員（正社員）／会社員（契約・派遣社員）／経営者・役員を対象とした20歳〜59歳男女16,000名のうち、エラーと判断して削除した残りの15,333人を対象として分析
- 購入したことがない／1カ月以内に購入／1カ月〜3カ月以内に購入／3カ月〜1年以内に購入／1年〜3年以内に購入／3年以上前に購入から1つを選択する回答結果をもとに、ガンマ・ポアソン・リーセンシー・モデルで分析（分析法は2章で解説）
- 「マーケティング関連業務経験あり」の条件は、2年前から現在、現在から今後1年の3年間の期間を目安として、関わってきた（または関わる予定の）業務内容を聴取した質問の10項目「デジタルトランスフォーメーション／新規事業開発／マーケティング（戦略策定）／マーケティング（戦術実行）／マーケティング（市場調査）／デジタルマーケティング（ユーザーエクスペリエンスデザイン）／デジタルマーケティング（Web集客）／販売促進／広告クリエイティブ制作」のいずれか1つ以上に「あてはまる」（選択肢は「あてはまる／ややあてはまる／どちらともいえない／あまりあてはまらない／あてはまらない」と回答した方

※2　「M」は1年間の各年代性別の購買回数÷人口

※3　書籍『確率思考の戦略論』（株式会社KADOKAWA）より引用
　　　https://www.amazon.co.jp/dp/4041041422

※4　森岡毅、今西聖貴 著

『確率思考の戦略論』の著者らがかつて所属していたP&G社で浸透している「コンシューマー・イズ・ボス」などの顧客中心主義が日本にも定着し、マーケターは消費者行動や市場構造のメカニズムの把握に役立つ要素技術やフレームワークを多くの書籍やセミナーなどから積極的に吸収しています。その一方で、日本は欧米と比較して、広告には投資するものの消費者調査にお金をかけない傾向があります。

　欄外の参考記事は、マーケティング・リサーチのグローバルな業界団体であるヨーロッパ世論・市場調査協会（ESOMAR：European Society for Opinion and Marketing Research）の2022年の年次報告書（GMR 2022）のデータを引用して執筆されたものです。この記事によると、調査費の金額について、日本は21.1億ドルに対し、米国は626.3億ドル、英国は110.7億ドルであり、日本の広告費に対するリサーチ費の割合は4.7％であること（米国は23.1％／英国は26.1％）などから、日本企業は**広告には予算をつぎ込むがリサーチにはお金をかけない傾向**を指摘しています[5]。

　さまざまな事象と向き合って消費者の行動や心理面の仮説を立てて対策を練るマーケティングの現場で、欧米と比較して仮説の検証や探索に有効なリサーチが行われていないのです。この状況に至る原因はさまざまだと思いますが、多くの経営者やマーケティング従事者と関わってきた経験から、主な原因は**戦略に活かす「エビデンス」の作り方と使い方が知られていないこと**にあると考え、その方法を共有するために本書を企画しました。

※5　参照記事「日本企業は広告費に比べてリサーチ予算が少なすぎ　ESOMAR報告」
https://xtrend.nikkei.com/atcl/contents/casestudy/00012/01031/

本書では、自社のマーケティング予算投資の妥当性を確認する方法や、確率モデルと因果推論を組み合わせた分析によって自社と競合ブランドの施策の効果を金額で推計する方法、施策によって市場や消費者が構造的にどう変化したかを捉える方法など、**マーケティングの根幹となる戦略を考える際に役立つエビデンスの作り方**を共有します。また、エビデンス・ベースド・マーケティングの法則を参照し、消費者にどんなきっかけでブランドを想起してもらうか把握する分析や、カテゴリー購入者の傾向を把握する分析、新しいアイデアのコンセプトの受用性を確認する調査についても取り上げます。消費者調査をエビデンスとして活用するために必要なリテラシーとして、調査でよく起こるバイアスやそれを補正する因果推論の分析も解説します。

2024年4月

小川 貴史

本書の刊行によせて
オーケストレイター・作曲家、マーケター Jun Kaji氏より

　私は16歳で単身渡米し、音大作曲科を卒業後、米国で映画のメジャースタジオの音楽部長を経てCCO（チーフ・クリエイティブ・オフィサー）を務めました。一度自己破産した映画ブランドのCMO（チーフ・マーケティング・オフィサー）として、8年間をかけて世界でもっとも稼ぐ映画ブランドに成長させました。2015〜2019年まで映画の全世界興行収入が10億ドルを超えた作品は27本。世界興行歴代1位と4位の2作品（公開時）を含む7本は私が手掛けたものです。

　私がマーケターとして大事にしたのは、「ターゲットを絞らずにあらゆる人たちから愛される映画作りを行うこと」、「何度も劇場に足を運ぶヘビーユーザーよりも新規顧客やライトユーザーの獲得に力を入れること」（これは本書で紹介される「エビデンスド・ベースド・マーケティング」の考え方そのものです）、「競合をも巻き込んで『映画』というカテゴリーをほかの娯楽のカテゴリーよりも魅力にすること」、そして「直感だけに頼らず数学を正しく道具として使う仕組みを作ること」です。

　NBDモデルを最初にマーケティングに活用した書籍『Repeat Buying』は私のバイブルです。本書でも分析の核になっているNBDモデルには「M（一定期間内の平均購入確率）」「1-P0（一定期間内の浸透率）」「K」という3つのパラメータがあり、私はグラフの形を決めるパラメータの理想的な値「K」をシミュレーションして、その値に寄せていく手法を多用することで短期間で急成長させました。NBDモデルは、直近の需要やもっとも売上が伸びるタイミングについても教えてくれます。また、限られた予算を上手に使うためにMMM（マーケティング・ミックス・モデリング）という手法を用いました。世間の「TVCMよりWeb広告の方が効果的」という意見に惑わされず、MMMで分析を進めるなかでもっとも効果が高かったTVCMに自信を持って予算を投入した経験がありますが、これらの分析を実行する方法が具体的に説明されているのは小川さんのこの本以外にないはずです。

日本に帰国してから、中小企業基盤整備機構の経営支援アドバイザーとして企業支援をしたことがありますが、日本の企業ではインテリジェンスがまったく機能していないと感じました。「商品企画の売上予測は担当者の願望を書いただけ」「ある施策を行った四半期に売上が伸びたら、施策が上手くいったと判断して継続する（施策が売上アップの直接の原因かどうかを分析していない）」など驚きの連続でした。そのときに困ったのが、中小企業に勧められる数学マーケティングの教科書が1冊もなかったことです。小川貴史さんは1人でも数学マーケティングを取り入れる方法論を確立しており、また自費で何度も調査を行うことでデータの裏付けを取っています。出版前の原稿を読ませていただきましたが、この本こそ今の日本にインテリジェンスを根付かせるために必要な教科書だと確信しています。

2024年5月

Jun Kaji

....

PROFILE

Jun Kaji

ハート音楽院音楽学部作曲科 音楽理論科卒業後、カリフォルニア大学ロサンゼルス校エンターテイメント学部映画音楽作曲科を修了。ハリウッドメジャースタジオの法務部からキャリアをスタートし、作曲家、オーケストレイター、脚本家としてさまざまな作品に関わる。またマーケティングでは独自の統計モデルよる予測・分析とアーティスト思考の掛け合わせで成果を出していく手法を得意とし、某映画ブランドのブランドマネジャーとしてブランド価値を7倍にし、それまで2本しかなかった全世界興行収入20億ドルを突破した映画を2本制作した。2024年4月、高松から世界水準で仕事ができる作編曲家とマーケターの後進を育てるためのプロジェクト「Stories」を立ち上げる。

CONTENTS

序章

本書のテーマと内容

思い込みマーケティングの回避

0-1 | 本書で扱う「(マーケティング戦略に活かす)エビデンス」とは

　皆さんは「失われた30年」という言葉をご存じでしょうか。日本は1980年代まで半導体や家電、自動車産業などで世界をリードしていましたが、1990年代以降は諸外国のテクノロジー企業の勢力が増したことにより、特にITとデジタル産業で海外企業に大きく遅れをとることになりました。このような日本国内における約30年間の状況を表したのが「失われた30年」という言葉です。急速に変わるテクノロジーのトレンドに日本企業が対応し切れない状況を生んだのは、革新的なリスクを取るカルチャーがなかったことが原因のひとつだと考えており、またこの状況に陥ったのは前述した「(米英と比較して)広告には投資するが、リサーチには投資しない傾向」も関係していると考えています。

　施策を決定するための戦略については多くの論考がありますが、経営学者のマイケル・ポーターは「戦略は選択すること」と主張しています。彼は「ヒト、モノ、カネなど企業のリソースには上限があるため、リスクをとりつつ競争力を高めることに注力するには、なにかを捨てる判断もまた必要」と説いているわけです。しかし、なにを捨ててなにに注力するか？　**大胆な戦略を描きつつリスクを回避する確率を上げるには、たしかな"エビデンス"つまり"意思決定に至った明確な根拠"が必要で、これを裏付けるのがリサーチです。**

　本書では、これを示すための骨組みとなる「エビデンス・ベースド・マーケティング」の基礎および普遍的な法則を説明・参照していきます。そのうえで、戦略意思決定に役立つ消費者調査や統計解析などの手法をもとに、エビデンスとして使えそうなデータを求めることを広く「エビデンスの作り方」として紹介します。これらを活用して分析を進めることで、経営戦略の根幹につながる意思決定や消費者マーケティングに必ずやご活用いただけるでしょう。

本書執筆のテーマ

① 消費者マーケティングにまつわる不変かつ重要な法則「エビデンス・ベースド・マーケティング」の骨格を共有する

② 安価もしくは無料のツールを利用した、事業規模の大小にかかわらず活用できるエビデンスの作り方を共有する

③ 約96.6万人を対象とした調査により確認してきた知見を共有する

0-2 | 消費者マーケティングにまつわる 不変の法則を共有

　2018年、**エビデンス・ベースド・マーケティング**の代表的な研究機関
である南オーストラリア大学アレンバーグ・バス研究所のバイロン・シャー
プ教授による著書『How Brands Grow』が、『**ブランディングの科学**』とい
う邦題で日本で出版されました。**「ダブルジョパディの法則」**など、数多く
のデータによる検証から導いた法則が紹介され、それまでのマーケティン
グの通説に“思い込み”レベルのものが多いことを指摘しています。

　ダブルジョパディの法則は**「市場浸透率（ある一定期間に当該ブランド
を購入または利用した人の割合）が低いブランドはロイヤルティも低くな
る。つまり二重の苦しみ（ダブルジョパディ）となる現象」**を指します。そ
の法則から、「購買頻度などのロイヤルティ指標を向上させたい」などとい
った**多くのマーケティング課題を解決する鍵は市場浸透率の拡大にあるこ
と**を説いています。

　書籍が発売された当時は、デジタルテクノロジーを活用したCRM（カス
タマー・リレーションシップ・マネジメント）への期待が大きくなっていまし
たが、書籍『ブランディングの科学』の主張はCRMと逆行していました。
主な論考はマス・マーケティングの提唱やCRMなどのロイヤルティマーケ
ティングの非有効性で、STP理論[※1]を綺麗事だと切り捨てています。

　『ブランディングの科学』著者のバイロン・シャープ氏はマーケティング・
リサーチなどの各種エビデンスをもとに、1回限りの出来事ではなく不変の
法則を発見することに着目した研究を積み重ねています。本書においても、
フィリップ・コトラー教授などのマーケティング論者によって提唱され、それ

※1　STP理論は、フィリップ・コトラー教授が提唱したマーケティング理論の1つ。Segmentation、
　　　Targeting、Positioningの3語の頭文字からとられた理論で、まずは市場のセグメント
　　　（Segmentation）を行い、そこからターゲットとなる層を絞り込み（Targeting）、競争戦略におけ
　　　る優位性を確立する（Positioning）する考え方です。

まで主流かつ常識とされてきた考えの多くに「エビデンスに基づいていない」「マーケターに都合の良い思い込みによるものがある」と指摘しています。

そもそも人間には、なにかもっともらしい理由をつけようとする思考の癖があるようです。書籍『認知バイアス入門』(ソシム)では、データ分析者向けに、大別した3つのバイアス(認知バイアス、社会的バイアス、統計的バイアス)を解説しています。そのなかで紹介されていた認知バイアスの1つに**「ナラティブ・バイアス(narrative bias)」**があります。

「レオナルド・ダヴィンチ」の書いた「モナリザ」がなぜ有名になったのか考える場合、以下2つの選択肢のうち、どちらのほうが納得できると思うでしょうか?

① モナリザがダ・ヴィンチの最高傑作の1つだから
② 1911年、美術館から偶然にもモナリザが盗まれ注目を浴びることになったから

これは、米国の社会学者ダンカン・ワッツ博士の「盗難事件によって偶然に浴びたその注目が新たな注目を生んだことでモナリザは誰もが知る存在になった。つまり盗難事件がなければ今も無名だっただろう」という指摘をもとに作成された質問です。おそらく①を選んだ方が多いと思いと思いますし、②のようにモナリザが世界的に有名になった理由を「偶然」と説明されると、心理的な抵抗感を覚えてしまう方が多いと思います。

それが「ナラティブ・バイアス(narrative bias)」です。人間は物事の結果を偶然で説明されるより、もっともらしい原因を使ったシンプルでわかりやすい説明(narrative＝物語)を好む認知傾向を持っています。

マーケティングの業務では、消費者の行動を形式化して理解しやすくする**「AIDMA」**や**「マーケティングファネル」**など、ブランドの購買までの消費者の行動プロセスを「認知→興味・関心→比較・検討→購入」などのプロセスにあてはめて仮説を立てることが多くなります。また、デジタルマーケティングに付帯するWeb来訪や購買ログなど、消費者行動の結果として得

たデータと向きあうことで行動の理由などを仮説している方も多いでしょう。

図表0-2 AIDMAとマーケティングファネル（例）

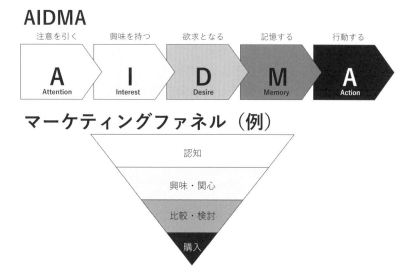

マーケティングの業務に真剣に取り組めば取り組むほど、消費者行動の
メカニズムを洞察したり、行動の理由を考察したりする機会は増えていき
ます。そうした状況になると、ついつい自らが納得しやすい理由や結論を
導きやすくなってしまいます。そうした場面で客観的な判断を行うことに役
立つ**「エビデンスの作り方」**が本書の要諦というわけです。

　本書で扱う「エビデンス」に対応するデータは主に消費者調査（定量＆
定性）です。ほかに人流データ、レシート購買データ、売上や広告販促に
関わる時系列データなどもありますが、デジタルマーケティングで得られる
行動ログなどのビッグデータは対象外[2]としています。

※2　例外として、マーケティング投資の説明を果たすための「MMM（マーケティング・ミックス・モ
　　デリング）」でインターネット広告のクリック数などを時系列データとして扱うことはあります。

デジタルマーケティングの進化によって顧客の行動ログデータを獲得しやすい環境になってから、テクノロジーを活かしたロイヤルティマーケティング（1to1マーケティングやパーソナライズ・コミュニケーションなど）に期待する風潮が強くなりました。**パーソナルなデータを得ることで顧客を理解することができる**と過度に期待されている面があると考えており、そうした期待に対応するものは本書の対象外とさせていただきました。

また近年、個人データの扱いがグローバルで見直されています。今後はCookie規制[3]のトレンドが加速することもあり、このような過度な期待は落ち着き、本来のマーケティングの在り方に回帰していくのではないでしょうか。消費者の行動に共通する法則を消費者調査や購買データから捉えることで確立されたエビデンス・ベースド・マーケティング（エビデンスにもとづくマーケティング）が求められる場面は増えていくと考えています。

ここからは、まず「ダブルジョパディの法則」とは具体的にはどんなもので、なぜそれが起こるのか？ どのようにしてマーケティング戦略に活かす「エビデンス」を作るのか？ 書籍『ブランディングの科学』で紹介されていた海外および日本で調査したデータを紹介しながら、活用方法を解説していきます。

エビデンス・ベースド・マーケティングの関連文献で紹介されてきた法則や研究内容の守備範囲はとても広く重厚なので、本書では先行知見を網羅的に紹介することを追求せず、多くの方の実務に役立つ汎用的な道具（としての調査法や分析法や思考法）を共有することに注力します。特に重視したのは、**マーケティング戦略を検討する土台を形成するためのエビデンスの作り方**です。エビデンス・ベースド・マーケティングの基礎に注目し、日本で行った調査から確認した内容を紹介したうえで、消費者調査から興味のあるブランドのマーケティング施策の効果を構造的に把握する方

※3　Cookie規制とは、ユーザーのプライバシー保護を強化するためにWebブラウザ開発者や法律などでCookieの利用を制限する動きを指します。Cookieとは、ユーザーがWebサイトを訪問した際、そのサイト運営者がユーザーのブラウザに保存するファイルです。Cookieには、ユーザーの閲覧履歴や設定情報などが保存されており、サイト運営者はこれらの情報を利用して、ユーザーに合わせた広告を表示したり、サイトの利用状況を分析したりすることができます。

法や、たしかなマーケティング投資判断を行う方法、顧客を理解するための前提となる思考プロセスなどを紹介します。

　エビデンス・ベースド・マーケティングの関連文献で紹介されてきた法則や研究内容を網羅的に解説した書籍『**戦略ごっこ**』(日経BP) を手にとっていただくのもおすすめです。著者は数学／統計学などの理系アプローチと、心理学／文化人類学などの文系アプローチに精通されており、アレンバーグ・バス研究所を中心にマーケティング関連の300以上の海外論文を読んだうえで「異なる条件で何度も繰り返すパターンや規則性を集める」「規則性があてはまらない条件や場合分けが必要なときは可能な限り言及する (そのことで境界条件をわかりやすく)」「可能な限り絵、図表、グラフで規則性の本質を表現する」編集方針で、エビデンス・ベースド・マーケティングの重厚な知見を整理し、実務家向けに翻訳しています。

0-3 | 小規模な事業者の方も 活用できそうなエビデンスの作り方

　書籍『確率思考の戦略論』では、「**NBDモデル（負の二項分布）**」という数式と、「**プレファレンス（消費者の選好性）**」に対応する「**M**」を増やすことが戦略の本質であることが再三語られています。また、**顧客数を増やす「水平拡大」のほうが、同じ顧客数で購買回数を増やす「垂直拡大」よりも現実的**であるとも述べられています。これはダブルジョパディの法則とリンクする内容です。ダブルジョパディの法則における要諦を「浸透率が小さいブランドが浸透率を大きくすることは難しい」と極端に捉えてしまい、市場浸透率が大きいブランドを扱っていない自分には関係ないと捉えている方もいると思います。しかし、私はエビデンス・ベースド・マーケティングの法則から着想を得て、浸透率が低くこれから市場を広げていくブランドが活用可能な分析法を開発しました。**本書で紹介するノウハウは、主に新興ブランドが既存市場でシェアを伸ばすことや新市場の創出に向けて活用し体系化したもの**です。

　エビデンス・ベースド・マーケティングの法則から着想を得て、因果推論と確率モデルを用いて行う「**消費者調査MMM（マーケティング・ミックス・モデリング）**[※4]」という新しい分析方法を3章で紹介します。

　消費者調査MMMでは、自社に限らずブランドのコミュニケーション施策の効果を金額換算で推計することが可能です。私は、あるベンチャー企業のアナリストとして市場の拡大戦略を設計する際、自社を調査対象とせず、市場のシェアが大きい先行ブランドのTVCMなどの施策による効果を年代性別ごとに金額換算し、構造的に把握していました。当該カテゴリー

[※4] 　自社だけでなく競合ブランドも含め、20を超えるコミュニケーション施策や要因ごとに一定期間（ここでは1年間）で売上がいくら増えたかといった購買貢献回数を推計し、平均単価を乗じることで貢献金額まで推計します。ダブルジョパディの法則と消費者行動の確率モデルからヒントを得て、因果推論の分析も駆使して実現した消費者調査から行う「MMM（マーケティング・ミックス・モデリング）」という新しい手法で特許も出願しています。

の主要ブランドのコミュニケーション効果の構造については、調査対象ブランドの当事者よりも、もしかしたら私のほうが詳しいかもしれません。市場を形成する主なブランドが行ってきたマーケティング施策の効果を自社の戦略検討のエビデンスとして活用し、市場からシェアを奪っていくための戦略を決めた結果、同ブランドは成功を収め、既存市場を侵食しながら新しい市場を創造する次のフェーズを見据えて動いています。

　その企業は、4章で紹介する「時系列データ解析による**MMM（マーケティング・ミックス・モデリング）**」にも本気で取り組んでいます。MMMは商品購買などへの影響を、同時に複数実施されているマーケティング施策やそのほかの要因のデータ（主に時系列データ）を用いた数理モデルなどから説明することで、施策ごとの影響を推定し最適化試算まで落とし込む分析法です。Cookie規制の影響によりデジタル広告も既存の効果計測法ではデータの欠損が拡大していることから、MMMに取り組む企業が急増しています。前述のベンチャー企業ではデジタル広告の効果検証を毎週MMMで行っており、ブランドの成長のカギを握る重要な施策の真の効果（ROI）はMMMでなければわかりません。

　本書は「マーケティング」という肩書のある役職の方だけでなく、**これから市場を拡大または創造しようとしている方全員**を対象にしています。しかも、TVCMを投下できるような莫大なマーケティング予算に携わる方など一部の方にだけ対応するものではありません。本書では、一部の“本格的なプロジェクト[※5]”でしか扱えない高価なシンジケートデータ[※6]やツールではなく、小規模事業者の方も利用しやすいマーケティング・リサーチのツールや無料で公開されているツール（Meta社のMMMツール「Robyn」など）を活用します。これらを使うことで、読者の皆様は本格的なプロジェクトで行わる分析と同等、またはそれ以上の示唆を得るノウハウを得られ

※5　本格的なプロジェクトとは、大手の広告会社やコンサル会社が独自に扱うプロジェクト、または高価な消費者マーケティング・リサーチ基盤などのシンジケートデータの活用ができるプロジェクトのこと。こうした基盤を使うことができるのは、全国規模で大規模なTVCMを投下するような規模の予算があるブランドに限定されます。

※6　シンジケートデータとは「複数の企業や組織が共有するために集められた、消費者調査などの市場関連情報」のこと。当該データを提供する企業（市場調査会社など）との契約を通じて提供されるデータを指します。

ると考えています。

　また、これらのツールは私が実際に使っているものです。そのほうが分析の内容を明瞭に紹介することができるからです。たとえば私は、NBDモデルをあてはめるために活用したのべ96.6万人の調査（2021年3月〜2024年3月）のうち、92.4万人分はセルフ型のマーケティングリサーチツール「Freeasy」を使っています。同種の調査サービスはほかにもありますが、基本属性として得られるデータ（年齢、居住エリア、年収、職業区分など）は各サービスで微妙に違います。そのため、「Freeasy」の基本属性データとして使ったデータを具体的に示したほうが分析の内容を明瞭に紹介することができるわけです。これ以外にも、本書で紹介する各種ツールは私が実際に使っているもので、私のような一人法人でも扱える価格と扱いやすさを基準として選定しています。そのため、網羅的にツールを列挙してスペックを比較するような解説は行いません。大切なのはツールのスペックよりも、ツールを使いこなす方のリテラシーと使い方です。私が実際に使っているツールを用いて生成した各種の分析結果の内容を見ていただくことで、リテラシーを高めるお手伝いができれば幸いです。

Column　セルフ型マーケティングリサーチツール「Freeasy」とは？

　「Freeasy（フリージー）」はアイブリッジ株式会社が提供するセルフ型アンケートツールです。アンケート作成から回答回収まで、すべてオンラインで簡単に実施できます。低コストでスピーディな調査を実現し、市場調査、顧客満足度調査、新商品開発調査など、さまざまな用途に活用可能です。

　モニターに全数調査を行うと、筑波大学と共同研究で開発した特許取得済の独自アルゴリズム「不適切回答検出方法およびそのシステム、並びにそのプログラム」を回答データに適用します。不適切回答候補者を自動判別・抽出してブラックリスト化することで、クリーニングされた調査モニターにWeb調査を行うことを可能にしています。

主な機能

直感的な操作で アンケート作成	ドラッグ＆ドロップで 簡単にアンケートを作成できます。
豊富な設問タイプ	選択式、記述式、マトリックスなど、 さまざまな質問タイプに対応しています。
サンプル数・属性設定	調査対象となるサンプル数や属性を 設定できます。
リアルタイムデータ集計	回答状況をリアルタイムで確認できます。
分析機能	集計結果をグラフや表でわかりやすく 可視化できます。

参考URL　「Freeasy」Webサイト　https://freeasy24.research-plus.net/

0-4 | 本書の章構成と読者特典について

各章では、主に以下の内容を解説していきます。

1章　なぜ市場浸透率が重要なのか？

書籍『ブランディングの科学』で紹介されたダブルジョパディの法則と、関連する主要な法則①②③④を、海外のデータに加えて日本で行った調査結果を交えて解説します。それらのデータからダブルジョパディの法則はなぜ起きるのか、またロイヤルティを増やすためには浸透率を大きくする必要があるのはなぜかを解説します。

① ダブルジョパディの法則

マーケットシェアが低いブランドは購買客数も非常に少なくなります。またこれらの購買客は行動的ロイヤルティも態度的ロイヤルティもやや低くなる、2重の苦しみ（ダブルジョパディ）の状態になります。

② 顧客重複の法則

ブランドの顧客基盤は、マーケットシェアに応じて競合ブランドの顧客基盤と重複します（大規模ブランドとの顧客共有率は高く、小規模ブランドとの顧客共有率は低くなります）。一定期間内に、あるブランドの購買客の30％がブランドAを購入するとすれば、ほかの競合ブランド購買客の30％もブランドAを購入しています。

③ 自然独占の法則

マーケットシェアが大きいブランドほど、そのカテゴリー内の多くのライトバイヤーを引き付けます。そのカテゴリーの購入頻度が少ない消費者ほど、より大きなブランドを買う傾向があります。

④ リテンションダブルジョパディの法則

顧客の離反原則はコントロールできず、その損失はマーケットシェアと比例します。顧客数が多いブランドほど多くの顧客を失いますが、その損失の割合（離反率）は顧客数が少ないブランドと比較して相対的に小さくなります。

2章　性別年代ごとに顧客構造を把握する

『ブランディングの科学』と『確率思考の戦略論』で紹介された消費者行動の確率モデルを用いて、年代性別ごとにプレファレンス「M」を把握する方法を紹介します。本書のために、外食チェーン、テーマパーク、エナジードリンク（栄養補助飲料または食品）の調査を行っており、これをもとに解説します。定量的な消費者調査で起こりえるバイアスを紹介し、それを適切に補正するための方法も紹介します。というのも、インターネット調査は代表性（調査対象者全体の結果を偏りなく正確に反映できているか）が担保されるものではありません。本書で扱うような市場全体を推計するような分析では、各種の補正が必要になるケースがほとんどです。インターネット調査に限らず、完全な代表性を担保する消費者調査データを得ることは難しい状況ですが、バイアスを捉え、適切な補正を行うことで市場全体を俯瞰して捉える精度を高めることが可能です。

3章　コミュニケーション効果の構造を把握する

前章まではエビデンス・ベースド・マーケティングの各種法則を日本の調査でも確認したことを紹介しました。本章以降はそれらの法則から着想を得たオリジナル手法の紹介が中心となります。

本章では「Freeasy」を用いた調査から、自社に限らず競合も含めたブランドを対象に、20を超えるコミュニケーション施策・要因ごとに一定期間（ここでは1年間）で売上がいくら増えたか（貢献金額）を推計する「消費者調査MMM」を解説します。消費者が購買に至るまでに関与する要素を、商品を知る、または思い出すきっかけとなる**「施策（「広告を見た」など）」**と、購買のネクストアクションとなる **「要因（「店頭で商品を見た」など）」** に分けて、膨大なパターンの施策→要因→購買の効果係数をBIツールで集計

し、興味のあるカテゴリー（商品またはサービス）に属する各ブランドのコミュニケーション効果をガラス張りにします。

4章　市場（顧客）の変化を的確にとらえる

　マーケティング・コミュニケーションの実行段階では、時系列データ解析と消費者調査の双方のMMM（マーケティング・ミックス・モデリング）を併用することで、自社が手掛けた施策によって起こる市場の変化を構造的かつ定量的に捉えます。時系列MMMについては、Meta社がオープンソースで公開しているMMMツール「Robyn」を使います。Robynの機能を発展させ、広告→指名検索→購買アクションという間接効果を加味した最適化計算を行う方法までを解説します。

5章　消費者を理解するための基本分析

　エビデンス・ベースド・マーケティングの主要な法則を知ると、自社のブランド固有のお客様を理解することよりも、まずは自社が属するカテゴリーの商品やサービスをよく利用するユーザー、すなわち「**カテゴリーバイヤー**」の傾向理解が重要であることがわかります。20〜69歳まで3万人に2,000問を超える調査項目を聴取した「（株）三菱総合研究所・生活者市場予測システム（mif）」（mifはMarket Intelligence & Forecastの略称）のデータを活用し、カテゴリーバイヤーの傾向を把握する方法と、自社ブランドが競合優位に立つために「消費者にどんなときに想起してもらうべきか」を検討する方法を紹介します。

6章　新たな市場を発掘するための調査分析法

　最終章では、日本の観光資源におけるマーケティングを考えていきます。「観光×VRやMR」という新しいサービスのコンセプト受容性調査を例に、新しい市場を創造するための調査分析の方法を紹介します。新しいコンセプトのアイデアを作っていくプロセスで行った現場での観察や、インタビューによる仮説探索などの定性分析のやり方も紹介します。なお、本章はすべて共著者の山本さんとともに取り組んだ内容です。山本さんは新卒で入

社したテーマパークのリサーチャーとして活動し、私との戦略策定プロジェクトにも取り組んでいただいているプロのリサーチャーです。

　「顧客がなにを考えているか」「自分とは違う環境かつ違う性格を持つ他者を理解するにはどうしたらいいか」「他者の考え方（内在的論理）を想像して、自分の体験や経験からわかることとすり合わせて理解するにはどのようにすればよいか」といった、**「顧客理解を理解する」**ことをテーマに山本さんが解説します。この章では調査分析の内容だけでなく、調査の目的を設定するために必要な思考プロセスを共有することに注力します。

充実の読者特典

　特典の主な内容は、動画講義と演習データです。紙面の制約から紹介できない詳細な分析結果のデータや、分析を実装するための詳しい知識は特典でフォローします。演習データは主に、講義テキストと調査の集計データ、分析プログラムの実行コード、PowerBIダッシュボードのURL、のべ約17万人のFreeasy調査のローデータです。マーケティング・リサーチを学ぶ学生の研究用途でも活用いただけるかもしれません。以降、特典による補足がある場合には、書籍の文中で「特典で補足します」などその旨をご案内します。

読者特典の概要
・以下各特典を案内するテキストファイル
・複数の動画講義（各動画のパスワードはmmm0628）
・複数の動画講義に対応するテキストと演習データ　（分析を実際に行うための時系列データや調査のローデータ、分析用のコード）
・PowerBIで集計した消費者調査MMMのダッシュボード
・その他参考データ（書籍で紹介したデータを補足する内容や調査票など）

特典URL
マイナビ出版「その決定に根拠はありますか？」サポートページ
https://book.mynavi.jp/supportsite/detail/9784839981860.html

約96.6万人におよぶ標本サイズを活用

　2021年の3月から私が携わってきたプロジェクトで、NBDモデルを活用しながら汎用的に使える方法がないか模索してきました。2024年3月までにプロジェクト用で約54.9万人、研究用の調査で約41.7万人と、合計（のべ）96.6万人の消費者調査を回収し分析することで研究と実務を行き来してきました。その調査の多くは、ダブルジョパディの法則の確認にも使えるもので、先人が確認した法則を実際の調査にあてはめて確認しています（法則の解説では、研究用調査の一部を活用します）。

図表0-3　インターネット調査（研究）の一覧表

調査年数	種類	サンプルサイズ	回数
2021年	研究用	93,000	14
2021年	プロジェクト用	67,797	10
2022年	研究用	52,000	5
2022年	プロジェクト用	91,291	20
2023年	研究用	198,802	10
2023年	プロジェクト用	336,597	30
2024年	研究用	73,019	8
2024年	プロジェクト用	54,000	3
		966,506	100

第 **1** 章

なぜ市場浸透率が
重要なのか？

エビデンス・ベースド・マーケティングで確認された
重要な法則とは？

1-1 | ダブルジョパディの法則

　この章では、書籍『ブランディングの科学』と『ブランディングの科学 新市場開拓篇』(株式会社朝日新聞出版)[※1]で紹介された法則のうち、もっとも重要な法則となる「ダブルジョパディの法則」および関連する法則を、同書から参照したデータと日本で行った調査データを交えて紐解いていきます。

　ダブルジョパディの法則は、1960年代に社会学者ウィリアム・マクフィが態度データの分析中に発見したもので、「市場浸透率(ある一定期間に当該ブランドを購入または利用した人の割合)が低いブランドはロイヤルティも低くなる。つまり二重の苦しみ(ダブルジョパディ)となる」という法則です。ブランド選択においても、市場シェアの小さいブランドは顧客数が少なく(第1のジョパディ)顧客のロイヤルティも低く(第2のジョパディ)なることで売上が小さくなることが観察されたと、アンドリュー・アレンバーグ教授(1972年)とクロード・マーチン(1973年)がそれぞれ論文で発表しました。以降、この法則はB2Bブランド、サービス、店舗、出版物、新聞、ラジオ、テレビ放送、政治家などさまざまな分野で観察されてきました。

　図表1-1と図表1-2は、それぞれ消費者パネルデータから観測した米国と英国のシャンプーブランドの1年間の市場占有率(販売個数のシェア)と市場浸透率です。市場浸透率が大きいブランドほど購買頻度も多くなっています。

※1　ともに監訳　加藤　巧／訳　前平　謙二

図表1-1　ダブルジョバディの法則―シャンプーブランド（米国、2005年）

仮想ブランド	市場占有率 （%）	年間市場浸透率 （%）	購買頻度 （平均）
スエーブ・ナチュラルズ	12	19	2.0
パンテーンプロ-V	10	16	1.9
アルベルト V05	6	11	1.6
ガーニア・フラクティス	5	9	1.7
ダブ	4	8	1.5
フィネス	1	2	1.4
平均購買頻度			1.7

注：米国の小規模シャンプーブランドのロイヤルティの低下はわずかだ。
データソース：Nielsen
『ブランディングの科学』P45より

図表1-2　ダブルジョバディの法則―シャンプーブランド（英国、2005年）

シャンプーブランド	市場占有率 （%）	年間市場浸透率 （%）	購買頻度 （平均）
ヘッドアンドショルダーズ	11	13	2.3
パンテーン	9	11	2.3
ハーバルエッセンス	5	8	1.8
ロレアルエルビビ	5	8	1.9
ダブ	5	9	1.6
サンシルク	5	8	1.7
ヴォセンス	2	3	1.7
平均購買頻度			1.9

注：英国の小規模シャンプーブランドのロイヤルティの低下はわずかだ。
データソース：Nielsen
『ブランディングの科学』P44」より

　マーケターはフィリップ・コトラー教授のSTP理論を通説とすることが多く、ターゲットとセグメントを定めポジショニングを重視しています。『ブランディングの科学』が日本で出版された2018年当時は「既存顧客のロイヤルティを高めて購入数を増やすほうが、新規獲得より費用効率がよい」という考えを基本として、デジタルマーケティングの1to1コミュニケーションでさらにロイヤルティを高めることに期待する風潮が加熱していました。今後加速するCookie規制など、パーソナルデータ活用の世界的な潮流の変化から、その風潮が落ち着いてきている感もありますが、**デジタルテクノ**

ロジーを活用したCRMに勝機ありといった風潮があることはたしかです。ターゲットを限定したほうがロイヤルティを高くできそうな気もしますし、この法則をはじめてお聞きになった方で違和感を覚えた方もいるのではないでしょうか？　私の場合は「浸透率が大きく顧客数が多いブランドは、ライトユーザーが多くロイヤルティが低い。浸透率が小さく顧客数が少ないブランドは、熱心なヘビーユーザーが多くロイヤルティが高い」と考えていました。

　しかし実際は違うようです。**図表1-3**の中国の歯磨き粉市場（2011年）、**図表1-4**のインドネシアの個人向け銀行（2014年）、**図表1-5**の米国のコンクリート納品業者（2000年）、**図表1-6**の冠動脈ステント（2013年）で、B to Cに限らず多くのケースでその法則が観測されています。インドネシアの個人向け銀行のデータでは、顧客数あたりの平均商品数や好きと答えた割合や推計離反率などがダブルジョパディの法則にあてはまっています。なお、この法則における"ロイヤルティ"は購買頻度に限らず、広義に捉えて良いでしょう。

図表1-3　中国の歯磨き粉市場で観察されたダブルジョパディ（2011年）

ブランド	市場シェア (%)	世帯浸透率 (%)	平均購買頻度 （購買回数）	平均カテゴリー購買率 (%)
クレスト	19	57	2.8	29
コルゲート	14	46	2.5	26
ヂォンフゥア	12	43	2.4	25
ダーリー	11	35	2.7	26
LSL	6	23	2.2	23
ヘイメイ	3	14	1.9	18
YNBY	3	14	2.2	20
バンブー	2	9	2.0	19
LMZ	2	9	1.7	17
センリダイン	0.3	2	1.5	13
平均	7	25	2.2	22

データソース：Kantar Worldwide panel China
『ブランディングの科学 新市場開拓篇』P22より

図表1-4 インドネシアの個人向け銀行の各指標に観察されたダブルジョパディ
（2014年）

ブランド	浸透率 （%）	顧客当たりの 平均商品数	取引先銀行が 好きと答えた 顧客（%）	推定離反 率 （%）
セントラル・アジア銀行	64	1.8	57	13
マンディリ銀行	63	1.9	48	17
ラヤット・インドネシア銀行	50	1.6	41	17
ネガラ・インドネシア銀行	49	1.7	43	17
タブンガン・ヌガラ銀行	20	1.5	19	36
平均	49	1.7	42	20

『ブランディングの科学 新市場開拓篇』P25より

図表1-5 企業間取引に見られるダブルジョバディ

	コンクリート納品業者		冠動脈ステント	
	市場浸透率（%）	購買頻度 （3カ月の平均）	市場浸透率（%）	購買頻度 （6カ月の平均）
A	46	2.96	18	8.4
B	36	1.54	15	3.2
C	35	1.46	12	3.2
D	31	1.27	8	5.2※
E	26	1.03	8	3.0

※大きく逸脱しているが、これは1人の購買者が短期間で多くの購買行動をとったのが原因。このような例外的な事象は避けられないが、起きても継続することはまれだ。
データソース：Pickford & Goodhardt, 2000(concrete suppliers); McCabe, Stern & Dacko, 2013 (coronary stents)
『ブランディングの科学 新市場開拓篇』P21より

　私が2章で解説する、消費者行動の確率モデルを使って推計した値も紹介します。**図表1-6**の外食チェーン、**図表1-7**のテーマパーク、**図表1-8**のエナジードリンクの3カテゴリーで、調査時点からさかのぼった1年間の市場浸透率とプレファレンス「M」および「平均回数」を推計し、ダブルジョパディの関係を確認したものです。各調査で聴取した好意度5段階のTOP[2]の割合も入れました。

※2　選択肢「非常に好感が持てる／好感が持てる／やや好感が持てる／どちらともいえない／好感がもてない」のうち「非常に好感が持てる」

「M」は、ある一定期間における「のべ回数÷人数」で、市場1人あたりの購買の発生確率です。平均回数は「のべ回数÷購買者または利用者の人数」です。ここでは20代を対象に男女で分けて分析し、浸透率の降順で並べています。ブランド名を「food1」「park1」「enagy1」などとしている理由は後述します。

図表1-6　マクドナルド、ケンタッキーほか計7ブランド　（2023年3月下旬調査／以前1年間）

20代女性 （n=4, 302）

ブランド	浸透率	M	平均回数	好意度TOP
マクドナルド	88.5%	14.91	16.85	43.4%
ケンタッキー	63.7%	2.54	3.98	35.0%
food2	55.4%	2.09	3.77	43.4%
food3	51.5%	2.39	4.64	38.5%
food1	44.3%	1.48	3.33	38.5%
food4	43.5%	1.64	3.78	29.4%
food5	30.9%	1.16	3.75	24.1%

20代男性 （n=4, 140）

ブランド	浸透率	M	平均回数	好意度TOP
マクドナルド	77.0%	12.21	15.86	36.2%
ケンタッキー	54.7%	2.16	3.96	26.1%
food2	54.4%	2.63	4.83	33.3%
food3	45.0%	1.79	3.97	27.3%
food5	42.0%	2.70	6.43	25.8%
food4	40.3%	1.43	3.56	23.0%
food1	39.0%	1.28	1.68	27.3%

図表1-7 TDL、USJ、他計8ブランド （2023年10月上旬調査/以前1年間）

20代女性 (n=5,774)

ブランド	浸透率	M	平均回数	好意度TOP
TDL	19.56%	0.392	2.01	45.8%
USJ	15.64%	0.293	1.33	36.0%
park2	4.62%	0.052	1.13	14.4%
park3	4.22%	0.045	1.06	10.3%
park1	4.07%	0.048	1.18	14.8%
park4	1.25%	0.014	1.12	6.7%
park6	0.94%	0.010	1.07	4.6%
park5	0.37%	0.004	1.00	4.2%

20代男性 (n=4,941)

ブランド	浸透率	M	平均回数	好意度TOP
TDL	11.48%	0.212	1.84	25.1%
USJ	10.85%	0.205	1.34	24.2%
park3	6.38%	0.087	1.36	12.7%
park2	5.32%	0.059	1.11	12.5%
park1	3.90%	0.043	1.09	10.6%
park4	2.39%	0.029	1.20	7.1%
park6	1.60%	0.019	1.21	5.8%
park5	0.76%	0.009	1.24	5.3%

図表1-8 エナジードリンク6ブランド（2024年1月下旬調査/以前1年間）

20代女性 (n=4,750)

ブランド	浸透率	M	平均回数	好意度TOP
enagy1	39.28%	2.32	5.92	19.6%
enagy6	36.92%	1.64	4.44	12.9%
enagy5	32.56%	1.47	4.52	11.6%
enagy2	23.12%	1.51	6.54	6.9%
enagy3	22.51%	1.34	5.97	6.9%
enagy4	14.19%	0.79	5.56	4.0%

20代男性 (n=4,645)

ブランド	浸透率	M	平均回数	好意度TOP
enagy1	47.12%	3.31	7.01	20.0%
enagy6	44.74%	2.72	6.08	15.5%
enagy2	43.33%	3.87	8.93	13.3%
enagy3	43.10%	4.21	9.76	14.0%
enagy5	41.89%	2.53	6.04	14.8%
enagy4	32.78%	2.52	7.69	9.5%

これらを見ると、エナジードリンクに関して、20代男性はまったくダブルジョパディの法則があてはまってないように見えます。また**図表1-6**、**図表1-8**で各ブランドの浸透率の差が小さくなっているのは、設定期間が1年間と長かったことが原因です。調査時点からさかのぼる期間を1カ月に変更した分析結果が**図表1-9**、**図1-10**です。

図表1-9　エナジードリンク6ブランド（2024年1月下旬調査/以前1カ月間）

20代女性（n=4,750）

ブランド	浸透率	M	平均回数
enagy1	10.42%	0.16	1.56
enagy6	8.36%	0.12	1.38
enagy5	7.42%	0.10	1.39
enagy2	6.38%	0.11	1.67
enagy3	6.01%	0.10	1.59
enagy4	3.61%	0.06	1.54

20代男性（n=4,645）

ブランド	浸透率	M	平均回数
enagy3	14.84%	0.30	2.05
enagy2	14.14%	0.27	1.94
enagy1	13.77%	0.23	1.69
enagy6	12.14%	0.19	1.57
enagy5	11.35%	0.18	1.57
enagy4	10.02%	0.18	1.79

図表1-10　マクドナルド、ケンタッキー他計7ブランド（2023年3月下旬調査/以前1カ月間）

20代女性（n=4,302）

ブランド	浸透率	M	平均回数
マクドナルド	50.7%	1.23	2.42
food3	17.1%	0.23	1.33
ケンタッキー	16.5%	0.21	1.27
food2	13.7%	0.17	1.26
food1	11.7%	0.14	1.21
food4	10.6%	0.13	1.27
food5	9.2%	0.12	1.27

20代男性（n=4,140）

ブランド	浸透率	M	平均回数
マクドナルド	40.7%	1.01	2.48
food5	17.5%	0.27	1.54
food2	15.7%	0.22	1.38
ケンタッキー	13.9%	0.18	1.28
food3	13.4%	0.17	1.28
food1	10.1%	0.12	1.21
food4	10.1%	0.12	1.25

図表1-9、図表1-10のように期間を変えると、浸透率とMの関係がダブルジョパディの法則になっています。ただし、本書ではダブルジョパディの法則を"確認"することが目的ではなく、ダブルジョパディの法則を"活用"することが目的です。本書で公開することを前提に、3カテゴリーに限らず多くのカテゴリーで各ブランドの年代性別ごとにMと平均回数と好意度（または利用以降）の関係を確認してきましたが、浸透率ときれいに比例することが多いのはMです。

　1つのブランドで、10代または20代から60代までの10歳刻み、性別のセグメント間でMを浸透率で説明する回帰分析を行った結果が**図表1-11**、**図表1-12**、**図表1-13**です。

図表1-11　エナジードリンク　2ブランドの浸透率とMの回帰分析結果（1カ月間）

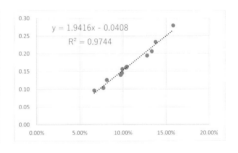

enagy1

年代性別	浸透率	M
F15–19	9.88%	0.15
F20–29	10.42%	0.16
F30–39	10.34%	0.16
F40–49	9.90%	0.16
F50–59	8.12%	0.13
F60–69	6.68%	0.10
M15–19	15.82%	0.28
M20–29	13.77%	0.23
M30–39	13.32%	0.21
M40–49	12.78%	0.19
M50–59	9.72%	0.14
M60–69	7.74%	0.10

$y = 1.9416x - 0.0408$
$R^2 = 0.9744$

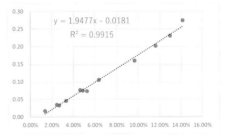

enagy2

年代性別	浸透率	M
F15–19	4.61%	0.08
F20–29	6.35%	0.11
F30–39	4.86%	0.08
F40–49	3.32%	0.05
F50–59	2.46%	0.03
F60–69	1.37%	0.02
M15–19	11.61%	0.20
M20–29	14.14%	0.27
M30–39	12.96%	0.23
M40–49	9.64%	0.16
M50–59	5.26%	0.07
M60–69	2.68%	0.03

$y = 1.9477x - 0.0181$
$R^2 = 0.9915$

図表1-12　外食チェーン　2ブランドの浸透率とMの回帰分析結果（1カ月間）

マクドナルド

年代性別	浸透率	M
F20-29	50.67%	1.23
F30-39	48.39%	1.22
F40-49	40.90%	0.93
F50-59	30.72%	0.57
F60-69	24.71%	0.44
M20-29	40.72%	1.01
M30-39	41.04%	1.03
M40-49	39.27%	0.97
M50-59	31.57%	0.66
M60-69	24.54%	0.45

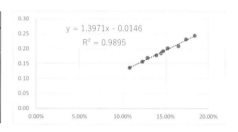

ケンタッキー

年代性別	浸透率	M
F20-29	16.47%	0.21
F30-39	18.39%	0.24
F40-49	17.36%	0.23
F50-59	14.47%	0.18
F60-69	12.89%	0.17
M20-29	13.91%	0.18
M30-39	14.70%	0.19
M40-49	15.22%	0.20
M50-59	12.30%	0.16
M60-69	10.81%	0.14

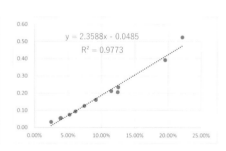

図表1-13　テーマパーク2ブランドの浸透率とMの回帰分析結果（1年間）

TDL

年代性別	浸透率	M
F15-19	22.14%	0.52
F20-29	19.56%	0.39
F30-39	12.52%	0.23
F40-49	7.44%	0.13
F50-59	5.23%	0.07
F60-69	3.86%	0.05
M15-19	12.44%	0.21
M20-29	11.48%	0.21
M30-39	9.17%	0.16
M40-49	6.12%	0.09
M50-59	3.94%	0.05
M60-69	2.49%	0.03

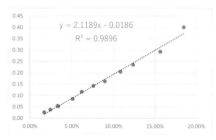

USJ

年代性別	浸透率	M
F15-19	18.46%	0.40
F20-29	15.64%	0.29
F30-39	8.97%	0.16
F40-49	6.18%	0.12
F50-59	3.39%	0.05
F60-69	2.44%	0.04
M15-19	12.37%	0.24
M20-29	10.85%	0.20
M30-39	7.59%	0.14
M40-49	5.10%	0.09
M50-59	3.31%	0.05
M60-69	1.70%	0.03

回帰分析はXを説明変数、Yを目的変数して分析する方法です。Xは複数になる場合もありますが、ここではXは1つです。「$Y = aX + b$」という式によってXでYを説明しており、bはXが0のときのYの値（切片）です。aは傾きで、Xが1増えるごとにYがどれだけ増えるかに対応する係数です。そして、**Xが浸透率でYがMです。**

　また、グラフに記載された表中のR^2は決定係数といい、前述した式でYの変動をどれくらい説明できているかの目安となる値です。このような「浸透率が増えればMが増える」という関係は、自社が保有する顧客の購買データからも確認してきました（年代性別ごとに浸透率を導き、同じように分析したときに決定係数が0.99になったこともあります）。

　3章で紹介する**「消費者調査MMM（マーケティング・ミックス・モデリング）」**は、一般的に時系列データを分析するMMMを消費者調査によって行う新しい手法です。ここで紹介した浸透率とMの関係（浸透率が増えるとMが増える）を利用し、統計的因果推論の手法とTVCMなどの各施策の重複接触を考慮した補正を行うことで、施策によって各年代性別で浸透率がどれだけ増えたかを推定します。浸透率の増分がわかれば回数の増加もわかり、1回の平均単価を乗算すれば売上貢献金額を推計できます。

　自社だけでなく競合ブランドも含めた20を超えるコミュニケーション施策と要因によって、それぞれ一定期間（ここでは1年間）で売上がいくら増えたか推計することが可能です。特典の「PowerBI」のダッシュボードでは、各年代・性別で施策と要因の売上貢献金額を推計しています。

　ただし、各ブランドが心血を注いで行った施策のROIの参考となる指標となる数字を、ブランドの実名とセットで公開することは控えるべきと判断しました。施策の効果を金額で推計したブランドは、名称をすべてマスクしています。外食チェーンはマクドナルド、ケンタッキーとマスクした5ブランド、テーマパークはTDLとUSJとマスクした6ブランドです。エナジードリンクは5章でさらに詳しい分析を行うため、すべてのブランドをマスクしています。名称を記載した4つのブランドは、特典の消費者調査MMMの集計（「PowerBI」でダッシュボード化）対象からも外しています。

1-1-1　ガンマ・ポアソン・リーセンシー・モデル

　こんなデータもあります。浸透率とMで、**気分転換や休憩時に食べた**お菓子のダブルジョパディを確認した分析結果[3]が**図表1-14**です。

図表1-14　お菓子7ブランドの分析　（2021年9月上旬調査以前/1カ月間）

20代女性 （n=500）

ブランド	浸透率	M	平均回数	好意度TOP
じゃがりこ	13.33%	0.177	1.33	57.2%
チョコレート効果	12.13%	0.158	1.30	22.4%
キットカット	12.12%	0.154	1.27	48.0%
ポッキー	11.75%	0.148	1.26	40.2%
キシリトールガム	11.74%	0.152	1.29	12.4%
亀田の柿の種	11.72%	0.149	1.27	26.0%
フリスク	11.13%	0.141	1.27	10.4%

20代男性 （n=500）

ブランド	浸透率	M	平均回数	好意度TOP
じゃがりこ	13.91%	0.189	1.36	45.4%
キシリトールガム	12.58%	0.167	1.32	17.8%
亀田の柿の種	12.38%	0.160	1.29	25.8%
チョコレート効果	12.37%	0.163	1.32	18.2%
フリスク	11.69%	0.150	1.29	12.4%
ポッキー	11.53%	0.144	1.25	31.0%
キットカット	11.41%	0.142	1.24	37.2%

　大手調査会社の消費者パネルなど、数万人単位で購買ログを取得し集計分析ができるシンジケートデータを使えば、ブランドごとの平均購買回数などがわかります。しかし、私の知る限りは「気分転換や休憩のときに」など、ユーザーの行動条件と紐づいたデータベースはありません。そこで、書籍『確率思考の戦略論』で紹介された**「ガンマ・ポアソン・リーセンシー・モデル」**という分析を用いることで、特定の条件下での購買や利用の回数を推計することができます。

　インターネット消費者調査などで「最後に〇〇したのはいつか？」を聴取して取得したデータを**「リーセンシーデータ」**といいます。たとえばお菓子

---

[3]　好意度 TOP は選択肢「とても好き／まあまあ好き／どちらともいえない／あまり好きではない／全く好きではない」のうち「とても好き」

の場合は認知されているブランドを項目として、選択肢とのマトリクス設問で「あなたはそれぞれのブランド（お菓子）を、最後に（直近で）いつ、『仕事や家事の休憩や気分転換のため』に食べましたか？」と聞いて、「14日未満／14日〜31日未満／31日〜90日未満／90日〜365日未満／1年以上前」または「食べたことがない」から選んでもらったデータから分析しています。

　この方法によって、ある一定期間における浸透率、平均回数、Mを推計できます。インターネットの調査項目にリーセンシーデータを入れることで、特定のシチュエーションに対応する需要を推計できるわけです。たとえばシャンパンの場合は「自分へのご褒美に1人で」「友人知人家族とのお祝いで」などの具体的な前提と「最後に飲んだのはいつか？」と聴取してリーセンシーデータを取得します。

　話は少し変わりますが、こうしたシチュエーションは、ブランドを成長させるために把握する**「カテゴリーエントリーポイント（Category Entry Points 以降「CEPs」※英語では複数系で記載されます）**とも対応します。CEPsは、書籍『ブランディングの科学　新市場開拓編』で紹介されていた重要な考え方で、ブランドが消費者の頭に思い浮かぶ特定の"きっかけ"となるシチュエーションや気持ちなどに対応するものです。いかに多くのCEPsとブランドを結びつけられるかがブランドの成長の鍵となり、5章ではエナジードリンクを題材としたCEPsの分析例を紹介します。

　話を戻すと、ガンマ・ポアソン・リーセンシー・モデルは、インターネット調査からたしかな購買回数を推計する際に役立ちます。インターネット調査でブランドごとの購買回数を直接ユーザーに聞いた場合、多くのケースで極端（主に過大）な推計になる傾向があります。上位のブランドと誤認した回答が増えるため、市場浸透率が小さいブランドほど極端な過大な推計になりやすい傾向があり、それを回避する手段としても有用です。

　競合と自社を含めた市場全体の購買回数などの重要な数値を捉えるエビデンスを作るために、ガンマ・ポアソン・リーセンシー・モデルはなくてはならない分析法となっています。インターネット調査で誰でも行うことができるため、分析方法を習得すれば活用できる機会は多いと思います。分析の概要を2章で紹介し、実装に必要な詳細な知識は特典で補足します。

1-2 | なぜ、ダブルジョパディの法則が起きるのか？

　企業でマーケティングを担当している方は、自社ブランドのロイヤルティをあげるために心血を注がれていると思います。できれば競合ブランドを買わずに、自社ブランドだけを買ってほしいという理想があるのではないでしょうか？　たしかに、ヒト・モノ・カネなどのリソースを枯らすことなく、自社だけを買ってくれるお客様 (すなわち「100％ロイヤルユーザー」) を継続的に増やせばブランドの成長は約束されるはずです。

　それを目指すための戦略として「自社ブランドを購入しているユーザーを大事にすることが重要で、新規顧客獲得に注力するよりも既存顧客のロイヤルティを高める施策に注力したほうが効率的」と考えるのが既存のマーケティングの通説です。しかし、実際はその逆です。各種の法則から、100％ロイヤルユーザーの多くはカテゴリーのライトバイヤーであり、市場浸透率の大きいブランドを利用する傾向があります。一方、カテゴリーのヘビーバイヤーほど複数のブランドを併用し、ブランドスイッチにも貪欲であるため、囲い込むことが難しくなります。市場を創造または拡大する段階にあるブランドほど、**浸透率の向上を目的とした戦略**を選択すべきというわけです。

　なお、**本書で消費者を表現する際、ブランドの利用者はユーザー (またはヘビーユーザーなど)、カテゴリー全体の利用者として捉える場合はバイヤー (またはヘビーバイヤーなど) と使い分けて記載します。**本書では商品の選定や買い付け、メーカーとの交渉などの業務を行う小売り企業などの「バイヤー」という意味でこの言葉を使いません。

　ここからは、ダブルジョパディの法則と関連する法則を確認しながら紐解いていきます。

1-3 購買重複の法則

　皆さんは外食チェーンをよく利用されるでしょうか？　私は小学生の娘がいるので休日のランチに家族で利用することが多く、利用頻度がもっとも多いのはマクドナルドです。「ランチどうする？」と家内と話をしていると、娘が「ハッピーセット！」と言い出します。自宅から徒歩または自転車で15分以内にマクドナルドは3店舗、ケンタッキーフライドチキンは2店舗あります。週末のランチを主として、月2〜3回はマクドナルドやそれ以外の外食チェーンを利用しています。

　図1-15は、20代男女で1年以内に外食チェーンブランドを利用した人と、それ以外のブランドの1年以内利用率をまとめたものです[4]。市場浸透率が小さいブランドは、市場浸透率の大きいブランドとの重複が大きくなっています。

図表1-15　外食チェーン7ブランドの1年間の購買重複

20代女性 (n=4,302)

ブランド名	浸透率	マクドナルド 重複率	ケンタッキー 重複率	food3 重複率	food2 重複率	food5 重複率	food4 重複率	food1 重複率
マクドナルド	88%		70%	60%	66%	57%	56%	42%
ケンタッキー	64%	96%		65%	69%	66%	59%	45%
food3	61%	95%	72%		68%	61%	63%	48%
food2	56%	95%	74%	75%		65%	63%	49%
food5	53%	96%	75%	71%	77%		72%	68%
food4	52%	96%	73%	69%	75%	62%		54%
food1	39%	96%	80%	69%	71%	50%	61%	

20代男性 (n=4,140)

ブランド名	浸透率	マクドナルド 重複率	ケンタッキー 重複率	food2 重複率	food3 重複率	food5 重複率	food4 重複率	food1 重複率
マクドナルド	77%		69%	68%	68%	65%	60%	58%
ケンタッキー	56%	95%		74%	72%	70%	66%	70%
food2	55%	94%	75%		77%	73%	69%	67%
food3	55%	94%	73%	78%		72%	70%	66%
food5	53%	94%	74%	77%	76%		73%	67%
food4	49%	94%	75%	78%	79%	78%		69%
food1	48%	94%	82%	78%	77%	74%	71%	

[4]　図表1-6の浸透率はガンマ・ポアソン・リーセンシー・モデルの推計で補正をかけたもので、ここでの浸透率はローデータをそのまま集計したものであるため、若干の乖離があります。

書籍『ブランディングの科学 新市場開拓篇』で紹介された、2014年のメキシコの外食チェーンの分析結果（**図表1-16**）も、トルコのソフトドリンク（**図表1-17**）も同様の傾向です。

図表1-16 メキシコにおけるファストフードブランドの購買重複（2014年）

ブランド	ブランド購買客（%）	6カ月間に他ブランドを購入した顧客の割合（%）									
		バーガーキング	ドミノズ	KFC	マクドナルド	サブウェイ	ピザハット	ビップス	サンボーンズ	チリーズ	ゴルディタス・ドナ・トタ
バーガーキング	56	——	65	63	62	61	52	46	42	28	16
ドミノズ	54	66	——	64	66	59	58	46	40	27	16
KFC	52	67	67	——	63	57	56	44	38	28	17
マクドナルド	51	68	70	64	——	60	55	44	37	30	15
サブウェイ	46	74	69	65	66	——	55	49	43	32	17
ピザハット	42	69	75	70	67	61	——	47	44	29	14
ビップス	35	74	71	66	65	65	57	——	61	37	18
サンボーンズ	30	78	72	66	63	65	61	70	——	40	19
チリーズ	20	76	72	72	75	73	59	63	59	——	20
ゴルディタス・ドナ・トタ	13	72	70	70	60	63	48	49	45	33	——
平均	40	72	70	67	65	63	56	51	45	32	17

『ブランディングの科学 新市場開拓篇』P92より

図表1-17　トルコにおけるソフトドリンクブランドの購買重複（2014年）

ブランド	ブランド購買客（%）	2008年に他のブランドを購入した顧客の割合（%）												
		コカコーラ	ファンタ	ウルダグ	ペプシ	イエディグン	スプライト	チャムルジャ	シルマ	コーラ・タルカ	コカコーラ・ライト	コークゼロ	セブンアップ	ペプシライト
ファンタ	70	——	59	48	52	40	43	38	29	17	19	16	12	11
ウルダグ	52	79	——	55	55	57	47	45	35	23	20	14	14	12
ペプシ	45	75	64	——	53	55	48	58	37	24	20	15	14	12
イエディグン	44	83	65	54	——	54	47	45	34	25	22	15	15	16
スプライト	38	75	79	65	63	——	50	55	36	28	21	15	18	14
チャムルジャ	37	82	66	59	56	51	——	53	41	23	25	19	21	14
シルマ	36	74	65	73	55	58	55	——	44	31	20	15	18	14
コーラ・タルカ	26	76	69	62	56	51	57	59	——	28	28	21	19	16
コカコーラ・ライト	17	72	73	65	66	63	50	67	44	——	30	17	18	23
コークゼロ	16	83	65	57	61	50	57	44	46	31	——	41	19	41
セブンアップ	14	83	53	50	48	41	50	39	41	20	47	——	18	32
ペプシライト	10	82	75	63	65	67	80	63	52	30	30	25	——	29
ゴルディタス・ドナ・トタ	10	83	68	56	73	56	55	53	44	40	68	47	21	——
平均	26	80	66	60	59	54	55	54	42	28	26	18	18	16

『ブランディングの科学 新市場開拓篇』P96より

ブランドの顧客基盤は、市場シェアに応じて競合ブランドの顧客基盤と重複しています。これが**「購買重複の法則」**です。どのブランドも、多くの顧客基盤を同カテゴリーのブランドと共有しており、各ブランドとも市場浸透率が大きいブランドと共有している割合が大きくなります。つまり、市場浸透率が大きいブランドＡはほかのブランドの購買者が利用している割合も大きくなります。

　私の場合、外食チェーンをカテゴリーとした場合は月2〜3回（年間24〜36回）利用するので、カテゴリーのヘビーバイヤーといえるかもしれません。また、もっとも利用頻度が多いのはマクドナルドですが、ほかのブランドも利用しています。このように、私くらいのヘビーバイヤーで頑なにマクドナルドだけを利用する人はほとんどおらず、ヘビーバイヤーのほうが多くのブランドを利用しています。

　図表1-18は、外食チェーン7ブランドの調査で「あなたご自身は平均すると1カ月に何回外食をしますか？[5]」と聞いた結果です。1カ月の平均の外食全体の利用頻度と、対象とした7ブランドの1年間の利用数をクロス集計したものです。ヘビーバイヤーほど利用ブランド数が増えるため、購買総回数における1ブランドのシェアが相対的に小さくなります。

※5　外食店舗での飲食に限らず、デリバリーやテイクアウトでご自宅や職場近くで購入したお弁当などを含む／自炊して作った弁当は除く

図表1-18　１年間の外食利用回数ごとの併用ブランド数分析

20代女性（n=4,302）

直近1年の 利用ブランド数	月間外食 1回以下	月間外食 2回〜3回	月間外食 4回〜7回	月間外食 8回以上
0ブランド	22.8%	3.3%	1.2%	2.4%
1ブランド	10.3%	5.1%	3.3%	3.3%
2ブランド	14.4%	11.4%	8.4%	4.9%
3ブランド	16.1%	17.1%	14.0%	10.2%
4ブランド	12.6%	19.3%	18.7%	18.2%
5ブランド	12.0%	19.7%	21.1%	24.1%
6ブランド	7.3%	13.3%	18.1%	19.2%
7ブランド	4.6%	10.9%	15.3%	17.6%

20代男性（n=4,140）

直近1年の 利用ブランド数	月間外食 1回以下	月間外食 2回〜3回	月間外食 4回〜7回	月間外食 8回以上
0ブランド	42.6%	5.6%	3.0%	7.2%
1ブランド	8.4%	5.6%	3.3%	3.3%
2ブランド	9.4%	9.2%	7.2%	4.1%
3ブランド	8.6%	11.5%	9.8%	7.9%
4ブランド	7.9%	14.6%	15.9%	13.0%
5ブランド	8.2%	16.6%	16.8%	16.4%
6ブランド	6.5%	16.4%	18.4%	20.8%
7ブランド	8.5%	20.4%	25.6%	27.4%

1-4 | 自然独占の法則

　図表1-19の外食チェーン調査では、7ブランドのうち1種類だけを利用したユーザーが性別年代ごとに何%含まれているかを集計したもの[6]です。集計期間は1年および1カ月それぞれに設定しており、**100%ロイヤルユーザーの浸透率**がわかります。1年で見ても違いがよくわかりませんが、1カ月のロイヤルユーザー浸透率はマクドナルドが突出しています。

図表1-19　小川調査　100%ロイヤルユーザー浸透率と浸透率（1年/1カ月）

100%ロイヤルユーザー浸透率（1年）

年代性別	マクドナルド	ケンタッキー	food1	food2	food3	food4	food5
F20〜29	3.3%	0.5%	0.3%	0.4%	0.3%	0.2%	0.0%
F30〜39	4.3%	0.9%	0.8%	0.4%	0.6%	0.4%	0.2%
F40〜49	4.8%	1.4%	0.8%	0.3%	0.6%	0.6%	0.2%
F50〜59	4.5%	2.1%	1.0%	1.0%	1.1%	0.9%	0.3%
F60〜69	5.0%	2.2%	1.2%	1.8%	1.8%	1.2%	0.3%
M20〜29	3.3%	0.4%	0.4%	0.4%	0.4%	0.3%	0.4%
M30〜39	3.6%	0.9%	0.4%	0.4%	0.6%	0.4%	0.3%
M40〜49	3.9%	0.7%	0.4%	0.7%	0.8%	0.5%	1.5%
M50〜59	3.3%	1.1%	0.6%	1.3%	0.7%	0.8%	1.7%
M60〜59	3.6%	1.7%	0.8%	1.5%	1.5%	1.1%	1.8%

100%ロイヤルユーザー浸透率（1カ月）

年代性別	マクドナルド	ケンタッキー	food1	food2	food3	food4	food5
F20〜29	20.2%	2.2%	1.6%	1.9%	3.0%	1.5%	1.0%
F30〜39	19.6%	2.5%	1.9%	2.0%	2.1%	1.6%	0.7%
F40〜49	16.8%	3.1%	1.9%	1.9%	1.6%	1.7%	1.1%
F50〜59	12.3%	4.2%	2.1%	2.2%	2.1%	2.2%	1.4%
F60〜69	9.6%	3.6%	2.1%	2.8%	2.7%	2.6%	0.8%
M20〜29	13.2%	1.6%	1.1%	2.2%	1.6%	1.3%	1.7%
M30〜39	14.2%	2.1%	1.2%	1.8%	1.3%	1.3%	3.1%
M40〜49	12.8%	2.1%	1.2%	2.0%	1.8%	1.5%	3.8%
M50〜59	10.4%	2.3%	1.4%	2.1%	1.9%	1.6%	4.7%
M60〜59	7.8%	2.7%	1.4%	3.2%	1.9%	2.5%	3.5%

浸透率（1年）

年代性別	マクドナルド	ケンタッキー	food1	food2	food3	food4	food5
F20〜29	88.1%	64.1%	52.6%	56.1%	61.5%	51.6%	38.6%
F30〜39	85.4%	65.0%	51.0%	51.9%	51.6%	45.1%	32.7%
F40〜49	79.4%	61.7%	46.8%	48.7%	44.4%	40.8%	31.9%
F50〜59	71.2%	57.3%	41.2%	45.3%	41.0%	37.8%	27.4%
F60〜69	62.3%	49.6%	35.8%	44.0%	39.8%	36.7%	22.8%
M20〜29	76.5%	55.7%	47.5%	55.5%	55.3%	49.0%	52.7%
M30〜39	76.8%	56.7%	47.5%	53.5%	51.4%	46.1%	53.3%
M40〜49	75.3%	56.3%	43.4%	50.6%	43.8%	43.4%	55.6%
M50〜59	68.7%	50.4%	38.0%	48.7%	41.9%	39.4%	54.3%
M60〜59	61.0%	46.5%	33.4%	45.8%	40.0%	38.1%	46.3%

浸透率（1カ月）

年代性別	マクドナルド	ケンタッキー	food1	food2	food3	food4	food5
F20〜29	52.7%	16.9%	12.5%	14.5%	18.9%	12.7%	8.5%
F30〜39	50.2%	18.4%	12.6%	13.7%	11.8%	11.8%	7.2%
F40〜49	41.6%	16.7%	11.7%	11.4%	10.5%	10.3%	7.2%
F50〜59	31.6%	15.7%	10.3%	10.8%	9.9%	9.9%	7.1%
F60〜69	25.5%	13.6%	8.9%	12.5%	9.9%	10.0%	5.2%
M20〜29	43.6%	15.0%	12.5%	18.6%	17.6%	13.8%	17.9%
M30〜39	43.6%	16.3%	12.3%	16.2%	14.3%	12.8%	19.2%
M40〜49	41.4%	16.2%	11.5%	15.6%	12.8%	12.1%	20.9%
M50〜59	32.8%	14.0%	8.6%	13.9%	10.4%	10.6%	19.4%
M60〜59	25.9%	13.4%	7.8%	14.5%	9.9%	10.8%	15.2%

　また、**図表1-20**は外食全体の1カ月の利用頻度を集計したものです。1年間に7ブランドのうちいずれか1ブランドだけを利用したユーザーと、2ブランド以上を利用したユーザーのうち、1ブランドだけを利用したユーザーのほうが外食全体の利用頻度も低い方に偏っています。

---

[6]　7ブランド以外の「その他の外食チェーン」の1年以内の利用者を集計対象外としています。

図表1-20　1ブランド利用者と2ブランド以上利用者の1カ月の外食頻度

1ブランドのみ利用者の1カ月の外食頻度

年代性別	標本サイズ	1回以下	2回～3回	4回～7回	8回以上
F20～29	221	37.6%	29.0%	22.2%	11.3%
F30～39	336	52.7%	20.8%	17.9%	8.6%
F40～49	395	58.7%	20.3%	13.7%	7.3%
F50～59	512	60.5%	21.5%	12.1%	5.9%
F60～69	638	57.5%	21.9%	14.4%	6.1%
M20～29	226	48.2%	25.2%	15.9%	10.6%
M30～39	312	57.7%	18.9%	17.3%	6.1%
M40～49	391	54.2%	20.7%	13.3%	11.8%
M50～59	439	55.8%	17.3%	14.1%	12.8%
M60～59	561	51.5%	20.0%	14.4%	14.1%

2ブランド以上利用者の1カ月の外食頻度

年代性別	標本サイズ	1回以下	2回～3回	4回～7回	8回以上
F20～29	4,302	14.2%	30.4%	36.8%	18.6%
F30～39	4,468	18.5%	30.0%	34.2%	17.3%
F40～49	4,566	25.1%	30.4%	28.9%	15.6%
F50～59	4,673	29.2%	29.6%	28.2%	13.0%
F60～69	4,733	32.7%	30.6%	26.0%	10.7%
M20～29	4,140	19.8%	27.9%	31.8%	20.5%
M30～39	4,366	19.1%	28.5%	31.5%	20.9%
M40～49	4,549	24.6%	22.9%	28.9%	23.5%
M50～59	4,632	23.2%	22.8%	27.4%	26.6%
M60～59	4,665	24.6%	25.0%	26.9%	23.4%

　カテゴリーのライトバイヤーほど、カテゴリーに関する知識もこだわりもないので、ブランド選択で失敗したくない気持ちが働きます。そのため浸透率が大きいメジャーブランドを選択する確率が高くなります。その結果、マクドナルドの100％ロイヤルユーザー浸透率が突出するのが**「自然独占の法則」**です。マーケターの理想は「自社ブランドだけを買ってくれるお客様を増やすこと」ですが、カテゴリーのヘビーバイヤーが特定のブランドの100％ロイヤルユーザーになることは現実的ではありません。1ブランドしか利用しないヘビーバイヤーはほとんど存在せず、100％ロイヤルユーザーの多くはライトバイヤーです。つまり、**100％ロイヤルな（自社ブランドだけを利用する）ヘビーユーザーを増加させてブランドを成長させることは現実的ではないのです。**

1-5 | リテンションダブルジョパディの法則

　化粧品やヘアケア用品などのユーザーインタビューで、今お使いの商品や背景にある考えを数多くお聞きしてきました。たとえば百貨店ブランドを使うようなヘビーバイヤーはより多くのブランドを愛用し、常日頃から貪欲に新規ブランドのトライアルを行っています。当然カテゴリーの知識も豊富です。一方、ドラッグストアやコンビニで買えるブランドのみを使っているライトバイヤーは購入ブランド数が少なくなります。

　仮に皆さんが手掛けるブランドの利用がきっかけとなって、カテゴリーのライトバイヤーになった方がいたとします。その方のブランド利用回数や金額が増えた場合、ほかのブランドも利用している可能性が高いです。つまり、そのカテゴリーの商品を楽しむことができるようになり、ほかのブランドも積極的にトライアルするカテゴリーのヘビーバイヤーに変化していると考えるのが自然です。

　初めて出会ったブランドを長期にわたって愛用するユーザーの方もいますが、多くの場合はカテゴリーへの関与が高くなるほど新しいブランドのトライアルやブランドスイッチにも貪欲になります。それを食い止めようとしても完全にコントロールすることはできません。これは**「リテンションダブルジョパディの法則」**といい、**「顧客の離反は原則マーケターがコントロールできない」**ことと**「浸透率が大きいブランドほど離反率が小さくなる」**ことが要諦です。

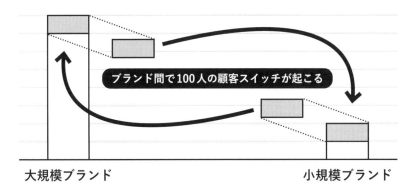

ブランド間で100人の顧客スイッチが起こる

大規模ブランド　　　　　　　　　　　　　　　小規模ブランド

データソース：Sharp et al.
『ブランディングの科学』P58より

　図表1-21は、２つのブランドだけが存在する市場にたとえて、リテンションダブルジョパディの法則を説明した図です。小さいブランドのマーケットシェアが20％（顧客数が200人）で、大きいブランドのマーケットシェアが80％（顧客数800人）とした場合、ある一定数ブランドスイッチする人がいるとしたら（ここでは100人）小さいブランドの離反率は50％で、大きいブランドの離反率は12.5％にとどまります。現実的には２つ以上のブランドが存在することが多いためもっと複雑ですが、根本的な仕組みは同じです。**マーケットシェアが大きいブランドは顧客離反率が低く、ロイヤルティが高いダブルジョパディの関係になります。市場占有率が大きいブランドほど顧客離反率は小さくなっています。**

　図表1-22の英国と米国の自動車ブランドの離反率もダブルジョパディの関係になっています。

図表1-22　米国と英国の自動車の離反率

米国の車ブランドの顧客離反率（1989年〜91年）

米国の自動車ブランド	市場占有率（％）	顧客離反率（％）
ポンティアック	9	58
ダッジ	8	58
シボレー	8	71
ビュイック	7	59
フォード	6	71
トヨタ	6	70
オールズモビル	5	66
マーキュリー	5	72
ホンダ	4	71
平均顧客離反率		67

データソース：Bennett（2005年）
『ブランディングの科学』P61より

英国の車ブランドの顧客離反率（1986年〜89年）

英国の自動車ブランド	市場占有率（％）	顧客離反率（％）
フォード	27	31
ローバー	16	46
ゼネラルモーターズ	14	42
日産	6	45
フォルクスワーゲン／アウディ	5	46
プジョー	5	57
ルノー	4	52
フィアット	3	50
シトロエン	2	48
トヨタ	2	50
ホンダ	1	53
平均顧客離反率		47

データソース：Renault France 提供のデータから
Colombo、Ehrenberg、Sabavala が作成（2000年）
『ブランディングの科学』P61より

図表1-23は、英国でのコカ・コーラ購入回数ごとの購買者の割合です。ほとんどのコカ・コーラ購入者は1年に1回か2回買う人です。多くのブランドで一定期間における購買回数別の市場浸透率は、こうした横J字カーブになる場合がほとんどです。これは、消費者購買回数（正確には「回数別の市場浸透率」）をつかさどる確率モデルのNBDモデルの数式で予測または推計することができます。前述した「ガンマ・ポアソン・リーセンシー・モデル」と対応するものです。

図表1-23　英国のコーラ購入者のうちコークを買う人の割合と購入回数（2005年）

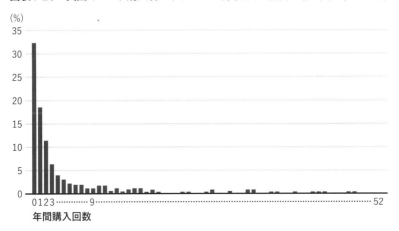

データソース：TNS社
『ブランディングの科学』P73より

図表1-24は、ガンマ・ポアソン・リーセンシー・モデルによって計算した20代女性のマクドナルドの回数別市場浸透率のグラフです。

図表1-24　20代女性のマクドナルド回数別市場浸透率グラフ（2023年3月下旬調査/以前1年間）

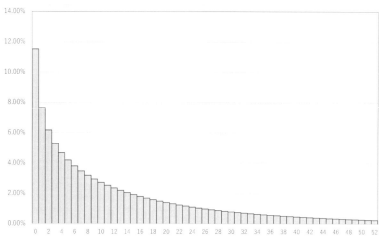

　外食チェーンの調査で対象とした7ブランドのうち、マクドナルドの浸透率が突出しており、浸透率がもっとも大きい20代女性は1年で88.1%、1カ月で53.7%でした。本書で紹介するカテゴリー以外にもメジャーなブランドに関わってきましたが、マクドナルドの浸透率は単体ブランドとして頭ひとつ抜けています。それでも、回数別の市場浸透率はコカ・コーラと同様に横J字カーブとなっているわけです。

　マクドナルドのように市場浸透率が突出したメガブランドは、下位ブランドよりもカテゴリーのライトバイヤーが集まりやすくなる（自然独占の法則）一方で、多くのブランドを利用するヘビーバイヤーの利用回数シェアが高くなります（顧客重複の法則）。よって、市場浸透率がもっとも大きいマクドナルドは1ユーザーあたりの平均利用回数も多くなります。では、マクドナルドのようにダブルジョパディの法則から恩恵を受けられる、浸透率が大きいブランドになるためにはどうしたら良いでしょうか？

重要なのは「**メンタルアベイラビリティ**」と「**フィジカルアベイラビリティ**」です。

● メンタルアベイラビリティ…購買状況化でブランドが想起されやすいこと
● フィジカルアベイラビリティ…ブランドが見つけやすく買いやすいこと

メンタルアベイラビリティは、ユーザーが特定のシチュエーションでそのブランドのことを思い浮かべるかを指し、フィジカルアベイラビリティは買いやすさに対応します。この2つが浸透率を大きくするための両輪で、マクドナルドは両輪のレベルが非常に高いことが伺えます。仮にこの市場で浸透率1%程度の新興ブランドを運営している場合、おそらくお客様の多くはカテゴリーのヘビーバイヤーです。外食チェーン7ブランドの1年間の購買重複を集計した表を再掲します（**図表1-25**）。

図表1-25　外食チェーン7ブランドの1年間の購買重複

20代女性 (n=4,302)

ブランド名	浸透率	マクドナルド 重複率	ケンタッキー 重複率	food2 重複率	food3 重複率	food1 重複率	food4 重複率	food5 重複率
マクドナルド	88%		70%	60%	66%	57%	56%	42%
ケンタッキー	64%	96%		65%	69%	66%	59%	45%
food2	56%	95%	74%		75%	65%	63%	49%
food3	61%	95%	72%	68%		61%	63%	48%
food1	39%	96%	80%	69%	71%		61%	50%
food4	52%	96%	73%	69%	75%	62%		54%
food5	53%	96%	75%	71%	77%	68%	72%	

20代男性 (n=4,140)

ブランド名	浸透率	マクドナルド 重複率	ケンタッキー 重複率	food2 重複率	food3 重複率	food5 重複率	food4 重複率	food1 重複率
マクドナルド	77%		69%	68%	68%	65%	60%	58%
ケンタッキー	56%	95%		74%	72%	70%	66%	70%
food2	55%	94%	75%		77%	73%	69%	67%
food3	55%	94%	73%	78%		72%	70%	66%
food5	53%	94%	74%	77%	76%		73%	67%
food4	49%	94%	75%	78%	79%	78%		69%
food1	48%	94%	82%	78%	77%	74%	71%	

お客様の多くはマクドナルドも利用しており、100%ロイヤルユーザーはいないと考えるほうが自然です。マクドナルドと共有する同一の顧客基盤のなかで、少しシェアを奪えている状況です。このようなブランドが今のお客様だけを大事にするロイヤルティマーケティングに特化することは、コントロールできないブランドスイッチに争い、自らを不利な状況に陥らせる可能性があります。そのため、浸透率を拡大していくための適切な戦略を検討する必要があるのです。

買いやすいブランドになるか否かの鍵を握るのは、マクドナルドのような外食チェーンであれば店舗数やアクセスのよさなどの行き易さとデリバリーの利便性です。消費財や食品などの日常品であれば、スーパーやドラッグストア、コンビニといった小売店舗での配架率や店頭での視認性などです。昨今は、アプリやECサイトなどの利便性も重要です。アプリやECサイトの利便性など、デジタルな顧客接点でのユーザー体験を向上させることはマーケティング担当の介入余地が大きい一方、リアルな顧客接点での買いやすさの強化は一筋縄にはいきません。小売店で販売するメーカーであれば、配架率を高めるための営業力も必要です。店舗を運営するブランドが店舗数を増やすのは予算または時間などの制約があるため、ブランドの成長とともに地道に積み上げる必要があります。

　では、マーケティングでは何をすべきでしょうか？　それはメンタルアベイラビリティを高める戦略を検討することで、まずはその鍵となる**「CEPs」**を定量的に把握することが重要です。エナジードリンクを例にすると、「気分を変えたいときに（飲みたくなる）」「疲れているときに（飲みたくなる）」といったさまざまなCEPsが考えられます。メンタルアベイラビリティが高いブランドは、多くのユーザーのCEPsとリンクしており、**消費者の心にカテゴリーの商材やサービスが思い浮かぶ多くのシチュエーションとブランドがリンク**しています。限られたリソースのなかで、CEPsとリンクさせる取り組みにどう注力すべきか？　戦略を導くためのCEPsを分析する方法を5章で紹介します。本書では、**メンタルアベイラビリティを高めるコミュニケーションの検討**に焦点を当て、戦略を導くためのエビデンスの作り方を共有します。

　マーケティングの現場で「顧客重複の法則」や「自然独占の法則」を理解せず、**100％ロイヤルユーザーを増やしたいなどの無理筋な目的**からブランドにまつわる有益な示唆の発見を試みる調査や分析に取り組んでいる場面を多々見かけます。しかし、これまで紹介した各法則を踏まえた場合、**まず土台とすべきは市場と顧客の構造理解とカテゴリーバイヤーの傾向理解です。**ここからは、市場を創造または拡大していくためのメンタルアベイラビリティを高めていくための戦略検討を主な目的として、その土台となる分析や考え方を紹介していきます。

2章以降で紹介する、土台となる分析と考え方

カテゴリー市場の構造理解（2章）
ターゲットセグメント（年代性別）ごとの浸透率とMを把握する

主要なブランドのコミュニケーション構造理解（3章）
カテゴリーの主要なブランドの売上がどのような構造（施策や要因によって増えているか）か把握する

たしかな市場の構造変化を捉える方法（4章）
時系列データ解析を併用し、市場浸透率を高める施策や訴求内容を明らかにする

主要なブランドのCEPs構造理解（5章）
カテゴリーで重要視すべきCEPsを定量的に判断する

カテゴリーバイヤーの傾向理解（5章）
各ブランドに共通するカテゴリーの本質的な価値を見極めるためにカテゴリーバイヤーの特性を把握する

新たな市場の可能性を探索する（6章）
新しいアイデアに関連する需要を探索する調査設計するプロセスを例に、顧客理解とはなにかを理解する

章

第2章

性別年代ごとに
顧客構造を把握する

確率モデルで市場を捉える

2-1 | インターネット調査で起こりえる極端な推定

　本書での定量調査には、セルフリサーチツール「Freeasy」を使用しています。同ツールに限らず、インターネット調査のモニターは国民全員からランダムに抽出された方ではなく、自らの意思でモニターとなった方の集団となるため代表性は担保されません[※1]。

　また多くのインターネット調査では、その調査がテーマとする商品やサービスのカテゴリーに興味がある方に標本が偏る傾向があります。日本国内の市場全体の購買回数を推計するときは、モニターに対して調査のテーマを明かさず「購買行動に関する調査」などの調査タイトルを採用しています。たとえば「テーマパークに関する調査」などとすることで、そのテーマに興味がある方に偏ってしまうことを極力回避するためです。また回答している途中で、そのテーマに興味がない方が回答をやめることも考えられるため、偏りを完全に回避することはできません。こうした標本の偏りを**「セレクション・バイアス」**といいます。インターネット調査から市場全体を推計するためには、よく起こりうるバイアスのパターンを知ったうえで、それを補正する分析技術を用いる必要があります。

　上記でインターネット調査の活用を否定しているわけではなく、むしろ積極的な活用を提案しています。偏っているから使わないのではなく、よく起こりうるバイアスを捉えて補正することで、**インターネット調査データを重要な意思決定を支えるエビデンス**に進化させることを目指しましょう。

[※1]　インターネットが登場する以前からあった電話や郵送、訪問による調査でランダムに抽出した方に連絡した場合も、郵送物の開封率や在宅率による影響があります。また、調査に協力するスタンスも一律ではないため、ランダム抽出の調査でも代表性を完全に担保するのは厳しい状況です。

2-2 | NBDモデル（負の2項分布）

　特定の市場を構造的に把握するために活用している分析が**「ガンマ・ポアソン・リーセンシー・モデル」**です。インターネット調査などの定量調査で「最後に〇〇したのはいつですか？」と聞き、複数の期間の選択肢から1つを選んだデータを分析することで、購買回数などを推計することができます。これを紹介する前に、まずは**「NBDモデル（負の2項分布）」**を解説します。

　NBDモデルは、1959年にアンドリュー・アレンバーグ氏によって紹介されました。特定の期間内において顧客の製品購入回数を予測する統計的なモデル構築を目的として、「消費者の購買行動がランダムなプロセスによって生じる」という仮定をもとにした確率モデルとして開発しています。以下がNBDモデル（負の2項分布）の数式です。

$$P_r = \frac{(1 + K/M)^{-K}\, \Gamma(K + r)}{\Gamma(r + 1)\, \Gamma(K)} \left(\frac{M}{M + K}\right)^r$$

　左辺のP_rは「ある一定期間に購買などのアクションを行う人が何％になるか」を指したものです。1回買う人は10％、2回買う人は5％、3回買う人は2％…などの割合（すなわち回数別の市場浸透率）です。左辺のP_rは、右辺の「M」と「K」の2つの係数から回数ごとに求めることができます。2つの係数のうち、Kは分布の形を決めるもので直感的に理解できるものではないため、データを触ることでMやKの役割を感覚的に理解いただけるように特典の演習で補足します[2]。

※2　マクドナルドで1年間の「M」がもっとも大きい年代性別は20代女性で「14.938」です。対応するKの値は「0.693」です。Kの値を「0.1」や「5」に変えた場合、Mは変わらずにP_rがそれぞれ変わることから、購買回数の分布が変化する様子を体験しながらKの意味を理解できます。

シンプルに理解できる係数は「M」です。NBDモデルの式が多くの方に紹介されたのは書籍『確率思考の戦略論』がきっかけで、著者がUSJを再生させた軌跡とともに活用法が紹介されました。この書籍では、Mがプレファレンス（ブランドの相対的な好意度）に対応するものとして紹介され、**Mを伸ばすことがマーケティング戦略の要諦である**ことが再三語られています。

Mは、ある一定期間における消費者1人あたりの購買回数の期待値であり、購買回数を人数で除算した値です。1.2億人の市場で1カ月に1,200万回購買される商品の月間のMは0.1で、1人あたり0.1回の購買が期待できます。**図表2-1**はガンマ・ポアソン・リーセンシー・モデルから推計したマクドナルドとケンタッキーの年代性別ごとの浸透率、M、回数、平均回数で、同一ブランドのセグメント間でもダブルジョパディの関係になっています。

図表2-1 マクドナルドとケンタッキーにおける、年代性別ごとの浸透率、M、
回数、平均回数（2023年3月下旬調査/以前1年間）

マクドナルド

年代性別	浸透率	M	回数	平均回数
F20-29	88.46%	14.91	91,896,803	16.85
F30-39	85.46%	14.73	98,530,968	17.23
F40-49	79.57%	11.25	96,660,062	14.14
F50-59	71.21%	6.96	60,667,434	9.77
F60-69	62.18%	5.34	40,733,966	8.59
M20-29	76.99%	12.21	79,520,192	15.86
M30-39	77.08%	12.45	86,733,441	16.16
M40-49	75.31%	11.68	103,022,327	15.51
M50-59	68.53%	8.03	70,633,929	11.72
M60-69	60.82%	5.44	39,978,728	8.94
	69.09%	9.40	768,417,851	13.61

ケンタッキー

年代性別	浸透率	M	回数	平均回数
F20-29	54.01%	2.18	12,421,676	4.03
F30-39	55.06%	2.55	17,057,091	4.63
F40-49	52.12%	2.42	20,795,310	4.65
F50-59	47.89%	1.93	16,808,387	4.03
F60-69	41.59%	1.76	13,448,452	4.24
M20-29	46.35%	1.85	12,066,282	4.00
M30-39	47.29%	1.99	13,878,577	4.21
M40-49	47.23%	2.10	18,562,815	4.45
M50-59	41.88%	1.63	14,362,663	3.90
M60-69	38.25%	1.42	10,410,212	3.70
	43.81%	1.84	150,811,465	4.21

2
章

2-3 | ガンマ・ポアソン・リーセンシー・モデル

　皆さんがインターネット調査に参加するとして、たまに行く（目安として1年に0回～5回程度行く）外食チェーンを7ブランド提示されたうえで、各ブランドの利用回数を聞かれたとしましょう。この場合、「最後に行った時期を聞かれた場合（設問A）」と「回数を聞かれた場合（設問B）」のうち、どちらが答えやすいでしょうか？

図表2-2

設問A	設問B
設問文	設問文
外食チェーン〇〇〇で最後に食べたのはいつですか？あてはまるものを一つ選択してください。	外食チェーン〇〇〇で食べた回数は1年で何回ですか？あてはまるものを一つ選択してください。
選択肢	選択肢
14日未満	0回
14日～1か月未満	1回
1か月～3か月未満	2回
3か月～1年未満	3回
1年以前	4回
食べたことがない	5回
	6回
	7回
	8回
	9回
	10回
	11回
	12回以上

おそらく、設問Aのほうが答えやすいのではないでしょうか？ **「ガンマ・ポアソン・リーセンシー・モデル」**では、「最後に〇〇したのはいつか？（回答選択肢で複数の期間を提示）」と聞いて取得した**「リーセンシーデータ」**から売上回数などを推計します。一方、直接購買回数を聴取した場合は実態と大きく乖離することがあり、特に浸透率が小さいブランドほど過大な推計になる傾向があります。自社ブランドの分析を行う場合、自社ブランドの実購買数と、競合ブランドで公開されている売上など実際の回数のヒントになるデータと見比べて補正をかけることで現実からの乖離を減らしていきます。つまり、ガンマ・ポアソン・リーセンシー・モデルを用いることで補正がしやすくなります。

　ガンマ・ポアソン・リーセンシー・モデルは、浸透率を期間で予測また推定するものです。P_nは、「ある時点（たとえば0日前）」と「それ以前のある時点（たとえば14日前）」の2時点間の期間（この場合は現在から2週間前まで）に1回以上購買する人が何割かという、期間ごとの浸透率を求めるものです。ガンマ・ポアソン・リーセンシー・モデルの数式は以下です。

$$P_n(t) - P_n(t-1) = \left(1 + \frac{m(t-1)}{k}\right)^{-K} - \left(1 + \frac{mt}{k}\right)^{-K}$$

　NBDモデルの左辺は回数別の市場浸透率「P_r」でしたが、ガンマ・ポアソン・リーセンシー・モデルでは期間別の浸透率「P_n」を求めるものです。P_nは、1時点（t）における浸透率から、それ以前の1時点（t－1）の浸透率を減算した確率となります。

　商品が同じであれば、kは期間に関係なく一定であるため、右辺の式の（t－1）と（t）の値に対応する期間ごとに浸透率を求めることができます。書籍『確率思考の戦略論』では、制汗剤をモデルに1カ月の平均購入回数であるm＝1.37552とk＝4.061の数値から求めた予測値と予測式、実査の値を掲載しています（**図表2-3**）。

図表2-3 制汗剤（デオドラント）の購入
（1カ月の平均購入回数 m=1.37552, k=4.061）

期間	実査	各期間の浸透率の予測式	予測値
2週間以内	43.9%	$1 - \left(1 + \dfrac{m \times \frac{14}{31}}{k} \right)^{-K}$	43.9%
2週間〜1カ月前	25.6%	$\left(1 + \dfrac{m \times \frac{14}{31}}{k} \right)^{-K} - \left(1 + \dfrac{m \times 1}{k} \right)^{-K}$	25.5%
1カ月〜2カ月前	19.1%	$\left(1 + \dfrac{m \times 1}{k} \right)^{-K} - \left(1 + \dfrac{m \times 2}{k} \right)^{-K}$	18.3%
2カ月〜3カ月前	5.1%	$\left(1 + \dfrac{m \times 2}{k} \right)^{-K} - \left(1 + \dfrac{m \times 3}{k} \right)^{-K}$	6.4%
3カ月〜4カ月前	1.5%	$\left(1 + \dfrac{m \times 3}{k} \right)^{-K} - \left(1 + \dfrac{m \times 4}{k} \right)^{-K}$	2.7%
4カ月〜5カ月前	0.7%	$\left(1 + \dfrac{m \times 4}{k} \right)^{-K} - \left(1 + \dfrac{m \times 5}{k} \right)^{-K}$	1.3%
5カ月〜6カ月前	1.4%	$\left(1 + \dfrac{m \times 5}{k} \right)^{-K} - \left(1 + \dfrac{m \times 6}{k} \right)^{-K}$	0.7%
それ以前	2.7%	$\left(1 + \dfrac{m \times 6}{k} \right)^{-K}$	1.1%
合計	100.0%	———	100.0%

『確率思考の戦略論』P279より

2-4 MとKが決まればPrとPnを導ける

　NBDモデルの式もガンマ・ポアソン・リーセンシー・モデルの式も、そ
れぞれ右辺にMとKの2つの係数があります。つまり、MとKが決まれば
回数別の浸透率（P_r）も期間別の浸透率（P_n）も計算できる式になっていま
す。ガンマ・ポアソン・リーセンシー・モデルでは、調査で得たリーセン
シーデータを各期間の実測値として、「Excel」内の機能であるソルバーな
どの計算ツールで、式から求める予測値との誤差[※3]を最小化するMとK
を算出します。

　書籍『確率思考の戦略論』では、日本の図書館で借りられた本の1年間
のM「0.993」とK「0.475」とP_r（回数別の浸透率）の現実と予測が紹介
されていました。

図表2-4　書籍『確率思考の戦略論』で示された図書館のMとK

カテゴリー別回数別構成比

カテゴリー	(1) パンケーキ		(2) 歯磨き粉の購入		(3) 本の貸し出し	
対象者の使用・購入回数	2週間 1000世帯		四半期 5240世帯		1年間 9480冊	
	現実	予測	現実	予測	現実	予測
0	62%	62%	44%	44%	58%	58%
1	20%	21%	19%	22%	20%	19%
2	10%	9%	14%	13%	9%	9%
3	4%	4%	9%	8%	5%	5%
4	2%	2%	6%	5%	3%	3%
5	1%	1%	3%	3%	2%	2%
6回以上	1%	1%	4%	5%	3%	3%
合計	100%	100%	100%	100%	100%	100%
全体の平均回数(M)	0.736	——	1.46	——	0.993	——
K	——	0.6016	——	0.78	——	0.475

※3　正確には誤差をそれぞれ2乗した値の合計値（誤差平方和）

P_n（期間別の浸透率）の値は記載されていませんが、MとKの値があればP_nの予測値を計算できます。分析用のExcelデータにMとKを入力すれば、P_rとP_nのそれぞれの予測値が自動計算されます（**図表2-5**）。

図表2-5 書籍『確率思考の戦略論』で示された図書館利用におけるMとKを、分析用Excelデータに入力

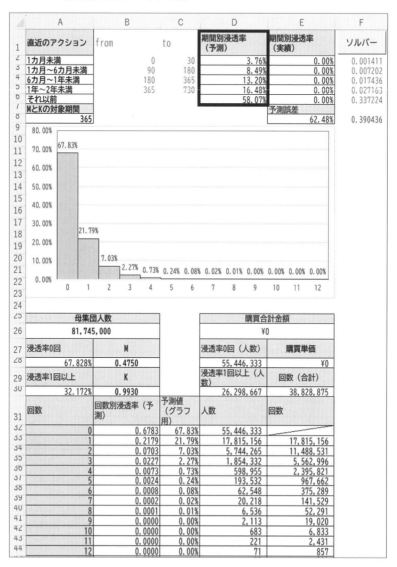

P_rを求めるNBDモデルの式とP_nを求めるガンマ・ポアソン・リーセンシー・モデルの2つの式は、MとKの2つの係数でつながっています。

図表2-6

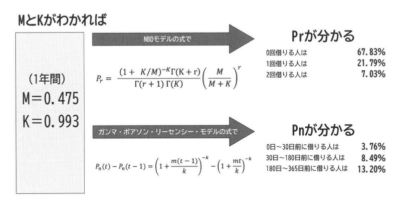

MとKがわかれば

（1年間）
M=0.475
K=0.993

NBDモデルの式で

$$P_r = \frac{(1 + K/M)^{-K}\Gamma(K+r)}{\Gamma(r+1)\,\Gamma(K)}\left(\frac{M}{M+K}\right)^r$$

Prが分かる

0回借りる人は	67.83%
1回借りる人は	21.79%
2回借りる人は	7.03%

ガンマ・ポアソン・リーセンシー・モデルの式で

$$P_n(t) - P_n(t-1) = \left(1 + \frac{m(t-1)}{k}\right)^{-k} - \left(1 + \frac{mt}{k}\right)^{-k}$$

Pnが分かる

0日～30日前に借りる人は	3.76%
30日～180日前に借りる人は	8.49%
180日～365日前に借りる人は	13.20%

ガンマ・ポアソン・リーセンシー・モデルは、MもKもわからない状況で複数期間のP_nの実績値（リーセンシーデータ）を調査によって取得することで、P_nの予測値との誤差を最小化する計算からMとKを導く分析です。

　調査で取得するP_nは、調査テーマとするブランドの購買頻度と回答者の答えやすさを踏まえた選択肢を考えて設定します。たとえば外食チェーンやエナジードリンクなど、購買頻度が多い商材の調査では、リーセンシーデータの選択肢は「2週間未満/2週間～1カ月/1カ月～3カ月未満/3カ月～1年未満/1年以前/未購入」としています。テーマパークの場合は「3カ月未満/3カ月～6カ月未満/6カ月～1年未満/1年～3年未満/3年以上前/行ったことがない」としています。

　Mのみが把握できている状況では、ほかのヒントを加えます。たとえば浸透率（1回以上の回数別浸透率の合計）がわかれば、それをもとにKだけを最適化計算から求めることができるなど、さまざまな応用が可能です（特典の講義では、VBAプログラムを組んで年代性別ごとの分析をスピーディに行うための実装方法を解説します）。

図表2-7は、東京ディズニーランドの年間の来場回数を推計したものです。調査で直接回数を聞いて推計した値と、リーセンシーデータをガンマ・ポアソン・リーセンシー・モデルで分析して推計した値と、人流データ[※4]による推計の3種類です。人流データの取得には「人流アナリティクス」というツールを使用しています。

図表2-7　TDLの3種の売上推計　2023年10月上旬調査以前1年間

東京ディズニーランド		推計回数			推計売上（億円）		
年代性別	平均単価	直接ヒアリング	ガンマ・ポアソン・リーセンシー・モデル	人流データ	直接ヒアリング	ガンマ・ポアソン・リーセンシー・モデル	人流データ
F15-29	¥16,044	2,080,214	1,697,349	550,367	332	271	88
F20-29	¥16,023	4,291,156	2,930,192	1,316,621	641	438	197
F30-39	¥15,899	2,580,666	1,909,703	1,783,701	411	304	284
F40-49	¥16,162	1,861,516	1,327,667	2,161,206	311	222	361
F50-59	¥15,963	1,274,728	799,381	1,384,619	195	122	212
F60-69	¥16,211	854,301	501,632	956,681	145	85	163
M15-29	¥15,242	1,434,790	713,407	357,755	227	113	56
M20-29	¥16,133	3,265,383	1,689,631	444,481	510	264	69
M30-39	¥15,974	2,711,215	1,375,319	862,532	419	213	133
M40-49	¥15,594	1,820,070	1,018,933	972,544	300	168	160
M50-59	¥16,291	1,168,747	594,417	868,228	196	100	146
M60-69	¥16,348	528,577	288,312	490,404	85	47	79
		23,871,362	14,845,943	12,149,139	3,773	2,346	1,949

※4　人流データとは、特定の地域や場所を移動する人々の流れに関するデータです。モバイル通信やGPS通信のデータ、クレジットカードや交通カードの利用記録、SNS上での投稿やチェックイン情報から人々の位置情報や訪問先を把握したものをはじめ、公共の場所や商業施設に設置されたビデオカメラやセンサーを通じて取得されたもの、交通機関の乗降客数や自動車の流れといった交通関連で取得されたものなどさまざまあります。マーケティングでは、特定の地域や店舗における人の流れや消費傾向の分析、出店時の商圏分析に利用されるほか、都市計画や交通システムの最適化、感染症の拡散パターン分析など、さまざまな用途で活用されています。

Column 「人流アナリティクス」とは？

クロスロケーションズ株式会社が提供するクラウドサービス「人流アナリティクス」とは、モバイル通信業者から取得した5,000億レコードを超える位置情報のビッグデータおよび、地図データ会社と施設データ会社から取得した経度・緯度つきの住所データと施設データを分析できるツールです。マーケティングや営業活動、都市計画、防災など、さまざまな分野で活用されています。ターゲット層の行動を緻密なデータを分析することで、エリアマーケティングの戦略立案や出店リサーチ、競合分析などに活用できます。

本書では、時系列データを分析するMMM（4章で解説）で、競合ユーザーやカテゴリーのトレンドを象徴する変数に用いるときにも活用しています。特典のYouTube講義では、エリアマーケティングの基礎知識と、無料で使える「地図で見る統計（jSTAT MAP）」の使い方事例、テーマパーク調査で活用した人流アナリティクス分析の内容を紹介します。

主な機能

1. 人流速報

デイリー来訪	特定地点の推計来訪数を日ごと、曜日ごとにグラフで確認できます。
アワリー来訪	特定地点の推計来訪数を時間帯ごとにグラフで確認できます。
アワリー滞在	特定地点の滞在人口を時間帯ごとにグラフで確認できます。
デモグラ割合	特定地点の来訪者の性別・年代割合を確認できます。
来訪者距離圏別割合	特定地点の来訪者の居住地までの距離割合を確認できます。

2. エリア分析

エリア基本データ	特定エリアの人口構成、世帯構成、商業施設情報などを確認できます。
時間帯別来訪数	特定エリアの時間帯別来訪数を確認できます。
曜日別来訪数	特定エリアの曜日別来訪数を確認できます。
性別・年代別来訪数	特定エリアの性別・年代別来訪数を確認できます。
流入経路分析	特定エリアへの来訪者の流入経路を分析できます。
流出経路分析	特定エリアからの来訪者の流出経路を分析できます。

3. 属性分析

来訪者属性	特定地点の来訪者の性別、年代、居住地などを分析できます。
属性別来訪数	特定地点の属性別来訪数を分析できます。
属性別滞在時間	特定地点の属性別滞在時間を分析できます。
属性別行動分析	特定地点における属性別の行動パターンを分析できます。

4. デモグラフィック分析

来訪者属性可視化	特定地点の来訪者の属性分布を可視化できます。
属性別行動分析	特定地点における属性別の行動パターンを分析できます。
属性別購入傾向	特定地点における属性別の購入傾向を分析できます。

参考URL 「人流アナリティクス」Webサイト
https://www.x-locations.com/service/jinryu-analytics/

来場数との答え合わせとして参照したのはオリエンタルランド社から発表されている、東京ディズニーランドと東京ディズニーシーにおける2022年の年間のべ来場者数**2,208万人**という数字です。人流データによる2022年10月から2023年9月の推計値はTDLが1,214万人、TDSが957万人の合計**2,171万人**で、概ね近い数値となっています（**図表2-8**）。

図表2-8　TDLとTDSの人流データ推計値

人流データ推計人数（のべ）

年代性別	東京ディズニーランド	東京ディズニーシー	合計
F15-29	550, 367	423, 627	973, 994
F20-29	1, 316, 621	1, 037, 662	2, 354, 283
F30-39	1, 783, 701	1, 558, 126	3, 341, 827
F40-49	2, 161, 206	1, 536, 635	3, 697, 841
F50-59	1, 384, 619	1, 147, 717	2, 532, 336
F60-69	956, 681	728, 889	1, 685, 570
M15-29	357, 755	315, 445	673, 200
M20-29	444, 481	410, 935	855, 416
M30-39	862, 532	554, 646	1, 417, 178
M40-49	972, 544	747, 268	1, 719, 812
M50-59	868, 228	671, 159	1, 539, 387
M60-69	490, 404	438, 739	929, 143
	12, 149, 139	9, 570, 848	21, 719, 987

参考URL
OLCグループWebサイト内：入園者数
https://www.olc.co.jp/ja/ir/olc/group05.html

　人流データから導いた推計を真の値と考えて良さそうです。また、浸透率が小さい「park6」の推定結果で、先述した3種類の分析による推計値を見比べると、乖離はさらに大きくなります。直接回数をヒアリングして推計した値と人流データの推計値との乖離は9倍弱まで開きます（**図表2-9**）。

図表2-9 park6の3種の売上推計　2023年10月上旬調査以前1年間

park6 年代性別	平均単価	推計回数			推計売上（億円）		
		直接ヒアリング	ガンマ・ポアソン・リーセンシー・モデル	人流データ	直接ヒアリング	ガンマ・ポアソン・リーセンシー・モデル	人流データ
F15-29	¥16,044	309,573	42,324	17,913	36	5	2
F20-29	¥16,023	597,922	126,868	26,724	72	15	3
F30-39	¥15,899	392,421	126,956	61,764	47	15	7
F40-49	¥16,162	302,708	88,200	78,619	34	10	9
F50-59	¥15,963	178,035	44,209	52,385	21	5	6
F60-69	¥16,211	100,358	44,430	41,079	12	5	5
M15-29	¥15,242	474,965	123,019	21,466	70	18	3
M20-29	¥16,133	1,159,620	256,696	37,952	114	25	4
M30-39	¥15,974	908,051	176,994	66,384	89	17	6
M40-49	¥15,594	638,492	194,899	102,204	74	23	12
M50-59	¥16,291	279,700	48,648	60,730	29	5	6
M60-69	¥16,348	93,837	28,933	60,433	11	4	7
		5,435,682	1,302,177	627,653	610	148	72

　図表2-10は、マクドナルドとケンタッキーにおいて2種類の方法（利用回数と金額を直接聞いた場合とガンマ・ポアソン・リーセンシー・モデルで分析した場合）で推計した回数から売上金額を推計したものです。実際に各社が発表した2022年の全店売上は**マクドナルドが7,175億円でケンタッキーが1,593億円**のため、マクドナルドは直接ヒアリングによる推計のほうが過少に推定されています。

図表 2-10 マクドナルドとケンタッキーの売上推計（2023 年 3 月下旬調査 / 以前 1 年間）

マクドナルド

年代性別	平均単価	推計回数 直接ヒアリング	推計回数 ガンマ・ポアソン・リーセンシー・モデル	推計売上（億円）直接ヒアリング	推計売上（億円）ガンマ・ポアソン・リーセンシー・モデル
F20–29	¥704	84,977,259	91,896,898	598	647
F30–39	¥691	77,780,983	98,531,317	538	681
F40–49	¥684	77,961,258	96,660,032	533	661
F50–59	¥682	64,348,653	60,667,442	439	414
F60–69	¥678	40,839,474	40,734,136	277	276
M15–29	¥772	86,253,450	79,520,192	666	614
M20–29	¥777	83,398,948	86,773,443	648	675
M30–39	¥764	97,460,128	103,022,198	744	787
M40–49	¥740	81,764,461	70,633,897	605	523
M50–59	¥702	46,683,873	39,978,727	328	281
		741,468,487	768,418,282	5,376	5,558

ケンタッキー

年代性別	平均単価	推計回数 直接ヒアリング	推計回数 ガンマ・ポアソン・リーセンシー・モデル	推計売上（億円）直接ヒアリング	推計売上（億円）ガンマ・ポアソン・リーセンシー・モデル
F20–29	¥961	18,973,640	15,640,236	182	150
F30–39	¥930	22,627,413	19,825,588	210	184
F40–49	¥894	26,575,863	24,190,007	238	216
F50–59	¥930	24,506,666	19,618,522	228	182
F60–69	¥908	19,386,255	15,711,667	176	143
M15–29	¥965	24,307,733	14,089,470	235	136
M20–29	¥998	24,000,180	16,191,854	239	162
M30–39	¥979	30,574,320	21,641,961	299	212
M40–49	¥977	23,411,168	16,792,895	229	164
M50–59	¥937	17,480,065	12,185,648	164	114
		231,843,302	175,887,847	2,201	1,664

参考 URL

日本マクドナルド Web サイト内：全店売上高
https://www.mcd-holdings.co.jp/ir/summary/#hd_summary_02
日本 KFC ホールディングス株式会社 2023 年 3 月期 決算説明会資料
https://japan.kfc.co.jp/assets/articles/6341/files/788

2-5 | 浸透率が小さいブランドほど、過大推計のリスクが高くなる

　多くのケースでは直接購買回数を聞くと過大な推定になるので、前述したマクドナルドは稀なケースです。また、エラー判定をかけないとより過大になる傾向が強いです。

　ここまで紹介した外食チェーンとテーマパークに関する調査は、3章で紹介する「消費者調査MMM」の分析を行う目的で行っています。消費者調査MMMでは、ブランドを利用する途中のプロセスとなる要因を聴取しています。たとえば、両カテゴリーで共通する要因には「ブランドのアプリを利用」「スマホやパソコンやタブレットなどでブランドのことを検索した」「ブランドのことを自分から友人知人や家族との話題にした」などが挙げられます。外食チェーン固有のものとしては「ブランドの店舗に入店」「デリバリーサービス（ウーバーイーツや出前館など）を利用したときにブランドを見た」です。また、エナジードリンクでは「コンビニで（商品を）見た」「ドラッグストアで（商品を）見た」などを設定しています。リーセンシーデータも取得しているので、各ブランドそれぞれ1年以内に購入しているのにもかかわらず、そうした要因のいずれも接点がない対象者をエラーとします。調査テーマとサンプルサイズによってばらつきはありますが、だいたい5〜10%前後がエラー対象となり、これを行わないとさらに過大な推定結果になる傾向があります。

　また、インターネット調査パネルは相対的貧困[5]にあてはまる方が少ないなど、モニター自体の偏りや調査テーマに興味がある人に偏る傾向に加え、エラー判定しても除去しきれないモニターの記憶の曖昧さによる誤回答が出てきます。

※5　相対的貧困とは、その国の生活水準や経済環境と比較して困窮した状態を指します。具体的には、世帯所得がその国の等価可処分所得の中央値の半分に満たない状態を指します。

さらに、「park6」のように浸透率が小さいブランドは過大推定が起こりやすくなります。浸透率が小さいブランドほど認知率も小さく、浸透率と認知率が大きいブランドと誤認して利用したなどと回答される確率が高くなります。たとえば5,000人に調査を行ったときの市場浸透率1%が真の値である場合、当該ブランド利用者が該当する期待値は50人です。実際の調査結果では多少バラつくと思いますが、仮に該当者が50人だった場合、来場回数を直接聞いたときに購買回数が高い方に少し偏るだけでもかなり極端な推計結果になってしまいます。

　テーマパークブランド「park6」について購買回数を直接聞いて推計したデータは、人流データの推計と9倍近い開きがあるため、そのまま使うわけにはいきません。またガンマ・ポアソン・リーセンシー・モデルのほうが乖離幅は少ないですが、それでも2倍以上の開きがあります。このような場合に得られたリーセンシーデータそれぞれに一定の割合で補正をかけて、ガンマ・ポアソン・リーセンシー・モデルの分析を行い実態に合わせます。「park6」の場合は、元のデータの49%に補正して分析しました。

　なお、3章で解説する消費者調査MMMでは各種の補正を行いますが、特に重要な補正が先述のような内容です。本書では、リーセンシーデータを調整して実態に合わせるための補正係数を**「キャリブレーションレート」**として解説します[6]。

　インターネット調査が普及する以前は、定量調査を行うには訪問や郵送、電話などで行うほかありませんでした。安価でスピーディにデータを取得できるインターネット調査に起こりえる各種のバイアスを把握して適切な補正をして活用することで、分析結果はさらに有用なエビデンスとなります。書籍『確率思考の戦略論』でも、ガンマ・ポアソン・リーセンシー・モデルは**信頼できる購入回数のデータが得にくい場合に特に有効**と紹介されていました。

※6　各調査で必要に応じて行ったリーセンシーデータの補正率は特典で補足します。

ここまで紹介してきた内容はエビデンスド・ベースド・マーケティングにおける先人の知見による法則ではありませんが、2021年からのべ約55万人に対して行った調査で回数を直接聞いた結果から確認してきたものです。主に、1年間のスパンでTVCMなどのコミュニケーション効果を把握する「消費者調査MMM」を行うことを目的としたものとなります。マクドナルドのように浸透率が大きいブランドでは、利用回数を聞くのを直近の期間を1カ月にするなど、短くして聞いた場合は信頼できるデータとなることもありますが、前述した約55万人を対象とした多くのケース（特に浸透率が数％しかないようなブランド）では、インターネット調査でそのまま購買回数を聞くアスキングが信頼できる購入回数のデータとならないことがほとんどです。裏を返すと、ガンマ・ポアソン・リーセンシー・モデルは実態に近い浸透率と購買回数の推計に役に立つといえるでしょう。

　ここからは、**ガンマ・ポアソン・リーセンシーモデルならではの活用法**を紹介します。

2-6 | 「CEPs」に対応する需要の把握

　1章で例示した「最後に気分転換や休憩の時にお菓子を食べたのはいつか？」「最後にシャンパンを自分へのご褒美として飲んだのはいつか？」という設問でリーセンシーデータを取得すれば、前述した計算によってブランドの想起につながりそうな、それぞれのカテゴリーが求められるきっかけに対応する需要を推計できます。

　このきっかけが**CEPs**です。シャンパンに限らず、お酒であれば「ハレの日に」「寝る前に」「やけ酒で」など、いろいろ考えて需要を把握することができます。テーマパークであれば「癒されたいときに」「ストレスを発散したいときに」、外食チェーンであれば「デリバリーで」「猛烈にお腹がすいたときに」といった具合です。さまざまなCEPsを考えたうえで、「最後に○○したのはいつですか？」の調査からCEPsごとの需要を推計することができます。

　なお、5章ではエナジードリンクの例で「疲れている時に」「気分転換をしたいときに」「仕事や勉強や家事などをしながら」「運転や仕事や勉強などの最中に眠気を覚ましたいときに」「音楽ライブやコンサートに出かけるときに」などのCEPsを分析する方法を紹介します。ガンマ・ポアソン・リーセンシー・モデルで年代性別ごとにCEPsに対応する需要を把握することで、自社が注力すべきCEPsを明確化し、戦略の解像度を上げていきます。

2-7 | シーズナリティによる需要の変化（月次など）を把握

　書籍『確率思考の戦略論』では、著者の森岡毅氏が低迷していたUSJの立て直しを託されたエピソードが取り上げられています。森岡氏が転職した2010年当時の繁忙期はハロウィーンにかけての10月で、ハロウィーン当日の来場は前年が7万人でした。しかし同氏はガンマ・ポアソン・リーセンシー・モデルで2倍の14万人にできると予測し、ハロウィーン・ホラー・ナイトというイベントを仕掛けて結果的には40万人の集客となったそうです。みなさんが仮に森岡氏が着任される前にUSJでマーケターとして働いていたとして、1年のピークのハロウィーンで集客を2倍に伸ばせると言われたら信じるでしょうか？　需要期のピークを延ばすのは現実的ではないと考えて、閑散期になんらか手を打とうと考えるのではないでしょうか？

　当時、その戦略はすぐ受け入れられるものではなかったそうです。しかし結果として、ハロウィーン・ホラー・ナイトはUSJのV字回復のきっかけとなり、その打ち手が大成功したことがその後の改革の大きな後押しになったとのことです。ダブルジョパディを前提に考えると、1年でもっとも需要が高まる時期（ここではハロウィーン）は、普段はテーマパークにあまり来ない人、すなわちノンカテゴリーバイヤーをブランドのライトバイヤーにするビッグチャンスと考えることができます。同書籍には調査の設問と選択肢は記載されていなかったため、ここからは推測ですが、おそらく森岡氏はUSJに着任する前から、月または四半期ごとに自主的にリーセンシーデータを取得する調査を行っていたのではないでしょうか？　たとえば「最後にいつ友人と出かけましたか？」と聞く調査をハロウィーン直後の11月はじめに行い、ほかの月の始めに行った調査から分析した結果を比較することで10月の需要を確認できます。

図表2-11は、2回の調査（2021年8月末と2024年1月中旬）から分析した同一のエナジードリンクブランドのリーセンシーデータに基づくMとKと回数別浸透率のグラフです。夏と冬で需要の差が明確なことがおわかりいただけるでしょう。

図表2-11　エナジードリンクブランドの1カ月間の需要比較
　　　　　（2021年8月末以前1カ月と2024年1カ月中旬以前1カ月）

直近のアクション	期間別浸透率 （予測）	期間別浸透率 （実績）
2週間未満	17.83%	18.00%
2週間〜1カ月未満	8.65%	8.40%
1カ月〜3か月未満	13.12%	12.40%
3か月〜1年未満	14.80%	15.60%
それ以前	45.61%	45.60%
	予測誤差	1.12%

直近のアクション	期間別浸透率 （予測）	期間別浸透率 （実績）
2週間未満	4.55%	4.62%
2週間〜1カ月未満	3.42%	3.16%
1カ月〜3か月未満	7.03%	7.22%
3か月〜1年未満	10.59%	10.56%
それ以前	74.42%	74.44%
	予測誤差	0.34%

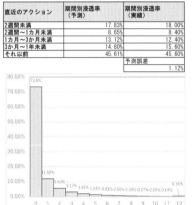

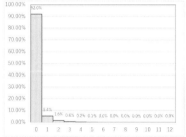

M	K
0.69334	0.21162

M	K
0.12425	0.10973

2-8 | 1年間で推計する場合には 注意が必要

　3章では、2024年1月中旬に行ったエナジードリンクの5問の調査で、消費者調査MMMの分析方法を解説します。購入1回あたりの単価を200円にして、調査時点から遡った1年間のTVCMなどの施策の効果を金額換算します。実際にはブランドそれぞれで単価は若干違いますが、ここでは全ブランド一律200円[7]として計算しました。

　ガンマ・ポアソン・リーセンシー・モデルで1年間を推計する場合、月次で需要が大きく変わる商材を対象にするときは特に注意が必要です。たとえばエナジードリンクは冬の需要が下がるため、2024年1月下旬に行った調査からそのまま遡って1年間を推計すると過小評価になってしまいます。

　1年間のうち、1月の売上は年間の何%を占めるのかを答え合わせするデータが必要です。今回は約3万人のコンビニ、スーパー、ドラッグストア、外食などのレシート記録データから店舗を横断した併売状況などがわかるツール「IDレシートBIツール」のデータを参照しました。

※7　実際の価格からブランドを推察できないようにするための対応です。

Column　IDレシート BIツールとは？

　フェリカネットワークス株式会社が提供する「IDレシート BIツール」は、スマホで撮影したレシートを解析してデータ化し、消費者の購買行動を可視化するツールです。従来のPOSデータでは分析できなかったチェーン横断、カテゴリー横断、個客軸での購買データ分析が可能で、新たなマーケティング戦略の立案に役立ちます。消費者のニーズに合わせた商品開発や改良のほか、効果的な販促キャンペーンの企画や効果測定への活用、消費者の購買行動に基づいた精緻なマーケティング戦略の立案に役立ちます。

主な機能

レシートデータ分析	購入日時、商品名、購入金額、性別、年代、地域など、さまざまな切り口で購買データを分析できます。
チェーン比較分析	異なる流通チェーンでの購買データを比較分析できます。
カテゴリー横断分析	異なる商品カテゴリー間の関連性を探ることができます。
個客軸分析	個々の消費者の購買履歴を分析できます。
レシートデータ可視化	グラフや表を用いて、分析結果をわかりやすく可視化できます。

　同社は、このツールならではの個客軸分析の分析例を多数掲載しています。たとえば「無印良品店舗とローソン無印では、同じ商品でも購入者属性は変化するのか？」といったレポートでは、36都道府県にある約9,600店舗のローソン（2023年2月時点）で販売されている無印良品商品にフォーカスし、無印良品店舗とローソン店舗での売れ筋商品や購入者属性の違いを分析しています。

　無印良品店舗、ローソン店舗とも男女比では女性が約6割と、同ブランドが主に女性に支持されていることは明らかですが、ローソン店舗で販売上位の「不揃い 塩バニラバウム」は男性比率は62％で、同じ商品の無印店舗での男性比率（30％）を32ポイントも上回っているなど、ロー

ソン販売による男性への浸透率貢献に兆しが見られます。こうした兆しの発見はマーケティング戦略の貴重なヒントです。思えば私も無印良品店舗に年10回ほどは足を運んでいますが、ほとんど家内がきっかけです。男性自身が同ブランドを想起するきっかけを作る商品はなにか？　こうした仮説を検証または新たに探索する場面で、ユーザー単位のカテゴリーの横断購買データが役に立ちます。

※本コラムで紹介した各集計値は記事に掲載されているそのままの集計値（例として全体の男女比3：7／無印良品店舗の女性81%）とは違い、ウェイトバック集計で比率を算出し直した値です。

参考URL
「IDレシート BIツール」Webサイト
https://receiptreward.jp/
"IDレシート"分析レポートページ
https://receiptreward.jp/solution/report/
「無印良品店舗」と「ローソン無印」では、同じ商品でも購入者属性は変化するのか？
https://receiptreward.jp/solution/report/analysis20_2401.html

　分析対象となる6ブランドで、2023年1月から2023年12月までの1年間を100%とした際の各月の割合を集計しました（**図表2-12**）。今回は6ブランドの合計の月次割合を用いて、季節の調整を行いました。

図表2-12

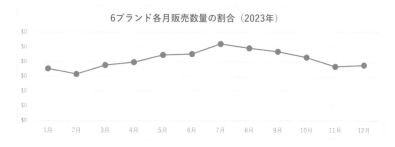

	1月	2月	3月	4月	5月	6月	7月	8月	9月	10月	11月	12月
合計	7.1%	6.3%	7.5%	7.9%	8.9%	9.1%	10.4%	9.8%	9.4%	8.6%	7.4%	7.5%
enagy1	6.3%	6.0%	8.1%	8.0%	9.1%	9.0%	10.0%	11.0%	9.1%	8.1%	7.8%	7.3%
enagy2	6.1%	6.2%	9.1%	7.8%	9.8%	10.1%	9.6%	8.2%	8.1%	10.5%	7.2%	7.3%
enagy3	8.2%	6.8%	8.2%	8.1%	9.8%	8.7%	9.5%	9.3%	9.2%	7.5%	6.9%	7.8%
enagy4	8.1%	8.0%	8.0%	7.5%	8.6%	8.4%	8.4%	9.8%	10.3%	7.5%	7.5%	7.8%
enagy5	7.8%	7.0%	7.3%	8.4%	8.5%	8.6%	10.3%	8.9%	9.1%	8.5%	7.5%	7.9%
enagy6	6.7%	5.2%	6.2%	7.7%	8.4%	9.1%	12.2%	11.2%	10.2%	8.5%	7.3%	7.3%

3章では、エナジードリンクブランド「enagy1」を中心に分析します。2024年1月下旬に行った調査から遡って1カ月の購買回数を推計し、1月は年間の7.1%として1年の売上を推計していきます（**図表2-13**）。

図表2-13

enagy1

年代性別	直近30日の推計回数	【A】直近365日の推計回数	【B】季節性を考慮した直近365日の回数	【B】÷【A】	キャリブレーションレート120%で推計した回数
F15-29	389,666	4,740,933	5,507,448		5,571,698
F20-29	1,004,318	12,219,116	14,194,797		14,330,461
F30-39	1,076,106	13,092,546	15,209,432		15,323,602
F40-49	1,344,464	16,357,461	19,002,350		19,175,035
F50-59	1,100,362	13,387,622	15,552,256		15,738,085
F60-69	736,373	8,959,205	10,407,730		10,567,454
M15-29	791,011	9,622,484	11,179,967		11,135,512
M20-29	1,515,499	18,437,457	21,419,711		21,522,694
M30-39	1,438,760	17,504,864	20,335,103		20,358,335
M40-49	1,715,434	20,871,080	24,245,543		24,259,292
M50-59	1,232,937	15,000,732	17,426,047		17,578,975
M60-69	761,467	9,264,513	10,762,396		10,882,118
	13,106,397	159,458,012	185,242,780	116%	186,443,260

ガンマ・ポアソン・リーセンシー・モデルで直近30日を推計した回数は1,310万回で直近365日を推計した回数は1.59億回【A】です。その期間が1年の7.1%だとした場合の年間回数【B】が1.85億回です。【B】÷【A】は116%です。

ガンマ・ポアソン・リーセンシー・モデルは唯一の最適解に辿りつけるタイプの計算ではなく、いくつも数字をあてはめながら最適解を探していくタイプの最適化計算です[8]。それを各年代性別で分析すると誤差もばらつくことから、VBAを使った自動実行の分析を1%刻みで繰り返して最適なキャリブレーションレートを探索します。「enagy1」のケースでは120%としています。

---

[8] OR（オペレーションリサーチ）という学術分野で、ここで解く問題は非線形な性質の問題と呼びます。専門性が高いため、特典の分析演習の講義で解説します。

3章で解説する消費者調査MMMでは、浸透率が増えると購買回数が何回増えるかを予測できる関係を活用して、調査時点から遡った1年間の効果を推計します。1年間の浸透率が本来何%で、Mはいくつだったか？ セレクション・バイアスや季節性を調整するためにここで紹介した方法を使い、効果の係数は因果推論の分析法を使って推定します。

コミュニケーション効果の
構造を把握する

消費者調査MMMとは？

この章では、消費者調査MMMを解説します。消費者調査MMMとは、インターネット調査で取得したデータを解析して、興味のあるブランドが行っているTVCMやインターネット広告など各施策による売上貢献効果を金額として定量化できるものです。

　これまでは外食チェーン、テーマパーク、エナジードリンクを例に、浸透率とMの関係を確認してきました。各施策によって、浸透率がどれだけ大きくなったかがわかれば回数の増加もわかり、単価を乗算すれば売上貢献金額を推計できます。本書では効果の把握までを紹介しますが、数理モデルで分析しているため、実績と同じ費用で貢献売上を最大化するシミュレーションや、同じ効果を維持して費用を最小化するなどの予算配分の最適化シミュレーションも行えます。

3-1 どのように分析するか？

　マーケティングが関係する多くの現場において、インターネット調査で「TVCM」などの施策を記憶している人とそうでない人の浸透率の差分を取り、その差分を効果とすることが行われています。しかし、このような**「単純比較」はおすすめできません。**理由は後述しますが、この方法では多くのケースで効果が過大に推定されてしまいます。それを回避するために因果推論の分析を使い、各施策のリーチ重複を考慮した適切な補正を行う必要があります。

　消費者調査MMMでは、効果の推定を行う「結果」を浸透率として、「原因」を**「施策」**と**「要因」**の2つに分けて考えます。施策は、当該ブランドの「TVCMを見た」「SNS広告を見た」など、消費者目線ではブランドに対する**受動的な態度**に対応するものです。要因は、「店頭で商品を見た」など購買に近いアクションで、施策と比べると**能動的な行動**に対応するものです。施策がユーザーにとって、ブランドに関与するファーストアクション、要因がセカンドアクションと考えてもよいかもしれません。**「施策→要因→浸透率」の増分**を推定することで、そのブランドのコミュニケーション施策がどのような要因を介して売上に貢献しているか、そして売上に対する貢献金額が大きい「施策→要因→浸透率」の経路はなにかといったコミュニケーション構造をブランドごとに把握します。

　たとえばエナジードリンクの分析では、15歳～19歳は5歳刻み、20歳～69歳は10歳刻み性別の12セグメントに対して、12種類の「施策」と7種類の「要因」で因果推論の分析で浸透率の増分を推定します。つまり、1ブランドで1,008種類の効果係数を推定することになります。

この粒度での分析を積み上げて、全体のコミュニケーション構造を把握します。膨大な情報を集計して分析者が任意の軸で見ていくために、Microsoft製のレポート作成ツール「Microsoft PowerBI（以降、PowerBI）」でダッシュボードにします。同じカテゴリーのブランドのコミュニケーション構造は似ていることも多く、消費者調査MMMを行うことで当該カテゴリーの「顧客重複の法則」を確認する機会も多いです。

特典では、3カテゴリー（エナジードリンク、外食、テーマパーク）に対応するダッシュボードを提供します。同じカテゴリーの各ブランドで広告などの施策の効き方が似ている点が多いことに気付かれるでしょう。また特典のYouTube講義では、分析の実装に必要な詳しい解説を行います。一方、本書では**どのように分析して戦略に活かすのか**にフォーカスしていきます。

ここでは、エナジードリンクブランド「enagy1」の20代男性の分析を例に、実際の活かし方を説明します。なお、計算イメージをわかりやすく伝えるために数値は単純なものに変えています。

■STEP1
20代男性650万人のTVCMの接触率40％から260万人が接触した（インターネット調査のアスキングによって行うため、判定基準は正確には「接触」ではなく「記憶」）と推計します。

■STEP2
接触者260万人のうち3％がTVCMによって利用率がリフトしたと推定（単純比較ではなく、因果推論の「傾向スコア」で分析）します。

■STEP3
エナジードリンクの調査で聴取した施策は12種類です。いずれかに接触した方は年代全体の6割でしたが、各施策の接触率を合計すると9割になります。各施策の接触者に浸透率の増分を乗算して累計すると効果は1.5倍（9/6）になってしまうので、接触者をユニークな人数に戻す補正を行います。リフト率を2/3に調整し2％とします。

接触者260万人に対する浸透率のリフト2%（5.2万人）を、1年間で増え
た利用者と推計します。ガンマ・ポアソン・リーセンシー・モデルから推計
したブランドAにおいて、20代男性の1年間の平均回数は9回、単価を
200円とした9,360万円がTVCMによる売上貢献金額と推計します。

3-2 | 5問で必要なデータを得る

　この調査で設問したのは5問で、1問目では好意度と認知、2問目でリーセンシーデータ、3問目で施策、4問目で要因、5問目ではメディア利用時間を聞いています。ここで選択した6つのブランドは、「エナジードリンクまたは栄養補助飲料・栄養補助食品」と聞くことが相応なブランド選択をしており、以降ではまとめて「エナジードリンク」と記載します。

■ 1問目
【質問文】
列挙する6つのエナジードリンクまたは栄養補助食品（または飲料）のブランドについて、それぞれのブランドの好感度を選択してください。ご存じないブランドは「知らない」を選択してください。
【選択肢】
非常に好感が持てる / 好感が持てる / どちらともいえない / 好感がもてない / 知らない
【項目】
6つのブランド名

■ 2問目
【質問文】
1問目でお聞きしたうち、知っていると回答いただいたブランドと、その他のエナジードリンクまたは栄養補助食品（また飲料）について、直近でいつ飲みましたか？（または食べましたか？）それぞれあてはまるものを1つ選択してください。
【選択肢】
2週間未満 /2週間〜1カ月未満 /1カ月〜3カ月未満 /3カ月〜1年未満 /1年以上前 / 飲んだことがない（または食べたことがない）
【項目】
ブランド名　※1問目で「知らない」以外を選択したブランド

【質問文】

1問目で知っていると回答いただいたブランドそれぞれに対して、直近1年以内にご自身が見聞きした内容をご回答ください（複数回答）

【選択肢】

TVCM/TV番組 / 友人や知人家族との話題に出た（リアルな会話以外のLINEなどのメッセージも含む / 雑誌の広告または記事 / 新聞の広告または記事 / インターネットの記事 /YouTubeの広告 /YouTube投稿（ユーチューバーや一般の投稿者など広告以外）/TVerやAbemaなどYouTube以外の動画サイトの広告 /SNSの投稿（インフルエンサーや著名人、知人友人ご家族など）/SNSの広告 /YouTubeなどの動画サイトやSNS・検索エンジン以外で表示されるインターネット広告 /1年以内に見聞きした内容はない

【項目】

ブランド名　※1問目で「知らない」以外を選択したブランド

■ 4問目

【質問文】

1問目で知っていると回答いただいたブランドそれぞれに対して、直近1年以内に商品販売やお試し配布プロモーションなどで、それぞれのブランドの商品を見た場所をご回答ください（複数回答）。

【選択肢】

コンビニ / ドラッグストア / スーパーマーケット / その他の食品または飲料を販売している店舗 / 自動販売機 / 料飲店、音楽イベント、スポーツイベント、街頭でのプロモーションイベント会場 / その他 /1年以内に当該商品を見た場所はない

【項目】

ブランド名　※1問目で「知らない」以外を選択したブランド

■ 5問目

【質問文】

あなたは1日あたり（平日の平均として）、どれくらいの時間をメディアの利用や移動に費やしていますか？

【選択肢】

3時間以上 / 2時間以上3時間未満 / 1時間以上2時間未満 / 30分以上1時間未満 / 30分未満

ブランド名　※1問目で「知らない」以外を選択したブランド

【項目】

インターネット（SNSを除く）/ SNS / テレビ（録画再生視聴を含む）/ 新聞・雑誌 / 移動時間（徒歩・自転車・自動車・電車・バス・タクシーなど）

　ここから「enagy1」の20代男性の分析を例にして、STEP1〜4の手順を解説します。

3-3 STEP1：接触率「リーチ」と「単リーチ」の把握

　STEP1で用いるのは接触率です。3問目の「施策」と4問目「要因」の接触率を、年代性別ごとにクロス集計します（**図表3-1**）。

図表3-1

【Q3】1問目で知っていると回答いただいたブランドそれぞれに対して。直近1年以内にご自身が見聞きした内容を ご回答ください（複数回答）

年代性別	TVCM	TV番組	雑誌の広告または記事	新聞の広告または記事	屋外交通広告	インターネットの記事	YOUTUBEの広告	YOUTUBE（ユーチューバーや一般の投稿者など、広告以外）	YOUTUBE投稿（ユーチューバーや一般の投稿者など、広告以外）	TVerやAbemaなどYouTube以外の動画サイトの広告	SNSの投稿（インフルエンサーや著名人、知人友人ご家族など）	SNSの広告	YOUTUBEなどの動画サイトやSNS・検索エンジン以外で表示されるインターネット広告
F15～19	38.9%	6.9%	2.0%	1.8%	2.0%	3.6%	3.4%	4%	3.5%	1.5%	3.1%	3.0%	1.2%
F20～29	36.9%	3.9%	2.4%	1.8%	2.1%	2.5%	2.8%	8%	2.5%	1.6%	2.6%	1.9%	1.2%
F30～39	45.7%	3.4%	1.6%	1.5%	1.7%	2.5%	1.8%	8%	1.4%	1.0%	1.5%	1.3%	0.8%
F40～49	53.8%	4.4%	1.3%	1.7%	1.1%	2.0%	1.1%	1%	1.0%	0.6%	0.9%	0.7%	0.6%
F50～59	58.1%	5.5%	2.1%	1.9%	1.2%	2.0%	0.6%	6%	0.5%	0.3%	0.7%	0.8%	0.6%
F60～69	59.4%	7.4%	3.0%	2.9%	1.5%	1.7%	0.8%	8%	0.4%	0.4%	0.6%	0.4%	0.5%
M15～19	36.5%	9.5%	3.1%	3.2%	3.2%	4.8%	4.9%	9%	4.0%	2.7%	2.2%	3.1%	2.1%
M20～29	32.3%	5.7%	3.6%	3.0%	3.6%	4.5%	4.0%	0%	3.1%	2.2%	2.1%	1.9%	1.4%
M30～39	43.1%	5.5%	3.3%	2.8%	3.2%	4.2%	3.5%	5%	2.4%	1.6%	1.5%	1.7%	1.2%
M40～49	52.5%	6.6%	3.1%	2.5%	2.6%	4.3%	2.0%	0%	1.3%	0.9%	1.2%	1.2%	1.0%
M50～59	59.3%	7.5%	2.8%	2.0%	2.6%	3.6%	1.4%	4%	0.6%	0.5%	0.5%	0.8%	0.6%
M60～59	63.6%	9.4%	4.1%	3.0%	2.8%	3.2%	1.1%	1%	0.6%	0.6%	0.4%	0.7%	0.7%

この値が**「リーチ」**です（接触率とリーチは同義語です）。施策のなかでは、TVCMのリーチが突出して大きく、次いで30代までは2位がYouTubeのリーチです。

　「友人や知人との話題に出た」という選択肢はQ3（施策）として聴取していましたが、Q4（要因）として集計しています。モニターへの聞き方はQ3の選択肢に入れたほうが適していますが、「施策→要因→浸透率」の分析を行う際に　「友人や知人との話題に出た」を要因として、売上に貢献している施策として把握するためです。

　また、**「単リーチ」**も集計します。これは、施策と要因ごとにそれぞれ1種類だけ接触していた方の割合です（**図表3-2**）。

【Q3】1問目で知っていると回答いただいたブランドそれぞれに対して。 直近1年以内に ご自身が見聞きした内容を ご回答ください（複数回答）

年代性別	TVCM	TV番組	雑誌の広告または記事	新聞の広告または記事	屋外交通広告	インターネットの記事	YOUTUBEの広告
F15～19	32.5%	2.4%	0.8%	0.9%	0.9%	1.7%	1.3%
F20～29	33.3%	1.9%	1.5%	0.9%	1.1%	1.3%	1.0%
F30～39	42.0%	1.2%	0.8%	0.8%	0.8%	1.2%	0.8%
F40～49	49.8%	1.8%	0.5%	0.9%	0.5%	0.9%	0.4%
F50～59	53.2%	2.4%	0.6%	0.6%	0.4%	0.7%	0.4%
F60～69	52.8%	3.5%	0.7%	0.7%	0.5%	0.6%	0.1%
M15～19	29.0%	3.5%	1.4%	1.4%	1.4%	2.0%	1.6%
M20～29	27.1%	2.5%	2.0%	1.7%	2.0%	2.2%	1.8%
M30～39	37.9%	2.0%	1.4%	1.2%	1.4%	1.9%	1.3%
M40～49	46.2%	2.6%	1.2%	0.9%	1.0%	2.0%	0.6%
M50～59	52.7%	3.4%	0.9%	0.5%	0.9%	1.5%	0.4%
M60～59	54.6%	4.5%	1.0%	0.4%	0.6%	0.9%	0.2%

広…	YOUTUBE投稿（ユーチューバーや一般の投稿者など、広告以外）	TVerやAbemaなどYouTube以外の動画サイトの広告	SNSの投稿（インフルエンサーや著名人、知人友人ご家族など）	SNSの広告	YOUTUBEなどの動画サイトやSNS・検索エンジン以外で表示されるインターネット広告
.3%	1.6%	0.3%	1.4%	1.1%	0.6%
.0%	1.2%	0.6%	1.4%	0.9%	0.7%
.8%	0.8%	0.5%	0.8%	0.6%	0.4%
.4%	0.5%	0.3%	0.4%	0.2%	0.3%
.2%	0.2%	0.1%	0.3%	0.2%	0.3%
.1%	0.2%	0.0%	0.2%	0.1%	0.2%
.6%	1.4%	0.8%	0.8%	1.2%	0.8%
.8%	1.4%	0.9%	0.8%	0.6%	0.7%
.3%	0.9%	0.6%	0.4%	0.8%	0.6%
.6%	0.5%	0.3%	0.1%	0.2%	0.3%
.4%	0.2%	0.1%	0.1%	0.2%	0.2%
.2%	0.1%	0.1%	0.1%	0.1%	0.3%

　単リーチでは、TVCMの突出がより顕著になっており、これはほかのカテゴリー（外食チェーン、テーマパーク）でも同様の傾向です。**単リーチが大きいメディアは広告媒体として重要です。**これまで、ダブルジョパディと関連する法則から浸透率の拡大が重要であることを解説してきましたが、広告が果たすべき役割は文字どおり「広く伝えること」で、カテゴリーのライトバイヤーやノンバイヤーにもアプローチするためにリーチを伸ばすことが命題となります。

3-3-1　メディアにもあてはまるダブルジョパディ

　「メディア」の利用にもダブルジョパディはあてはまり、浸透率が大きいメディアほどロイヤルティも高くなります。ここではリアルタイム視聴の地上波TV番組を例に、TV番組のダブルジョパディを考えてみます。世帯視聴率で30%を超えることもある「NHK紅白歌合戦（以降、紅白）」と、深夜に放送されている視聴率3%の番組を比較してみましょう。紅白は年末の風物詩のような番組で、普段はTVをあまり見ないライトユーザーも紅白を見るためにTVを観るかもしれませんし、「紅白を観る」という目的意識を持ってくる方が多いと考えます。一方で深夜の番組はどうでしょうか？　10年前（2014年）はNetflixなどの動画ストリーミングサービスが開始されておらず、当時の私は地上波の深夜番組を見たあとで寝ることが習慣でした。現在は仕事柄、多くの有料サービスを利用しており、仕事終わりに動画ストリーミングサービスを観てから寝る習慣です。総務省の令和5年版情報通信白書の「主なメディアの時間帯別行為者率」を見ると、23時台のテレビ（リアルタイム）を見ている方の割合は9.6%です（**図表3-3**）。

図表3-3 主なメディアの時間帯別行為者率<平日>（%）

	テレビ（リアルタイム）視聴	テレビ（録画）視聴	ネット利用	新聞購読	ラジオ聴取
5時台	5.4	0.3	4.9	1.3	0.9
6時台	22.7	0.2	16.1	3.9	1.7
7時台	30.2	0.5	25.4	5.4	2.3
8時台	16.9	0.8	25.0	2.8	1.7
9時台	5.8	0.8	22.3	0.9	1.2
10時台	3.8	0.9	22.2	0.7	1.0
11時台	4.3	0.9	20.1	0.4	1.1
12時台	9.8	1.1	33.2	0.5	0.6
13時台	5.9	1.5	21.7	0.5	0.9
14時台	4.2	1.7	19.5	0.4	0.7
15時台	4.2	1.7	20.9	0.5	0.9
16時台	5.7	1.5	23.6	0.5	1.0
17時台	10.2	1.0	25.3	1.1	1.4
18時台	18.5	1.5	27.0	0.8	1.3
19時台	31.2	3.3	29.5	1.9	0.7
20時台	34.6	4.7	36.1	2.0	0.6
21時台	32.6	5.7	40.3	1.4	0.2
22時台	22.7	5.7	38.9	0.8	0.1
23時台	9.6	2.7	26.4	0.5	0.2
24時台	2.9	1.0	11.2	0.1	0.2
1時台	0 9	0.6	4.7	0.1	0.2
2時台	0.3	0.2	2.4	0.1	0.0
3時台	0.2	0.1	1.7	0.1	0.0
4時台	0.4	0.2	1.7	0.2	0.1

（出典）総務省情報通信政策研究所「令和4年度条法通信メディアの利用時間と情報に関する調査」

参考URL
令和5年版情報通信白書「主なメディアの時間帯別行為者率」
https://www.soumu.go.jp/johotsusintokei/whitepaper/ja/r05/html/datashu.html#f00295

　かつての私もそうでしたが、この時間のTV視聴は習慣的なものかつパチパチとチャンネルを切り替えるような視聴態度で、特定の番組を見る意識は希薄です。視聴率が小さい深夜の各番組より視聴率が大きい紅白のほうがロイヤルティは高く、ダブルジョパディになっていると考えます。

書籍『ブランディングの科学 新市場開拓篇』では、メディアのダブルジョパディを確認するデータも紹介されていました。**図表3-4**は、中国（2014年）と米国（2015年）におけるソーシャルメディアの使用率と、毎日使う積極ユーザーの割合からダブルジョパディを確認したものです。

図表3-4　中国（2014年）と米国（2015年）における
　　　　　　インターネットユーザーのソーシャルメディアの使用率と使用頻度

サイト (中国)	ユーザー (%)	積極的 ユーザー※ (%)	サイト (米国)	ユーザー (%)	積極的 ユーザー※ (%)
WeChat	96	88	Facebook	84	82
Qzone	93	75	Twitter	49	65
Youku	87	60	Google＋	47	51
Sina Weibo	86	70	Instagram	41	64
Tencent Weibo	80	56	Pinterest	41	51
Renren	62	41	LinkedIn	38	34
Douban	59	39	Tumblr	25	50
PenYou	58	45	Vine	23	45
Kaixin 001	50	41	Flickr	18	39
51com	43	40	Ask.fm	17	47
Diandian	34	32	Tagged	15	56
Jiepang	32	30	Meetup	14	48
平均	62	49	平均	34	53

『ブランディングの科学 新市場開拓篇』P188より

　浸透率が大きいメディアのほうが、多くの方にリーチできる可能性が上がります。SNSの場合はPinterestなどの浸透率が小さいSNSのユーザーの多くはヘビーユーザーです。しかし顧客重複の法則から、Pinterestのユーザーが100％ロイヤルティユーザーで構成されていることはなく、浸透率が大きいFacebookも積極的に利用しています。浸透率が低いメディアで広告を打つ場合は、すでに浸透率が大きいメディアでリーチしたことがあるユーザーへの重複接触が発生する可能性が高くなります。

　エナジードリンク調査でのQ5の回答結果を集計したデータでも確認します。20代男性で1日60分以上利用する方の割合と、1日の平均視聴時間を見ると、浸透率が高いメディアほど平均時間が長いダブルジョパディが

成立しています（**図表3-5**）。令和5年版情報通信白書「主なメディアの平均利用時間と行為者率」というデータでも同様の傾向がわかります。

図表3-5

【Q5】あなたは1日あたり（平日の平均として）どれくらいの時間を、メディアの利用や移動に費やしていますか？ ※20代男性

平均時間	1日平日60分以上の方の割合	1日平均時間
インターネット（SNSを除く）	63.3%	1.71
SNS	54.1%	1.48
移動時間（徒歩・自転車・自動車・電車・バス・タクシー等）	46.2%	1.21
テレビ（録画再生視聴を含む）	44.4%	1.21
新聞・雑誌	16.6%	0.59

参考URL
令和5年版情報通信白書「主なメディアの平均利用時間と行為者率」
https://www.soumu.go.jp/johotsusintokei/whitepaper/ja/r05/html/nd24b130.html#f00294

同じ設問のSNSの項目から、ターゲット（年代性別12セグメント）ごとに浸透率と平均時間を集計し、回帰分析の予測式を導くと綺麗にあてはまります（**図表3-6**）。ほかのメディア（テレビ / 新聞・雑誌 /SNSを除くインターネット）も移動時間も同様です。

図表3-6

年代性別	60分以上見る人の割合	平均時間
F10	78.8%	2.14
F20	71.3%	1.93
F30	51.5%	1.43
F40	34.7%	1.05
F50	24.1%	0.81
F60	15.3%	0.62
M10	64.1%	1.75
M20	54.1%	1.48
M30	40.1%	1.15
M40	29.3%	0.92
M50	21.3%	0.75
M60	14.3%	0.60

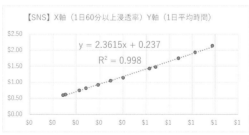

【SNS】X軸（1日60分以上浸透率）Y軸（1日平均時間）

$y = 2.3615x + 0.237$
$R^2 = 0.998$

浸透率が大きいメディアほど利用時間が大きくなります。仮に、各メディアが保有する広告枠の在庫のうち、一定の割合で特定のブランドが出稿した場合、浸透率が高いメディアほど広告の接触回数も多くなるはずです。仮にメディアの視聴にダブルジョパディがあてはまらない場合、浸透率が9

割でも利用者の多くが年に数回しか利用しないメディアがあってもおかしくありません。しかし実際はそのようなことはなく、ダブルジョパディの法則から浸透率が大きいメディアほど利用時間も長くなります。仮に、各メディアの広告在庫に対する配信量のシェアを同一にして複数のメディアで広告を配信する場合、浸透率が高いメディアほどリーチできる確率が上がります。

3-3-2　広告は「リーチ」を大きくすることを第一に考える

　書籍『ブランディングの科学 新市場開拓篇』では、広告メディアのプランニングで第一に考えるべきはリーチの大きさだと語られています。この考えは特に、TVCMの業務に関わった経験がある方に違和感があるかもしれません。TVCMのプランニングにおいては**「スリーヒットセオリー」**という考え方が今も根強く、私も2000年代に総合広告代理店で働いたときにこの言葉を知りました。これは、TVCMなどの広告は3回以上接触させる必要があり、3回以上で広告の効果が高くなるという理論です。

　広告用語で、接触回数は**「フリークエンシー」**といいます。TVCMのバイイング計画を策定する指針として「リーチ3＋」30％以上（フリークエンシー3回以上の方のリーチを30％以上）などの目標を設定したうえで、エージェンシーの担当者がTV視聴率のシンジケートデータを使った計算ツールを用いて目標達成に必要なメディアプランを作成し、事業会社のマーケターと決めていくプロセスが一般的だと思います。つまり、メディアプランニングにはリーチだけでなく、フリークエンシーを高めることも重要という考えが一般的です。

　スリーヒットセオリーに興味を持たれた方は、海外の広告とマーケティング双方に詳しいニューバランス ジャパンの鈴木健氏のコラム「短期集中、投下サイクル、有効フリークエンシー　メディアプランニングの神話」を読んでいただくのをおすすめします。

参考記事URL
短期集中、投下サイクル、有効フリークエンシー　メディアプランニングの神話
https://www.advertimes.com/20210603/article352494/

しかし、書籍『ブランディングの科学 新市場開拓篇』の第6章「リーチを拡大する（ジェニー・ロマニウク著）」では、スリーヒットセオリーは時代遅れの神話にすぎないとしています。重複接触を避けてリーチを最大化することをメディアプランニングの第1の目的にすべきで、フリークエンシーを高めることは広告メディア費用の浪費につながるとしています。認知心理学とマーケティング学のメタ解析によって**「単発の広告露出は効果的だが、間を置かない連続的な露出はそれに比べると効果は劣る」**ことが証明されていることや、一定期間内では最初の広告露出が最大の売上効果を有することが先行研究から明らかであるとして、**「良い広告は最初から効果を発揮し、そうでない広告は何回露出されても効果が薄い」**と言及しています。

　これは「何回リーチしても効かない広告は効かないが、効く広告は1回目のリーチから効き、カテゴリーバイヤーに持続的な影響を与えることができる。そして効果がもっとも高いのは1回目のリーチであるため、1回目で効果を出すクリエイティブを突き詰めてリーチの最大化を目指すことが重要。2回目、3回目と重複接触させることはコストの無駄につながるため、可能な限り避けるべき」という考えです[1]。

※1　ここで焦点とする「リーチの拡大」を目的とした広告の実行は、フィジカルアベイラビリティを構築している市場、またはフィジカルアベイラビリティをこれから構築しようとしている市場でメンタルアベイラビリティの拡大を目的に行うものを前提としています。

3-3-3　リーチの最大化は"効くクリエイティブ"が大前提

　リーチの最大化によって成功するためには、そもそも"1回目で効果を出す広告"であることが前提となります。そのためには、効く広告クリエイティブと効かない広告のクリエイティブの効果の差をCPAやROAS[2]などで数値化し、クリエイティブによる効果の違いを明確に把握するプロセスが必要です。

　そのための手法としては、4章で解説する時系列データMMMが有効です。同じブランドの広告でも、メディア費用1億円で1万個商品が売れるCPA1万円のクリエイティブもあれば、CPAが5千円のクリエイティブもあります。同じブランドでもクリエイティブによる効果の差は数10％の違いでは収まらないことがほとんどです。広告効果の減少に課題を感じていたブランドとの取り組みでは、消費者調査から因果推論の分析を行い、ある要素へのマイナス効果を可視化し、クリエイティブ改革のエビデンスとして参照いただいたこともあります。

　TVCMの効果を理解する際に、「ザイアンス効果」別名「単純接触効果」が引き合いに出されることがあります。これは、ある刺激に繰り返し触れることで、その刺激に対する好感度や評価が高まる心理現象です。ここで例にするエナジードリンクなどコンビニやスーパー、ドラッグストアなどで販売されている低価格で低関与な商材では、このザイアンス効果に期待してTVCMが活用されているケースが多くなっています。これから確認するエナジードリンクの消費者調査MMMでも、TVCMがコンビニやスーパー、ドラッグストアで商品の認識をアシストして売上を増やす効果が高いことを確認できます。

※2　CPAとROASはどちらも広告効果を測定するために使用される指標です。CPA (Cost Per Acquisition) は「顧客獲得単価」という意味で、1件のコンバージョン（商品購入、資料請求など）を獲得するためにかかった広告費用を指します。ROAS (Return On Advertising Spend) は「広告費用対効果」という意味で、広告費用に対して得られた売上高の割合を表します。

一方、方向性を間違えたクリエイティブを重複接触させると、マイナス効果が出ることも推定できるわけです。いわば「逆ザイアンス効果」といえるでしょう。「広告は効いている」という前提を信じて実行されている方は多いと思いますが、本書で紹介する分析を実際に行ってTVCMの効果を定量化・可視化すると、それまでの**曖昧な検証**で予想している以上に大幅に効いているケースもあるものの、明らかにその反対というケースもあるわけです。書籍『ブランディングの科学 新市場開拓編』で言及された「リーチの拡大を重要視する」という考え方は、効くクリエイティブの最適化とセットだと捉えるのがよいでしょう。

　インターネット広告のクリエイティブごとの効果検証では、理想的な実験となる「**ランダム化比較試験**(Randomized Controlled Trial)」を行う環境を容易に得られるため積極的に活用されています。一方、先ほど**曖昧な検証**と申し上げましたが、インターネット調査などからTVCMを見た人と見なかった人を単純比較して効果を推定しているケースは今でも多く、これは曖昧どころかミスリードにつながる検証です。たしかな効果を推定するためには、因果推論の基礎を踏まえ、適切な方法で行う必要があります。

3-4 STEP2：浸透率の増分（リフト率）を傾向スコアで推定する

3-4-1 単純比較をおすすめできない理由

　TVCMの効果を検証する際に、インターネット調査などからTVCMを見た人と見ていない人の好意度や利用意向、浸透率などの差分をとり、それを効果とする**「単純比較」**をしている方もいらっしゃるでしょう。これは、もし仮にTVCMが行われていなかったら浸透率は何％だったのか、実際には観測できない値をTVCMを見なかった人の浸透率で置き換えて、TVCMを見た人の浸透率との差分を取ることで効果の推定を試みています。もし仮に原因が起こらなかったらという**「反事実」**による結果と、原因が起こった事実による結果を比較することで、因果効果の推定を試みることは因果推論のアプローチの基本となります。このとき、反事実の結果の値は観測できないため、ほかのもっともらしいデータで代用しますが、消費者調査によるアスキングから効果を推定する際はTVCMに限らずすべての施策と要因で単純比較をおすすめできません。

　図表3-7は、「enagy1」の施策のリーチを年代性別ごとに集計し、好意度「やや好感がもてる」以上の方とそれ以外の回答をした方で比較したものです。接触率が極端に少ない一部を除いて、好意度が高い集団のほうが各施策を見たと回答する割合が大きくなっていることがわかります。

図表3-7①

好意度 非常に好感が持てる／好感が持てる／やや好感がもてる

年代性別	TVCM	TV番組	雑誌の広告または記事	新聞の広告または記事	屋外交通広告	インターネットの記事	YOUTUBEの広告
F15～19	44.9%	9.6%	2.4%	2.2%	2.4%	5.0%	3.8%
F20～29	44.4%	4.9%	2.9%	2.0%	2.5%	3.2%	3.6%
F30～39	52.6%	4.2%	1.9%	2.0%	1.9%	3.1%	2.1%
F40～49	60.6%	5.5%	1.7%	2.1%	1.4%	2.3%	1.4%
F50～59	62.9%	6.9%	2.8%	2.4%	1.6%	2.6%	0.7%
F60～69	65.8%	9.2%	4.1%	3.8%	2.0%	2.3%	1.2%
M15～19	45.0%	12.5%	3.9%	4.2%	4.2%	6.2%	6.2%
M20～29	43.1%	8.0%	4.8%	3.8%	4.6%	6.3%	5.4%
M30～39	53.1%	7.2%	4.2%	3.5%	3.9%	5.1%	4.7%
M40～49	59.9%	8.0%	3.9%	3.0%	3.1%	4.9%	2.5%
M50～59	66.2%	8.8%	3.5%	2.5%	2.9%	4.0%	1.7%
M60～59	68.8%	11.4%	5.2%	3.8%	3.5%	4.0%	1.5%

YOUTUBE投稿（ユーチューバーや一般の投稿者など、広告以外）	TVerやAbemaなどYouTube以外の動画サイトの広告	3N3の投稿（インフルエンサーや著名人、知人友人ご家族など）	SNSの広告	YOUTUBEなどの動画リフトやSNS・検索エンジン以外で表示されるインターネット広告
.8%	4.2%	2.0%	3.8%	3.5%	1.6%
.6%	3.2%	2.0%	3.5%	2.6%	1.3%
.1%	1.5%	1.0%	1.7%	1.6%	0.8%
.4%	1.2%	0.7%	1.2%	0.8%	0.7%
.7%	0.6%	0.5%	0.8%	0.9%	0.6%
.2%	0.5%	0.5%	0.9%	0.6%	0.6%
.2%	4.9%	3.0%	3.0%	4.2%	2.8%
.4%	4.1%	2.9%	2.8%	2.6%	1.8%
.7%	2.8%	1.8%	1.8%	2.1%	1.4%
.5%	1.5%	1.1%	1.4%	1.3%	1.2%
.7%	0.8%	0.6%	0.6%	1.0%	0.6%
5%	0.7%	0.7%	0.5%	0.9%	0.8%

3章

図表3-7②

好意度 どちらともいえない／好感がもてない

年代性別	TVCM	TV番組	雑誌の広告または記事	新聞の広告または記事	屋外交通広告	インターネットの記事	YOUTUBEの広告	YOUTUBE投稿（ユーチューバーや一般の投稿者など、広告以外）	TVerやAbemaなどYouTube以外の動画サイトの広告	SNSの投稿（インフルエンサーや著名人、知人友人ご家族など）	SNSの広告	YOUTUBEなどの動画サイトやSNS・検索エンジン以外で表示されるインターネット広告
F15～19	40.5%	3.3%	1.8%	1.4%	1.8%	1.9%	3.7%	3.1%	0.8%	2.5%	2.9%	0.8%
F20～29	33.0%	3.0%	2.1%	1.8%	2.2%	1.8%	1.7%	1.8%	1.4%	1.4%	1.0%	1.4%
F30～39	38.5%	2.1%	1.2%	0.7%	1.3%	1.6%	1.6%	1.6%	1.0%	1.2%	0.9%	1.1%
F40～49	46.6%	2.5%	0.6%	1.0%	0.6%	1.7%	0.6%	0.8%	0.3%	0.3%	0.6%	0.6%
F50～59	53.6%	3.0%	0.8%	1.0%	0.5%	0.9%	0.5%	0.3%	0.1%	0.4%	0.5%	0.5%
F60～69	53.7%	5.0%	1.4%	1.4%	0.8%	0.9%	0.2%	0.1%	0.2%	0.2%	0.1%	0.4%
M15～19	37.4%	7.6%	3.0%	2.7%	2.7%	4.2%	4.7%	4.2%	3.4%	1.5%	2.2%	1.5%
M20～29	27.8%	3.9%	3.0%	3.1%	3.4%	3.3%	3.3%	2.7%	2.1%	1.9%	1.6%	1.5%
M30～39	31.5%	2.8%	2.1%	1.8%	2.5%	3.4%	1.6%	2.4%	1.8%	1.4%	1.1%	1.3%
M40～49	42.1%	3.7%	1.4%	1.6%	1.4%	3.3%	0.8%	0.9%	0.5%	0.7%	0.9%	0.7%
M50～59	48.2%	4.7%	1.3%	0.8%	1.9%	3.2%	0.8%	0.3%	0.3%	0.3%	0.3%	0.5%
M60～59	58.0%	5.8%	1.9%	1.4%	1.5%	1.5%	0.4%	0.2%	0.3%	0.2%	0.4%	0.7%

　ブランドのロイヤルティが低い方は、当該ブランドの広告やメディア露出を見ても興味が薄いので、記憶する確率が下がります。これは、エナジードリンクに限らず、外食チェーン、テーマパーク、それ以外のカテゴリーの調査でもあてはまる傾向です。施策の介入があったこと以外、介入群と対照群[※3]の性質が同一であれば単純比較で効果推定することに問題はありません。しかし、介入群がブランドのロイヤルティが高い人に偏るため、

※3　ここでは介入群：施策を見た人（施策の介入があった人）／対照群：施策を見なかった人（施策の介入がなかった人）

介入の有無以外が同一の性質にならない**「セレクション・バイアス」**が発生します。アスキングで効果を推定する場合、施策や要因の介入群はロイヤルティが高い方に偏っているため、浸透率などを単純比較して差分をとって効果とすると過大な推定になりやすいのです。

ここでの好意度など、ブランドロイヤルティは**「交絡[※4]」**のひとつです。交絡とは、効果を推定したい結果（ここでは「浸透率」）と原因（ここでは「施策」「要因」）の双方に影響を及ぼす第3の要因です。交絡があると、原因と結果の間に見られる真の効果が正確に推定することが難しくなります。

理想的な実験は、原因となる施策や要因の介入の有無以外の特性がまったく同一の2つの集団（介入群と対照群）で結果の値を比べることです。それを実現するためには、無作為抽出による**「ランダム化比較試験**（Randomized Controlled Trial 以降**「RCT」**）」がもっとも強力な方法とされています。実験の参加者を介入群と対照群に無作為に割り当てることで、交絡が両群に均等に分布する状況を作り、交絡の影響を最小限に抑え、介入群と対照群を介入の有無以外が同質の状態に近づけることで効果を推定します。

インターネット広告プラットフォーマーは、広告クリエイティブを数種に分けて行うRCTを「ABテスト」として行う仕組みをユーザーに提供しており、多くの場面で活用されています。しかし、TVCMなどのリアルなコミュニケーション施策の効果推定では、RCTによる検証が難しいことがほとんどです。たとえば、ダイレクトメールでは真の効果を推定するために、ランダム抽出によって介入群と対照群を作る実験は可能です。しかしダイレクトメールを送るには郵送コストがかかるため、顧客情報をもとに売上が見込めそうな特性の方を選んで送付していると思います。効果を把握する実験を行うためにランダム抽出による配信をすれば効果が悪化することは明らかで、理想的な実験のために多少の損をすることが前提となってしまいます。

※4　実験の学問の分野によっては「交絡因子」や「交絡変数」などと表現されることもあります。

TVCMの効果を推定するために、ランダム抽出によって調査に協力していただける方を集め、特性が同質な介入群と対照群を作ることはできると思います。しかし、被験者に対して実験ルームでTVCMを見てもらい、購買意欲を聴取するような検証では、実際に放映されるTVCMの影響を考慮するのには無理があり、TVCMによって売上がどれだけ増えたかという定量的な推定に使うことはできません。

　交絡の概念を初めて知った方は、ビジネス書の文脈で因果推論がわかりやすく解説されている書籍『「原因と結果」の経済学』(ダイヤモンド社)を読んでいただくのがおすすめです。

3-4-2　理想的な実験に近い状況を分析で作り出す「傾向スコア」

　ここからは、消費者調査MMMの要素技術として因果推論の分析法を活用するための解説となります。インターネット上の施策を除いた施策では、RCTを行うのが難しいケースがほとんどです。そこで役に立つのが、疑似的にRCTに近い状態を作って効果を推定する「傾向スコア」(英語ではPropensity Score)分析です。

　仮に交絡因子が1つしかない場合は「層別」に分析する方法もあります。「enagy1」の調査で、好意度ごとにTVCMの介入群と対照群に分けて浸透率を比較したものが**図表3-8**です。この方法で交絡をある程度調整できるとお示ししたいところですが、「非常に好感が持てる」以外の層別分析ではマイナスの効果となってしまうものが多いようです。仮にここでの層別分析に納得感があったとしても、層に分けるたびに標本サイズが減ってしまうため、複数の交絡を調整しようとすると分析が難しくなります。

図表3-8　層別分析と全体分析

好意度　非常に好感が持てる

年代性別	差分【A-B】	介入群【A】	対照群【B】
F15～19	2.7%	70.5%	67.8%
F20～29	4.1%	69.1%	65.0%
F30～39	4.5%	67.3%	62.7%
F40～49	8.0%	66.3%	58.4%
F50～59	3.1%	68.6%	65.5%
F60～69	5.3%	69.3%	64.0%
M15～19	0.0%	76.6%	76.6%
M20～29	1.4%	73.3%	71.8%
M30～39	2.2%	71.5%	69.3%
M40～49	10.9%	70.5%	59.6%
M50～59	8.7%	70.6%	61.9%
M60～59	9.2%	63.2%	54.0%

好意度　好感が持てる

年代性別	差分【A-B】	介入群【A】	対照群【B】
F15～19	-9.1%	38.6%	47.7%
F20～29	-6.8%	38.5%	45.4%
F30～39	2.3%	45.9%	43.6%
F40～49	1.1%	43.0%	42.0%
F50～59	3.6%	42.0%	38.3%
F60～69	6.5%	46.1%	39.6%
M15～19	-6.8%	52.1%	58.9%
M20～29	-2.4%	55.2%	57.6%
M30～39	-4.1%	53.8%	57.9%
M40～49	-5.6%	51.2%	56.9%
M50～59	3.9%	46.0%	42.1%
M60～59	5.9%	48.8%	42.9%

好意度　やや好感が持てる

年代性別	差分【A-B】	介入群【A】	対照群【B】
F15～19	-13.9%	20.5%	34.4%
F20～29	-15.6%	21.0%	36.6%
F30～39	-2.1%	26.2%	28.2%
F40～49	-9.5%	20.4%	29.9%
F50～59	-1.7%	18.8%	20.5%
F60～69	6.4%	22.6%	16.1%
M15～19	-13.3%	35.1%	48.4%
M20～29	-10.8%	34.9%	45.8%
M30～39	-4.5%	37.4%	41.8%
M40～49	-2.4%	35.3%	37.7%
M50～59	-0.2%	29.2%	29.3%
M60～59	2.6%	31.4%	28.8%

好意度　どちらともいえない

年代性別	差分【A-B】	介入群【A】	対照群【B】
F15～19	-7.0%	7.1%	14.1%
F20～29	-3.1%	9.6%	12.8%
F30～39	-7.3%	6.2%	13.5%
F40～49	-2.0%	8.1%	10.1%
F50～59	-0.7%	4.5%	5.2%
F60～69	-0.4%	4.8%	5.2%
M15～19	-15.0%	12.1%	27.1%
M20～29	-11.6%	13.9%	25.5%
M30～39	-3.0%	16.2%	19.2%
M40～49	-1.1%	14.7%	15.8%
M50～59	1.6%	12.3%	10.8%
M60～59	2.5%	9.0%	6.5%

好意度　好感が持てない

年代性別	差分【A-B】	介入群【A】	対照群【B】
F15～19	-5.5%	2.5%	8.0%
F20～29	-7.5%	9.1%	16.6%
F30～39	-6.9%	4.8%	11.7%
F40～49	-6.1%	4.3%	10.4%
F50～59	-0.3%	2.5%	2.8%
F60～69	-0.9%	1.8%	2.7%
M15～19	-9.3%	10.7%	20.0%
M20～29	-18.6%	8.6%	27.1%
M30～39	-14.8%	11.1%	25.9%
M40～49	-7.1%	9.3%	16.4%
M50～59	-3.3%	1.9%	5.2%
M60～59	-0.5%	3.7%	4.2%

全体

年代性別	差分【A-B】	介入群【A】	対照群【B】
F15～19	1.7%	34.3%	32.6%
F20～29	4.3%	35.5%	31.2%
F30～39	7.5%	36.8%	29.2%
F40～49	7.3%	34.3%	27.0%
F50～59	6.4%	28.7%	22.4%
F60～69	9.6%	27.5%	17.9%
M15～19	8.4%	48.3%	39.9%
M20～29	12.8%	48.0%	35.3%
M30～39	12.5%	48.4%	35.9%
M40～49	10.6%	45.5%	35.0%
M50～59	11.7%	38.4%	26.7%
M60～59	10.4%	33.9%	23.5%

なお、実際には交絡は1つではないことがほとんどです。傾向スコア分析は、複数の交絡を調整するために原因と結果以外の第3の変数としての**「共変量」**を設定し、共変量を説明変数として各サンプルが介入群に割り付けられる確率を算出します。この確率が傾向スコアで0〜1までの値になり、一般的に傾向スコアを予測する分析にはロジスティック回帰分析が用いられています。

　また、ペアを作って分析する方法が「傾向スコアマッチング」です。それぞれのモニターに介入群に割り当てられる確率の予測値を付与し、介入群と対照群それぞれで傾向スコアが近いサンプルをペアにしていくと、介入群と対照群の共変量のバランスを取ることができます。原因と結果以外で第3の要因となる**「共変量」**のうち、分析者が必要なものを選択して傾向スコアを求めます。

　交絡は共変量のうち、原因と結果の双方に影響するものとなります。消費者調査MMMでは、メディア利用時間と基本属性、カテゴリー関与、ブランドロイヤルティを共変量としています。

　共変量選択の視点は、株式会社岩波書店発行の『岩波データサイエンスVol.3[5]』に掲載されている記事「因果効果推定の応用―CM接触の因果効果と調整効果」を参考にさせていただきました。この記事は、「i-SSP(インテージシングルソースパネル[6])」を用いたゲームアプリのCM効果検証に、傾向スコアを利用した研究をまとめたものです。なお、i-SSPはクロスメディアの状況化で消費者の行動を把握するための国内最大規模のシングルソースデータです。同一個人のPC・モバイル端末・テレビによるメディア接触データと購買データが、記録と年齢性別などのデモグラフィック属性や所得、学歴などの属性データに紐づいています。

※5　『岩波データサイエンス』は、統計科学や機械学習など、データを扱うさまざまな分野について多様な視点からの情報提供を目指したシリーズです。Vol.3は「因果推論」の特集です。

※6　「シングルソースパネル」は株式会社インテージの登録商標です。

同記事では、2014年12月1〜15日放送のゲームアプリのTVCMを効果を推定する原因とし、ゲームアプリのKPIとなる3種のデータを結果としています。TVCM放映後にあたる12月16〜31日のアプリ利用率と利用回数を利用秒数に設定し、i-SSPの対象者のうち一部を抽出したデータ（テレビとスマートフォンを有する方から抽出）と一定の類似性を有するように発生させた模擬的なデータ（サンプルサイズ1万人）を用いて解析しています。設定された共変量は以下です。

▓ メディア接触
・1日あたりのTV視聴時間

▓ 属性
・年齢
・性別
・所得
・居住地
・職業
・子供の有無
・既婚／未婚
・月あたりのお小遣い額

　TVCMに接触しやすい人はそもそもテレビ自体を視聴している時間が長いほか、年代が高い層に偏っているセレクション・バイアスが考えられます。また、その層は一般的にモバイル端末でアプリケーションを利用する人数が少ないと考えられた変数選択が行われています。i-SSPにはTVの視聴ログが記録されているため、インターネット調査によるアスキングでは把握が困難な、秒単位のテレビ視聴分析が可能です。1日あたりのテレビ視聴秒数は、TVCM接触者で11461.9秒、TVCM非接触者で5715.0秒と2倍近い開きがあり、属性データにも2群の差が見られました。これは、2群間のセレクション・バイアスが発生している状況です。TVCM接触者と非接触者の2群の平均の差分を単純比較した結果（**図表3-9**）では、利用率（アプリ利用ダミー）はほとんど差がなく、利用回数と利用秒数は非接触者のほうが大きいなどTVCMの効果はマイナスに見えます。

図表 3-9

解析に用いたサンプル

	アプリ非利用者	アプリ利用者	全体
CM非接触者	5,428	428	5,856
CM接触者	3,832	312	4,144
全体	9,260	740	10,000

各目的変数の単純平均とその差

	CM非接触者		CM接触者		2群の平均の差
	平均	(標準偏差)	平均	(標準偏差)	
アプリ利用ダミー	0.073	(0.260)	0.075	(0.264)	0.002
アプリ利用回数	10.048	(55.267)	8.564	(53.331)	−1.485
アプリ利用秒数	3107.7	(19496.8)	2478.1	(15564.0)	−629.6

『岩波データサイエンスvol3』P93より

　共変量を用いて各標本の傾向スコアを算出し、ウェイトをかけて集計する**IPW (Inverse Probability Weighting) 推定量「ATT」**というウェイト値によって、TVCMによるプラスの効果を推定した結果が**図表3-10**です。

図表 3-10

IPWによる調整を行ったATT

	$E(Y_0\|Z=1)$	(標準誤差)	$E(Y_1\|Z=1)$	(標準誤差)	$E(Y_1-Y_0\|Z=1)$	(標準誤差)
アプリ利用ダミー	0.050	(0.003)	0.075	(0.004)	0.026	(0.005)
アプリ利用回数	6.249	(0.643)	8.564	(0.699)	2.315	(0.949)
アプリ利用秒数	2080.3	(209.0)	2478.1	(227.4)	397.8	(308.9)

『岩波データサイエンスvol3』P97より

　IPW推定量では、傾向スコアを用いてウェイトをかけることで、傾向スコアが大きいほうの回答データの扱いを小さく、傾向スコアが小さい方の回答データの扱いを大きくします。こうすることで、2群の共変量のバランスを近づけて理想的な実験に近い状況を疑似的に作り、2群の結果の平均の差分から効果を推定するアプローチです。なお、ウェイト値には**「ATT」****「ATE」「ATC」**があります（**図表3-11**）。

図表 3-11

	介入群	対照群
ATT（介入群の効果） average treatment effect on the treated	1	傾向スコア／（1－傾向スコア）
ATE（全体の効果） average treatment effect	1／傾向スコア	1/(1－傾向スコア)
ATC（対照群の効果） average treatment effect on the controlled	（1－傾向スコア）／傾向スコア	1

3つのウェイト値のうち、**ATE（Average Treatment Effect）** から解説します。ATEは、集団全体において介入を受けた場合と受けなかった場合の結果の平均の差から効果を推定する方法です。ここでの集団全体は、TVCMの介入があった人となかった人双方を指します。ATEは**「仮にターゲット全体にTVCMの影響があった場合の平均的な効果を推定する」** 際に用いるウェイト値です。介入群も対照群も結果の値の平均をウェイト値で補正し、差分をとって効果を推定します。介入群は傾向スコアの逆数「1／傾向スコア」でウェイトをかけて、集団全体にTVCMの介入があった場合の結果の平均を推定します。対照群は対照群となる確率「1－傾向スコア」の逆数「1／（1－傾向スコア）」でウェイトをかけて、集団全体のTVCMの介入がなかった場合の結果の平均を推定します。

ATT（Average Treatment effect on the Treated） は介入群に焦点をあて、その群における介入効果の平均を推定する**「TVCMの影響があったターゲットに対する平均的な効果を推定する」** ウェイト値です。TVCMを見た人の結果の平均値（実際の値）と、介入群のターゲットが仮にTVCMを見ていなかった場合の結果の平均値（ウェイト値で補正）の差分をとることで推定します。介入群の結果の値はそのままなので、ウェイト値を「1」にするため、ATEのウェイト値の両辺の式に傾向スコアを乗算した式がウェイト値となります。

3-4 STEP2：浸透率の増分（リフト率）を傾向スコアで推定する　　117

ATC (Average Treatment effect on the Control) ※7 は対照群に焦点をあてたもので、**「TVCMの影響がなかったターゲットに対して、仮にTVCMの影響があった場合の平均的な効果を推定する」**ウェイト値です。ATCは対照群のウェイト値を1にするため、ATEのウェイト値を求める両辺の式に「1－傾向スコア」を乗算したものになります。

『岩波データサイエンスVol.3』のサポートページでは、研究に用いたソースコードやデータも共有されており、消費者調査MMMではi-SSPの研究を参考にメディア接触や属性データを共変量として用いています。インターネット調査によるモニターの記憶による施策への接触を判定する場合は、当該ブランドのロイヤルティが高いまたはカテゴリーへの関与度が高いほうが施策や要因を覚えている傾向があるため、カテゴリー関与とロイヤルティの変数を加えています。なお、セルフリサーチツール「Freeasy」により、私が効果を分析する際に選択した共変量は下記です。必要なデータや分析に使用するスクリプトなどは特典の演習で共有します。

エナジードリンクの分析で使用した共変量

■**属性**（「Freeasy」内のパネルにある基本属性データから整形）
・年齢
・居住エリア：関東 / 近畿 / 中部 / 九州・沖縄 / 北海道・東北 / 中国
・世帯年収：300〜600万円 /600万円〜800万円 /800万円以上
・職業：会社員 / 専業主婦 / 経営者自営業自由業 / 医療と公務員
・結婚：既婚
・居住形態：持ち家 / 賃貸
・子供有無：子供あり

■**メディア接触データ**
・1日あたりの平日の利用時間：3時間以上 /2時間以上3時間未満 /1時間以上2時間未満 /30分未満

※7　ATU（Average Treatment effect on the Untreated）と表現される場合もあります。

■カテゴリー関与

・調査対象6ブランドまたはその他のエナジードリンクまたはその他の栄養
　補助飲料または食品を飲んだ（または食べた）：1年以上前

※すべての選択肢は「2週間未満/2週間〜1カ月未満/1カ月〜3カ月未満
　/3カ月〜1年未満/1年以上前/飲んだ（または食べた）ことがない」

■ブランド好意度

どちらともいえない/好感がもてない

※すべての選択肢は「非常に好感が持てる/好感が持てる/どちらともいえ
　ない/好感がもてない/知らない」

　メディア接触と属性は各設問の選択肢にあるすべてのデータを使わず、
1つを除外しています。たとえば、子どもの有無では「子供あり」のダミー
変数（0と1のデータ）のみ使用します。ロジスティック回帰分析を行う際の
多重共線性[8]という問題を避けるためです。

　カテゴリー関与とブランド好意度については、すべての選択肢のうち、
それぞれごく一部しか使っていません。これは共変量選択で配慮すべきこ
とを踏まえた結果です。

※8　多重共線性（Multicollinearity）とは、統計学や回帰分析において説明変数（独立変数）間の
　　強い相関や線形関係が存在する場合に生じる問題です。複数の説明変数が互いに強い相関を持
　　つことで回帰係数の推定が不安定になり、モデルの解釈が困難になる現象を指します。たとえば、
　　子どもの有無のダミー変数で「子どもがいる場合は1」「子どもがいない場合は0」とした場合、
　　両方をモデルに含めてしまうと完全な多重共線性が生じます。両方の変数は互いに対立関係にあ
　　るため、一方がわかればもう一方もわかる（片方のダミー変数の値がわかればもう一方のダミー
　　変数の値もわかる）ため、それらを同時にモデルに含めることで情報が重複することを避ける必要
　　があります。

3-5 共変量の選択方針

選択方針は3つです。

■方針1

介入の割り当てに影響力の強い変数を選択する（かつ結果への影響が強いもの）

■方針2

結果に対して影響力の強い変数を選択する

■方針3

結果に対する中間変数となる変数を除外する

　方針1により、原因と結果双方に影響する交絡を調整します。消費者調査MMMでは、i-SSPの研究を参考にそれぞれの介入（TVCMやSNS広告）に対応するメディア視聴時間（または移動時間）のデータを活用します。i-SSPの場合は消費者の記憶ではなく、TVCMの接触のログを取得できますが、インターネット調査はモニターの記憶を頼りにした介入データの取得となります。当該ブランドやカテゴリーに興味がある方ほど介入（当該施策または要因への関与）を記憶しており、同時に結果への影響も考えられるため、この方針から好意度とカテゴリー関与のデータを選択しています。

　傾向スコアを用いた推定を行う際、共変量によって算出した傾向スコアが同一のサンプルのなかで介入はランダムに（結果とは独立して）割り振られている状況なので、ランダム化された実験のように扱える状況になっている前提[9]が満たされている必要があります。

※9　専門用語で「強く無視できる割り当て条件」といいます。

これを直接的に観測する方法はありませんが、ロジスティック回帰分析のC統計量という指標が参考になります。C統計量は、ロジスティック回帰によって傾向スコア、すなわち正確に予測できる能力を示す指標です。値は0から1までの範囲を取り、1に近いほどモデルの予測能力が高いことを意味します。医学分野などの傾向スコアがよく利用される分野では、C統計量が0.8以上であることが1つの基準です。消費者調査MMMでは、年代性別ごとに施策と要因の組み合わせで分析するため（エナジードリンクの分析の場合）、1ブランドで1,236種類のATTを推定します。年代性別と施策の組み合わせによってバラつきはありますが、C統計量は0.65〜0.75くらいが多くなります。

　消費者調査MMMでは、予測能力よりも効果の推定にバイアスをもたらす共変量が2群でバランスが取れていることを重要視し、このモデルでは概ねその状況が担保されています[10]。しかし、年代性別ごとに分析を行う際のサンプルサイズが少なくなると（40が目安）2群のバランスが不安定になってしまうため、サンプルサイズが40以下の場合は施策または要因の平均効果[11]を代入しており、効果の下限は1%としています。

　方針2は、介入に影響を与えずに結果に影響を与える変数を加えたほうが、因果効果の推定の偏りを小さくできる傾向があることから設定しています。i-SSPの研究の共変量として属性変数を入れていますが、それは介入に必ずしも影響があるわけではなく、主に結果への影響を考慮したうえで選択されています。消費者調査MMMでも、インターネットモニター（ここでは「Freeasy」）の属性情報を使用しています。

　方針3は、方針1と方針2で選択する際に気をつけなければいけないことです。『岩波データサイエンス vol.3』の記事「統計的因果効果の基礎」では、共変量選択の際に注意すべき内容として **「中間変数」** を入れないこ

---

[10]　特典の演習で、傾向スコアのモデルを評価・確認するための2群の共変量のバランスチェックなどについて解説します。

[11]　年代性別ごとにサンプルサイズでウェイトをかけて集計した施策すべてまたは要因すべての平均効果

とを指摘しています。中間変数を入れてしまうと、それを経由して生じる
結果への間接効果が因果効果から除去されてしまうため、効果が過小評
価される傾向があります。エナジードリンクの例では、カテゴリー関与の
データは「1年以上前（1年以前に飲んだ方を除外）」の選択肢のみ、ブラン
ドロイヤルティのデータは「どちらともいえない/好感がもてない」のみ用意
しているのはこのためです。各ブランドの施策や要因の介入群がロイヤル
ティ（好意度）の高い人に偏るセレクション・バイアスを調整しつつも、中
間変数とならない共変量を選択してバランスを取ることが重要です。

図表 3-12

原因	中間変数（候補）	結果

カテゴリー購買
- 2週間未満
- 2週間〜1カ月未満
- 1カ月〜3か月未満
- 3カ月〜1年以内
- 1年以上前に飲んだ
- 飲んだ（または食べた）ことがない

好意度
- 非常に好感が持てる
- 好感が持てる
- やや好感が持てる
- どちらともいえない
- 好感がもてない
- 知らない

直近1年以内の施策または要因

浸透率

　共変量から外した選択肢は中間変数となっていると考えています。**図表
3-13**は、「enagy1」で年代性別ごとのTVCMによる浸透率のリフトを「単
純比較」と「ATT」と共変量を変えた「ATT比較用」で分析したものです。
「ATT比較用」では、カテゴリーはリーセンシーデータの4種「2週間未満
/2週間〜1カ月未満/1カ月〜3カ月未満/3カ月〜1年未満」を選択し、「ブ
ランド好意度」の4種「非常に好感が持てる/好感が持てる/やや好感がも
てる/どちらともいえない」を選択しています。これらの中間変数となってい
ることが疑われる変数を共変量として選択したことにより、「ATT比較用」
の効果は過少推定となっていることが疑われます。

図表3-13

年代性別	施策名	ATT比較用による効果推定	ATTによる効果推定	単純比較による効果推定		対照群ATT比較用浸透率	対照群ATT浸透率	対照群浸透率		介入群浸透率
F15〜19	TVCM	-6.40%	1.76%	1.69%		40.71%	32.56%	32.63%		34.31%
F20〜29	TVCM	-4.56%	3.44%	4.29%		40.02%	32.02%	31.17%		35.46%
F30〜39	TVCM	0.27%	6.21%	7.53%		36.49%	30.55%	29.23%		36.76%
F40〜49	TVCM	-2.86%	3.66%	7.27%		37.15%	30.63%	27.02%		34.29%
F50〜59	TVCM	-0.63%	3.70%	6.36%		29.36%	25.03%	22.36%		28.73%
F60〜69	TVCM	2.02%	7.26%	9.59%		25.47%	20.23%	17.90%		27.49%
M15〜19	TVCM	-6.10%	6.30%	8.37%		54.42%	42.02%	39.95%		48.32%
M20〜29	TVCM	-3.75%	9.77%	12.74%		51.75%	38.23%	35.26%		48.00%
M30〜39	TVCM	-4.04%	5.95%	12.50%		52.46%	42.47%	35.91%		48.42%
M40〜49	TVCM	-0.78%	5.47%	10.59%		46.32%	40.07%	34.95%		45.54%
M50〜59	TVCM	1.78%	7.74%	11.70%		36.61%	30.66%	26.69%		38.39%
M60〜59	TVCM	1.18%	7.88%	10.36%		32.71%	26.01%	23.54%		33.90%

消費者調査MMMは、インターネット調査でモニターの記憶を頼りに施策と要因の接触を判定するため、ブランドロイヤルティまたはカテゴリー関与度が高い方のほうが施策や要因を記憶している可能性が高くなる傾向があります。そのため、これを調整したいのですが、中間変数にはならないことも考慮して選択し、共変量の組み合わせに対応する結果を見たうえで共変量を決定していきます。

介入を要因の「コンビニ（で商品を見た）」とした場合の分析結果が**図表3-14**です。TVCM同様に「ATT比較用」の推定結果は一部の年代性別でマイナスになっており、過小推定が疑われます。

図表3-14

年代性別	要因名	ATT比較用による効果推定	ATTによる効果推定	単純比較による効果推定	対照群ATT比較用浸透率	対照群ATT浸透率	対照群浸透率	介入群浸透率
F15～19	コンビニ	1.85%	13.95%	17.83%	40.43%	28.34%	24.46%	42.29%
F20～29	コンビニ	0.17%	13.21%	16.93%	41.80%	28.75%	25.04%	41.97%
F30～39	コンビニ	0.62%	11.08%	16.76%	41.32%	30.86%	25.18%	41.94%
F40～49	コンビニ	1.51%	10.13%	16.78%	39.57%	30.94%	24.30%	41.08%
F50～59	コンビニ	1.86%	9.13%	16.18%	34.69%	27.42%	20.38%	36.56%
F60～69	コンビニ	3.41%	10.82%	18.73%	33.51%	26.10%	18.19%	36.91%
M15～19	コンビニ	-0.07%	17.42%	23.76%	56.05%	38.56%	32.23%	55.99%
M20～29	コンビニ	-1.82%	15.66%	21.05%	54.03%	36.54%	31.16%	52.21%
M30～39	コンビニ	0.17%	12.65%	19.53%	51.62%	39.14%	32.26%	51.80%
M40～49	コンビニ	1.69%	9.46%	17.87%	48.12%	40.34%	31.93%	49.80%
M50～59	コンビニ	2.34%	9.35%	17.35%	40.46%	33.44%	25.45%	42.79%
M60～59	コンビニ	0.34%	8.70%	17.78%	40.37%	32.02%	22.94%	40.72%

　幾多のカテゴリーとブランドに対して、施策と要因の組み合わせで20〜25種前後を年代性別ごとに傾向スコアで推定し、共変量の組み合わせを探索したうえで共変量の選択方針を決めています。しかし、**最良のモデルである確証を得る方法はなく、結局はほかのデータと「答え合わせ」するしかありません。**たとえば4章で解説する時系列データによるMMMなど、ほかの分析アルゴリズムによって導いた因果効果と突合することです。実際のプロジェクトでも、時系列データMMMと消費者調査MMM双方で「答え合わせ」をしながら、商品やサービスのカテゴリーやブランドの状況に応じてモデルをチューニングしています。

3-6 | STEP3：のべリーチとユニーク ユーザーリーチを考慮した補正

　「enagy1」の「施策（原因）」による「浸透率（結果）」への効果を例にして解説していきます。**図表3-15**は、12種類の施策の「のべリーチ」「ユニークユーザーリーチ」「のべ単リーチ」「重複ユニークユーザーリーチ」を年代性別で集計したものです。

■エナジードリンク調査の施策12種類

・TVCM
・TV番組
・友人や知人家族との話題に出た（リアルな会話以外のLINEなどのメッセージも含む
・雑誌の広告または記事
・新聞の広告または記事
・インターネットの記事
・YouTubeの広告
・YouTube投稿（ユーチューバーや一般の投稿者など広告以外）
・TverやAbemaなどYouTube以外の動画サイトの広告
・SNSの投稿（インフルエンサーや著名人、知人友人ご家族など）
・SNSの広告/YouTubeなどの動画サイトやSNS・検索エンジン以外で表示されるインターネット広告

図表3-15

年代性別	人口	のべリーチ	ユニークユーザーリーチ	のべ単リーチ	重複ユニークユーザーリーチ
F15～19	2,682,000	70.61%	54.67%	45.48%	9.19%
F20～29	6,165,000	62.23%	52.06%	45.96%	6.11%
F30～39	6,690,000	64.20%	55.74%	50.53%	5.21%
F40～49	8,589,000	69.28%	61.40%	56.50%	4.90%
F50～59	8,718,000	74.19%	64.91%	59.32%	5.59%
F60～69	7,631,000	79.01%	67.45%	59.75%	7.70%
M15～19	2,830,000	79.35%	57.37%	45.34%	12.03%
M20～29	6,511,000	67.45%	52.12%	43.53%	8.59%
M30～39	6,968,000	74.14%	58.27%	50.61%	7.67%
M40～49	8,820,000	79.07%	64.34%	56.32%	8.02%
M50～59	8,792,000	82.18%	68.95%	61.13%	7.82%
M60～59	7,349,000	90.12%	73.85%	63.16%	10.69%

「のべリーチ」は各施策の接触率の合計で、「ユニークユーザーリーチ」は施策のいずれかに接触した方の割合です。仮に各施策の効果（浸透率の増分）を10％としたとき、各施策による浸透率の重複リーチがない場合は、各年代性別の人口×リーチ（%）×10%＝浸透率リフト人数で計算して問題ありませんが、実際は重複があるため過大な推定になってしまいます。「単リーチ」に関しては、そのまま各施策の接触人数をATT（浸透率の増加率）と乗算して問題ありませんが、ユニークユーザーリーチには届きません。

　「重複ユニークユーザーリーチ」は、ユニークユーザーリーチから「のべ単リーチ」を引いた値です。消費者調査MMMでは、単リーチと浸透率のリフト（ATT）を乗算して推定した増加人数と、重複ユーザーリーチの効果を各施策の重複リーチ分をもとに配分し、ユニークユーザーリーチと合わせる集計を行った人数から見込まれる増加人数を合算します。ここでは、20代男性のユニークユーザーリーチ人数339万人を例にした**図表3-16**の補正計算式を解説します。

図表3-16

年代性別	人口	ユニークユーザーリーチ	ユニークユーザーリーチ人数
M20~29	6,511,000	52.12%	3,393,570

年代性別	人口	施策名	単リーチ	のべ単リーチ人数	重複リーチ	のべ重複リーチ人数（A）	リーチ	のべリーチ人数	重複調整用係数（B）	重複ユニークユーザーリーチ人数※人口×（A）×（B）	ユニークユーザーリーチ人数
M20~29	6,511,000	TVCM	27.10%	1,764,768	5.19%	337,815	32.29%	2,102,583	35.91%	121,322	1,886,090
M20~29	6,511,000	TV番組	2.45%	159,796	3.21%	208,857	5.66%	368,653	35.91%	75,008	234,804
M20~29	6,511,000	雑誌の広告または記事	1.96%	127,557	1.61%	105,129	3.57%	232,686	35.91%	37,756	165,312
M20~29	6,511,000	新聞の広告または記事	1.68%	109,334	1.31%	85,505	2.99%	194,839	35.91%	30,708	140,042
M20~29	6,511,000	屋外交通広告	1.98%	128,958	1.57%	102,326	3.55%	231,284	35.91%	36,749	165,707
M20~29	6,511,000	インターネットの記事	2.20%	142,976	2.35%	152,788	4.54%	295,763	35.91%	54,872	197,847
M20~29	6,511,000	YOUTUBEの広告	1.79%	116,343	2.24%	145,779	4.03%	262,122	35.91%	52,355	168,697
M20~29	6,511,000	YOUTUBE投稿（ユーチューバーや一般の投稿者など、広告以外）	1.36%	88,309	1.72%	112,138	3.08%	200,446	35.91%	40,273	128,581
M20~29	6,511,000	TVerやAbemaなどYouTube以外の動画サイトの広告	0.93%	60,274	1.31%	85,505	2.24%	145,779	35.91%	30,708	90,982
M20~29	6,511,000	SNSの投稿（インフルエンサーや著名人、知人友人ご家族など）	0.75%	49,060	1.38%	89,710	2.13%	138,771	35.91%	32,218	81,278
M20~29	6,511,000	SNSの広告	0.65%	42,052	1.29%	84,103	1.94%	126,155	35.91%	30,205	72,256
M20~29	6,511,000	YOUTUBEなどの動画サイトやSNS・検索エンジン以外で表示されるインターネット広告	0.69%	44,855	0.73%	47,659	1.42%	92,514	35.91%	17,116	61,971
				2,834,282		1,557,313		4,391,596		559,287	3,393,570

3章

単リーチ人数は、そのままATTを乗算して浸透リフト人数を推定します。重複分はユニークユーザーリーチ339万人に合わせるため、のべ重複リーチ人数と「重複調整用係数（B）」の35.91%を乗算して求めます。「重複調整用係数（B）」は重複分ユニークユーザーリーチから重複分のべリーチを年代性別ごとに除算したものです（**図表3-17**）。

図表 3-17

年代性別	人口	重複分ユニークユーザーリーチ	重複分のベリーチ		重複調整用係数
F15〜19	2,682,000	9.19%	25.13%		36.57%
F20〜29	6,165,000	6.11%	16.27%		37.52%
F30〜39	6,690,000	5.21%	13.66%		38.13%
F40〜49	8,589,000	4.90%	12.78%		38.34%
F50〜59	8,718,000	5.59%	14.87%		37.62%
F60〜69	7,631,000	7.70%	19.26%		39.98%
M15〜19	2,830,000	12.03%	34.01%		35.37%
M20〜29	6,511,000	8.59%	23.92%		35.91%
M30〜39	6,968,000	7.67%	23.54%		32.58%
M40〜49	8,820,000	8.02%	22.75%		35.24%
M50〜59	8,792,000	7.82%	21.06%		37.14%
M60〜59	7,349,000	10.69%	26.96%		39.65%

　12個の施策があると、それぞれの単体リーチと重複の組み合わせは4,095になります。サンプルサイズが僅少な組み合わせが多くなってしまい、傾向スコア分析を行うことは現実的ではありません。

　STEP1でも「メディアにもダブルジョパディ」があてはまることを解説しました。接触率が高いメディアほどユーザーの利用時間も長い関係があてはまるため、仮に当該メディアの広告在庫に対して一律で1%の広告を配信した場合、メディアの利用率と利用時間が正の相関となるため、浸透率が大きいメディアほど浸透率が小さいメディアでの広告重複が大きい関係が成立します。**図表3-18**はenagy1の20代男性の広告接触の重複を集計したものです。施策ごとに若干の差はありますが、接触率が大きいメディアは接触率が小さいメディアとの重複率が大きくなっています。

図表3-18

施策名	接触率	TVCM 重複率	TV番組 重複率	雑誌の広告または記事 重複率	新聞の広告または記事 重複率	屋外交通広告 重複率	インターネットの記事 重複率	YOUTUBEの広告 重複率	YOUTUBE投稿（ユーチューバーや一般の投稿者など、広告以外）重複率	TVerやAbemaなどYouTube以外の動画サイトの広告 重複率	SNSの投稿（インフルエンサーや著名人、知人友人ご家族など）重複率	SNSの広告 重複率	YOUTUBEなどの動画サイトやSNS・検索エンジン以外で表示されるインターネット広告 重複率
TVCM	32.3%	100.0%	8.4%	2.3%	1.7%	2.3%	3.9%	4.2%	1.8%	1.6%	1.7%	2.3%	1.5%
TV番組	5.7%	47.9%	100.0%	9.1%	6.8%	6.8%	10.6%	12.5%	7.6%	8.4%	5.7%	7.2%	4.2%
雑誌の広告または記事	3.6%	20.5%	14.5%	100.0%	13.9%	15.1%	16.9%	13.9%	13.3%	6.6%	7.2%	8.4%	3.0%
新聞の広告または記事	3.0%	18.7%	12.9%	16.5%	100.0%	12.2%	15.8%	12.2%	10.1%	10.8%	6.5%	6.5%	5.0%
屋外交通広告	3.6%	20.6%	10.9%	15.2%	10.3%	100.0%	11.5%	9.2%	9.1%	10.3%	6.7%	9.1%	4.2%
インターネットの記事	4.5%	28.0%	13.3%	13.3%	10.4%	9.0%	100.0%	14.2%	15.6%	9.5%	11.4%	9.0%	4.7%
YOUTUBEの広告	4.0%	33.7%	17.6%	12.3%	9.1%	11.2%	16.0%	100.0%	12.3%	11.8%	10.2%	10.7%	6.4%
YOUTUBE投稿（ユーチューバーや一般の投稿者など、広告以外）	3.1%	18.9%	14.0%	15.4%	9.8%	9.9%	23.1%	16.1%	100.0%	13.3%	18.9%	12.6%	9.1%
TVerやAbemaなどYouTube以外の動画サイトの広告	2.2%	23.1%	21.2%	10.6%	14.4%	16.3%	19.2%	21.2%	18.3%	100.0%	13.5%	11.5%	10.6%
SNSの投稿（インフルエンサーや著名人、知人友人ご家族など）	2.1%	26.3%	15.2%	12.1%	9.1%	11.1%	24.2%	19.2%	27.3%	14.1%	100.0%	16.2%	5.5%
SNSの広告	1.9%	38.9%	21.1%	15.6%	10.0%	16.7%	21.1%	22.2%	20.0%	13.3%	17.8%	100.0%	13.3%
YOUTUBEなどの動画サイトやSNS・検索エンジン以外で表示されるインターネット広告	1.4%	34.8%	16.7%	7.6%	10.6%	10.6%	15.2%	18.2%	19.7%	16.7%	22.7%	18.2%	100.0%

　消費者調査MMMでは、各メディアの単リーチはそのままで、前述した方法で重複分のユニークユーザーリーチ人数を求めるための「効果調整用係数（補正した接触人数／実際の接触人数）」×「リフト率（ATTで推定）」×「接触人数」で施策ごとの利用者のリフト人数を推計し、増加回数[12]と単価を乗算して、施策ごとのリフト金額を推計します。ここでは、「enagy1」の施策12種を20代男性で分析します（**図表3-19**）。

※12　増加回数は、2章で解説したガンマ・ポアソン・リーセンシー・モデルによって年代性別ごとに推定した利用者1人あたりの年間の利用回数です。

図表3-19

年代性別	人口	施策名	リーチ人数	効果調整用係数	リフト率	リフ…	リフト人数	増加回数	単価	リフト金額（億円）
M20〜29	6,511,000	TVCM	2,102,583	89.70%	9.77%	77%	184,364	7.015	¥200	2.59
M20〜29	6,511,000	TV番組	368,653	63.69%	22.05%	05%	51,776	7.015	¥200	0.73
M20〜29	6,511,000	雑誌の広告または記事	232,686	71.05%	21.77%	77%	35,987	7.015	¥200	0.50
M20〜29	6,511,000	新聞の広告または記事	194,839	71.88%	21.30%	30%	29,825	7.015	¥200	0.42
M20〜29	6,511,000	屋外交通広告	231,284	71.65%	25.25%	25%	41,834	7.015	¥200	0.59
M20〜29	6,511,000	インターネットの記事	295,763	66.89%	20.09%	09%	39,757	7.015	¥200	0.56
M20〜29	6,511,000	YOUTUBEの広告	262,122	64.36%	19.59%	59%	33,052	7.015	¥200	0.46
M20〜29	6,511,000	YOUTUBE投稿（ユーチューバーや一般の投稿者など、広告以外）	200,446	64.15%	18.01%	01%	23,160	7.015	¥200	0.32
M20〜29	6,511,000	TVerやAbemaなどYouTube以外の動画サイトの広告	145,779	62.41%	9.16%	16%	8,333	7.015	¥200	0.12
M20〜29	6,511,000	SNSの投稿（インフルエンサーや著名人、知人友人ご家族など）	138,771	58.57%	14.20%	20%	11,539	7.015	¥200	0.16
M20〜29	6,511,000	SNSの広告	126,155	57.28%	13.72%	72%	9,916	7.015	¥200	0.14
M20〜29	6,511,000	YOUTUBEなどの動画サイトやSNS・検索エンジン以外で表示されるインターネット広告	92,514	66.99%	10.15%	15%	6,293	7.015	¥200	0.09
			4,391,596				475,836			6.68

要因7種も同様に分析します（**図表3-20**）。

図表3-20

年代性別	人口	施策名	リーチ人数	効果調整用係数	リフト率	リ
M20～29	6,511,000	友人や知人家族との話題に出た（リアルな会話以外のLINEなどのメッセージも含む）	548,073	39.23%	23.34%	
M20～29	6,511,000	コンビニ	2,656,264	61.88%	15.66%	
M20～29	6,511,000	ドラッグストア	1,893,727	50.02%	15.88%	
M20～29	6,511,000	スーパーマーケット	2,001,659	52.67%	17.27%	
M20～29	6,511,000	その他の食品または飲料を販売している店舗	476,586	64.12%	20.40%	
M20～29	6,511,000	自動販売機	309,781	65.32%	15.89%	
M20～29	6,511,000	料飲店、音楽やスポーツや、街頭でのプロモーションイベント会場	123,352	72.42%	22.80%	
			7,461,368			

リフト率	リフト人数	増加回数	単価	リフト金額（億円）
23.34%	49,020	7.015	¥200	0.71
15.66%	257,395	7.015	¥200	3.61
15.88%	150,466	7.015	¥200	2.11
17.27%	182,106	7.015	¥200	2.55
20.40%	62,348	7.015	¥200	0.87
15.89%	32,154	7.015	¥200	0.45
22.80%	20,367	7.015	¥200	0.29
	704,835			9.89

消費者理解MMMでは、施策で分析した内容（施策モデル）と要因で分析した内容（要因モデル）をそれぞれ組み合わせて、施策→要因→売上（浸透率増加×回数×単価）を分析し、**図表3-21**のようにアシストモデルとしています。各ブランドのコミュニケーション構造を把握して自社の戦略を検討するため、主にアシストモデルを活用しています。

図表3-21

施策モデル		要因モデル	
「施策」 広告接触など受動的な行動		「要因」 各店舗で商品を見たなどの能動的な行動	
（調査日からさかのぼった）1年間の売上リフト		（調査日からさかのぼった）1年間の売上リフト	

アシストモデル

「施策」 広告接触など受動的な行動 →（調査日からさかのぼった）1年間の要因リフト→ 「要因」 各店舗で商品を見たなどの能動的な行動 →（調査日からさかのぼった）1年間の売上リフト

TVCMを例にしたアシストモデルの分析を行い、TVCMによる【要因】リフト率をATTで推定し、【要因】リフト人数を求めます。それぞれの要因を行った人の「浸透リフト率」を乗算して「アシスト浸透人数」を求めて回数と単価を乗算することで、TVCMがそれぞれの要因を経由していくら売上に貢献したか推計しているのが**図表3-22**です。

図表3-22

年代性別	人口	要因名	リーチ人数	効果調整用係数	【要因】リフト率	【要因】リフト人数		リフト人数	増加回数	単価	リフト金額（億円）
M20～29	6,511,000	友人や知人家族との話題に出た（リアルな会話以外のLINEなどのメッセージも含む）	2,102,583	89.70%	1.00%	21,026	23.34%	4,907	7.015	¥200	0.07
M20～29	6,511,000	コンビニ	2,102,583	89.70%	35.86%	753,921	15.66%	118,068	7.015	¥200	1.66
M20～29	6,511,000	ドラッグストア	2,102,583	89.70%	22.80%	479,384	15.88%	76,143	7.015	¥200	1.07
M20～29	6,511,000	スーパーマーケット	2,102,583	89.70%	22.67%	476,711	17.27%	82,337	7.015	¥200	1.16
M20～29	6,511,000	その他の食品または飲料を販売している店舗	2,102,583	89.70%	1.00%	21,026	20.40%	4,290	7.015	¥200	0.06
M20～29	6,511,000	自動販売機	2,102,583	89.70%	9.92%	208,538	15.89%	33,140	7.015	¥200	0.46
M20～29	6,511,000	料飲店、音楽やスポーツや、街頭でのプロモーションイベント会場	2,102,583	89.70%	1.00%	21,026	22.80%	4,794	7.015	¥200	0.07
						1,981,633					4.54

図表3-19の施策モデル（施策→売上）で直接的に推定したTVCMによるリフト金額は2.59億円でしたが、アシストモデルでのリフト金額合計は4.54億円で差異があります。施策モデルと要因を介したアシストモデルで一致しないこともありますが、施策と要因に分けて構造的にコミュニケーション構造を捉えることを重視するため、施策モデルは参考として主にアシストモデルで各ブランドのコミュニケーション効果の構造を把握しています。

消費者調査MMMのアルゴリズム説明は以上です。enagy1の場合は季節性を考慮して、実際に得られたリーセンシーデータを120％に拡大して、調査時点から遡った365日の**M**や浸透率、平均回数を導いています。テーマパークの場合は人流データを、外食チェーンの場合は（発表されているブランドの）全店売上を答え合わせデータとしてキャリブレーションレートを設定し補正しています。

　次の節では、各調査の対象年代を合計した値で、カテゴリー別に合計3ブランドで施策モデル、要因モデル、アシストモデルの分析を行い、売上貢献金額が大きい順番で並べた表を共有します。また特典では「PowerBI」のスライサー[13]を使って、各年代性別、施策、要因の任意の軸で分析結果を確認していただけるほか、特典の講義では「PowerBI」ダッシュボードの操作方法を解説します。**図表3-23**はエナジードリンクのアシストモデルのダッシュボード1種のキャプチャーで、実際はカラーで表現されます。

※13　スライサーとは、「PowerBI」のダッシュボード上のビジュアルをフィルタ処理するための機能で、視覚化して表示されるデータを絞り込み、特定の年代性別と施策と要因に焦点を当てることが可能です。

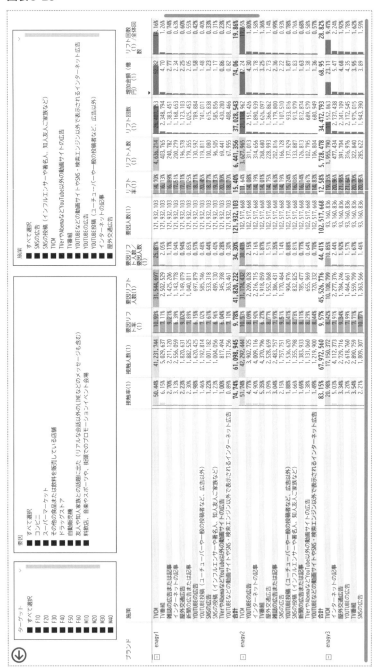

図表3-23

3-7 | 消費者MMM分析例

3-7-1　エナジードリンク分析

■ 施策モデル

　まずは施策モデルでエナジードリンク3ブランドを見てみます（**図表 3-24**）。どのブランドもTVCMのリーチが圧倒的で、効果もTVCMが最大になっています。enagy1はTVCMだけで29.62億円の金額増加に貢献しており、施策全体の効果の過半数を占めています。

図表3-24

enagy1

施策	接触率	接触人数	リフト率(%)	リフト人数	リフト回数	増加金額(億円)
TVCM	50.44%	41,231,744	6.60%	2,719,859	14,809,023	29.62
TV番組	6.15%	5,029,637	9.75%	490,284	2,826,525	5.65
インターネットの記事	3.13%	2,556,059	13.27%	339,307	2,003,680	4.01
雑誌の広告または記事	2.70%	2,211,120	12.05%	266,498	1,542,092	3.08
屋外交通広告	2.23%	1,820,631	13.36%	243,168	1,444,422	2.89
新聞の広告または記事	2.30%	1,882,525	11.45%	215,481	1,259,441	2.52
YOUTUBEの広告	1.98%	1,620,425	12.57%	203,664	1,209,079	2.42
YOUTUBE投稿（ユーチューバーや一般の投稿者など、広告以外）	1.46%	1,192,814	13.24%	157,927	954,008	1.91
SNSの投稿（インフルエンサーや著名人、知人友人ご家族など）	1.23%	1,004,056	11.43%	114,809	689,994	1.38
SNSの広告	1.22%	1,001,182	10.33%	103,453	619,198	1.24
TVerやAbemaなどYouTube以外の動画サイトの広告	1.00%	817,494	11.68%	95,481	570,999	1.14
動画サイト・SNS・検索エンジン以外のインターネット広告	0.89%	731,256	9.23%	67,488	393,500	0.79
						56.65

enagy2

施策	接触率	接触人数	リフト率(%)	リフト人数	リフト回数	増加金額(億円)
TVCM	51.74%	42,292,444	3.83%	1,620,151	8,688,878	17.38
TV番組	5.35%	4,370,796	10.81%	472,272	2,908,052	5.82
インターネットの記事	4.90%	4,009,116	8.71%	349,093	1,918,778	3.84
雑誌の広告または記事	3.04%	2,483,757	12.65%	314,268	1,760,653	3.52
屋外交通広告	3.09%	2,528,659	8.89%	224,884	1,296,838	2.59
YOUTUBEの広告	4.77%	3,902,725	4.99%	194,754	1,184,437	2.37
新聞の広告または記事	1.69%	1,383,933	12.71%	175,886	1,059,076	2.12
SNSの投稿（インフルエンサーや著名人、知人友人ご家族など）	1.66%	1,355,798	10.39%	140,816	903,051	1.81
YOUTUBE投稿（ユーチューバーや一般の投稿者など、広告以外）	1.88%	1,536,620	8.91%	136,862	871,230	1.74
SNSの広告	2.15%	1,757,751	6.84%	120,173	734,319	1.47
動画サイト・SNS・検索エンジン以外のインターネット広告	1.49%	1,219,900	9.01%	109,867	627,343	1.25
TVerやAbemaなどYouTube以外の動画サイトの広告	1.38%	1,131,060	7.90%	89,350	545,682	1.09
						45.00

enagy3

施策	接触率	接触人数	リフト率(%)	リフト人数	リフト回数	増加金額(億円)
TVCM	20.98%	17,150,372	6.33%	1,085,229	6,072,849	12.15
インターネットの記事	5.03%	4,112,373	12.59%	517,547	2,945,448	5.89
TV番組	3.54%	2,890,759	14.40%	416,181	2,518,020	5.04
屋外交通広告	3.34%	2,729,716	14.80%	404,047	2,304,728	4.61
雑誌の広告または記事	3.02%	2,471,945	15.00%	370,795	2,108,751	4.22
YOUTUBEの広告	3.20%	2,618,760	11.13%	291,375	1,841,932	3.68
SNSの投稿（インフルエンサーや著名人、知人友人ご家族など）	2.21%	1,803,338	12.13%	218,826	1,383,220	2.77
SNSの広告	2.21%	1,809,307	11.11%	200,994	1,310,169	2.62
YOUTUBE投稿（ユーチューバーや一般の投稿者など、広告以外）	2.21%	1,805,749	11.38%	205,485	1,299,258	2.6
新聞の広告または記事	1.67%	1,369,067	15.03%	205,763	1,275,525	2.55
動画サイト・SNS・検索エンジン以外のインターネット広告	1.36%	1,114,900	11.52%	128,424	817,305	1.63
TVerやAbemaなどYouTube以外の動画サイトの広告	1.13%	924,948	11.75%	108,699	706,467	1.41
						49.17

■ 要因モデル

　続いて要因モデルです（**図表3-25**）。設問は「1問目で知っていると回答いただいたブランドそれぞれに対して、直近1年以内に商品販売やお試し配布プロモーションなどで各ブランドの商品を見た場所をご回答ください」です。各要因は「当該ブランドの商品を見た」場所で、enagy1の場合は僅差でスーパーマーケットがコンビニの効果を上回っていますが、ほかの2つのブランドはコンビニが1位です。

図表3-25

enagy1

要因	接触率	接触人数	リフト率(%)	リフト人数	リフト回数	増加金額(億円)
スーパーマーケット	40.72%	33,290,328	8.27%	2,753,620	15,548,037	31.10
コンビニ	41.82%	34,182,017	7.62%	2,604,536	15,043,140	30.09
ドラッグストア	36.96%	30,213,706	7.16%	2,162,557	12,260,253	24.52
自動販売機	15.13%	12,365,623	8.14%	1,006,019	5,818,392	11.64
その他の食品または飲料を販売している店舗	5.91%	4,830,971	10.19%	492,377	2,904,582	5.81
友人や知人家族との話題に出た（LINEなどのメッセージも含む）	7.07%	5,779,456	8.19%	473,268	2,772,229	5.54
飲食店、音楽やスポーツや、街頭でのプロモーションイベント会場	1.55%	1,270,002	16.46%	208,998	1,261,015	2.52
						111.22

enagy2

要因	接触率	接触人数	リフト率(%)	リフト人数	リフト回数	増加金額(億円)
コンビニ	48.62%	39,740,453	7.34%	2,916,166	17,015,016	34.03
スーパーマーケット	25.24%	20,629,022	5.97%	1,231,905	6,916,917	13.83
ドラッグストア	24.26%	19,828,570	5.93%	1,175,422	6,705,894	13.41
自動販売機	11.45%	9,356,873	5.53%	517,786	3,128,478	6.26
友人や知人家族との話題に出た（LINEなどのメッセージも含む）	7.62%	6,230,965	8.00%	498,304	3,013,286	6.03
その他の食品または飲料を販売している店舗	4.36%	3,567,461	12.02%	428,655	2,711,926	5.42
飲食店、音楽やスポーツや、街頭でのプロモーションイベント会場	3.87%	3,164,325	9.30%	294,165	1,747,344	3.50
						82.48

enagy3

要因	接触率	接触人数	リフト率(%)	リフト人数	リフト回数	増加金額(億円)
コンビニ	41.35%	33,802,299	10.34%	3,496,703	21,615,658	43.23
スーパーマーケット	21.58%	17,642,352	9.01%	1,589,148	9,253,492	18.51
ドラッグストア	21.04%	17,198,711	8.57%	1,473,778	8,593,705	17.19
自動販売機	12.18%	9,959,782	8.98%	894,483	5,729,913	11.46
友人や知人家族との話題に出た（LINEなどのメッセージも含む）	9.97%	8,149,479	6.53%	532,251	3,246,537	6.49
その他の食品または飲料を販売している店舗	4.01%	3,275,827	13.71%	449,160	2,829,810	5.66
飲食店、音楽やスポーツや、街頭でのプロモーションイベント会場	3.83%	3,132,385	14.38%	450,425	2,714,069	5.43
						107.97

■ アシストモデル

　実務では、「施策→要因→売上」を把握するアシストモデルをもっとも参考にしています。ここでは「コンビニ」と「友人や知人家族との話題に出た（リアルな会話以外のLINEなどのメッセージも含む）」の「その他の食品または飲料を販売している店舗」の3つを介した効果の分析結果を紹介します。

　まずは「施策→コンビニ→売上」分析です（**図表3-26**）。TVCMの要因リフト率が突出していることから、売上の貢献比率も突出しています。スーパーマーケット、ドラッグストア、自動販売機も同様の傾向です。

図表3-26

enagy1

施策	接触率	接触人数	要因リフト率(%)	要因リフト人数	リフト率(%)	リフト人数	リフト回数	増加金額(億円)
TVCM	50.44%	41,231,744	26.31%	10,848,143	13.32%	1,445,326	8,336,655	16.67
TV番組	6.15%	5,029,637	11.52%	579,222	13.58%	78,667	458,151	0.92
雑誌の広告または記事	2.70%	2,211,120	8.24%	182,256	13.05%	23,785	132,516	0.27
インターネットの記事	3.13%	2,556,059	5.36%	137,091	12.49%	17,118	96,301	0.19
屋外交通広告	2.23%	1,820,631	7.22%	131,405	12.27%	16,119	85,311	0.17
SNSの広告	1.22%	1,001,182	7.59%	76,028	15.96%	12,137	75,603	0.15
YOUTUBEの広告	1.98%	1,620,425	4.26%	69,088	15.46%	10,684	66,571	0.13
新聞の広告または記事	2.30%	1,882,525	3.82%	71,823	12.61%	9,059	48,899	0.1
SNSの投稿（インフルエンサーや著名人、知人友人ご家族など）	1.23%	1,004,056	3.63%	36,399	13.98%	5,089	29,662	0.06
動画サイト・SNS・検索エンジン以外のインターネット広告	0.89%	731,256	4.39%	32,120	13.92%	4,471	26,953	0.05
YOUTUBE投稿（ユーチューバーや一般の投稿者など、広告以外）	1.46%	1,192,814	2.07%	24,642	13.93%	3,433	21,017	0.04
TVerやAbemaなどYouTube以外の動画サイトの広告	1.00%	817,494	2.32%	18,980	14.45%	2,743	16,621	0.03
								18.78

enagy2

施策	接触率	接触人数	要因リフト率(%)	要因リフト人数	リフト率(%)	リフト人数	リフト回数	増加金額(億円)
TVCM	51.74%	42,292,444	32.22%	13,628,392	10.96%	1,493,704	8,818,786	17.64
YOUTUBEの広告	4.77%	3,902,725	12.24%	477,740	12.54%	59,893	424,194	0.85
インターネットの記事	4.90%	4,009,116	9.17%	367,586	11.98%	44,035	248,779	0.5
TV番組	5.35%	4,370,796	8.14%	355,881	11.22%	39,914	222,927	0.45
SNSの広告	2.15%	1,757,751	10.32%	181,327	11.31%	20,502	138,641	0.28
屋外交通広告	3.09%	2,528,659	7.59%	192,044	11.12%	21,360	108,161	0.22
雑誌の広告または記事	3.04%	2,483,757	7.09%	176,100	11.26%	19,837	88,200	0.18
YOUTUBE投稿（ユーチューバーや一般の投稿者など、広告以外）	1.88%	1,536,620	6.18%	94,945	11.01%	10,458	67,840	0.14
動画サイト・SNS・検索エンジン以外のインターネット広告	1.49%	1,219,900	8.02%	97,893	11.81%	11,563	65,383	0.13
SNSの投稿（インフルエンサーや著名人、知人友人ご家族など）	1.66%	1,355,798	5.03%	68,132	10.05%	6,850	42,607	0.09
TVerやAbemaなどYouTube以外の動画サイトの広告	1.38%	1,131,060	5.44%	61,572	11.18%	6,883	36,799	0.07
新聞の広告または記事	1.69%	1,383,933	4.01%	55,479	11.34%	6,291	26,147	0.05
								20.6

enagy3

施策	接触率	接触人数	要因リフト率(%)	要因リフト人数	リフト率(%)	リフト人数	リフト回数	増加金額(億円)
TVCM	20.98%	17,150,372	26.92%	4,616,578	18.28%	844,006	5,255,570	10.51
インターネットの記事	5.03%	4,112,373	13.37%	549,812	18.92%	104,027	557,096	1.11
TV番組	3.54%	2,890,759	13.75%	397,357	19.57%	77,750	481,496	0.96
YOUTUBEの広告	3.20%	2,618,760	11.96%	313,227	20.63%	64,633	458,156	0.92
SNSの広告	2.21%	1,809,307	17.20%	311,113	18.98%	59,064	399,336	0.8
SNSの投稿（インフルエンサーや著名人、知人友人ご家族など）	2.21%	1,803,338	13.55%	244,432	17.22%	42,103	284,960	0.57
雑誌の広告または記事	3.02%	2,471,945	10.92%	269,971	18.39%	49,660	234,557	0.47
屋外交通広告	2.21%	1,805,749	7.81%	141,036	19.70%	27,787	205,208	0.41
YOUTUBE投稿（ユーチューバーや一般の投稿者など、広告以外）	3.34%	2,729,716	8.90%	242,916	17.96%	43,631	204,654	0.41
動画サイト・SNS・検索エンジン以外のインターネット広告	1.36%	1,114,900	12.95%	144,356	19.10%	27,515	167,078	0.33
TVerやAbemaなどYouTube以外の動画サイトの広告	1.13%	924,948	3.86%	35,725	20.03%	7,156	45,891	0.07
新聞の広告または記事	1.67%	1,369,067	3.00%	41,037	19.02%	7,805	34,768	0.07
								16.65

　次は「施策→友人や知人家族との話題に出た（リアルな会話以外の LINEなどのメッセージも含む）→売上」分析です（**図表3-27**）。こちらは TVCMの要因リフト率が低いことから、各施策の効果が拮抗しています。 「料飲店、音楽やスポーツ、街頭でのプロモーションイベント会場」を介し たアシストモデルも同様の傾向です。

図表3-27

enagy1

施策	接触率	接触人数	要因リフト率 (%)	要因リフト人数	リフト率 (%)	リフト人数	リフト回数	増加金額 (億円)
TVCM	50.44%	41,231,744	7.96%	460,044	22.68%	104,316	578,389	1.16
TV番組	6.15%	5,029,637	4.12%	237,839	22.98%	54,645	317,103	0.63
雑誌の広告または記事	2.70%	2,211,120	2.59%	149,850	23.51%	35,234	203,415	0.41
屋外交通広告	2.23%	1,820,631	2.34%	135,362	23.70%	32,084	185,769	0.37
新聞の広告または記事	2.30%	1,882,525	2.33%	134,709	23.34%	31,437	180,347	0.36
インターネットの記事	3.13%	2,556,059	2.22%	128,506	23.28%	29,918	171,211	0.34
YOUTUBE投稿（ユーチューバーや一般の投稿者など、広告以外）	1.46%	1,192,814	1.47%	84,765	23.24%	19,703	119,572	0.24
YOUTUBEの広告	1.98%	1,620,425	1.08%	62,552	25.03%	15,656	90,635	0.18
SNSの投稿（インフルエンサーや著名人、知人友人ご家族など）	1.23%	1,004,056	1.12%	64,951	22.61%	14,683	89,606	0.18
SNSの広告	1.22%	1,001,182	0.81%	46,838	23.09%	10,817	65,025	0.13
TVerやAbemaなどYouTube以外の動画サイトの広告	1.00%	817,494	0.75%	43,382	23.82%	10,334	63,310	0.13
動画サイト・SNS・検索エンジン以外のインターネット広告	0.89%	731,256	0.80%	46,067	23.23%	10,701	63,405	0.13
								4.26

enagy2

施策	接触率	接触人数	要因リフト率 (%)	要因リフト人数	リフト率 (%)	リフト人数	リフト回数	増加金額 (億円)
TVCM	51.74%	42,292,444	7.21%	449,149	21.12%	94,853	522,474	1.04
インターネットの記事	4.90%	4,009,116	3.24%	201,582	22.22%	44,801	282,848	0.57
SNSの投稿（インフルエンサーや著名人、知人友人ご家族など）	1.66%	1,355,798	2.52%	156,839	22.94%	35,973	241,564	0.48
屋外交通広告	3.09%	2,528,659	2.35%	146,582	23.77%	34,845	229,997	0.46
TV番組	5.35%	4,370,796	2.76%	172,130	20.68%	35,599	220,264	0.44
YOUTUBE投稿（ユーチューバーや一般の投稿者など、広告以外）	1.88%	1,536,620	2.33%	145,220	22.37%	32,492	218,162	0.44
YOUIUBEの広告	4.77%	3,902,725	2.10%	131,110	20.35%	26,683	162,225	0.32
新聞の広告または記事	1.69%	1,383,933	1.61%	100,232	23.61%	23,661	159,412	0.32
SNSの広告	2.15%	1,757,751	1.61%	100,541	21.29%	21,401	138,655	0.28
TVerやAbemaなどYouTube以外の動画サイトの広告	1.38%	1,131,060	1.20%	74,989	23.45%	17,588	119,643	0.24
動画サイト・SNS・検索エンジン以外のインターネット広告	1.49%	1,219,900	1.22%	76,018	22.84%	17,361	115,461	0.23
雑誌の広告または記事	3.04%	2,483,757	1.48%	92,439	21.28%	19,668	112,844	0.23
								5.05

enagy3

施策	接触率	接触人数	要因リフト率 (%)	要因リフト人数	リフト率 (%)	リフト人数	リフト回数	増加金額 (億円)
TVCM	20.98%	17,150,372	2.21%	180,425	21.07%	38,011	216,068	0.43
YOUTUBE投稿（ユーチューバーや一般の投稿者など、広告以外）	2.21%	1,805,749	1.35%	110,051	20.43%	22,483	158,422	0.32
SNSの投稿（インフルエンサーや著名人、知人友人ご家族など）	2.21%	1,803,338	1.04%	84,769	20.35%	17,234	115,213	0.23
屋外交通広告	3.34%	2,729,716	0.85%	68,898	20.35%	15,925	103,478	0.21
TV番組	3.54%	2,890,759	0.86%	70,318	21.62%	15,202	98,816	0.2
インターネットの記事	5.03%	4,112,373	0.82%	66,587	21.95%	14,615	92,055	0.18
雑誌の広告または記事	3.02%	2,471,945	0.78%	63,159	21.36%	13,494	78,513	0.16
新聞の広告または記事	1.67%	1,369,067	0.69%	56,150	21.51%	12,078	75,688	0.15
TVerやAbemaなどYouTube以外の動画サイトの広告	1.13%	924,948	0.53%	42,970	23.18%	9,959	64,780	0.13
YOUTUBEの広告	3.20%	2,618,760	0.50%	41,103	22.01%	9,048	57,319	0.11
動画サイト・SNS・検索エンジン以外のインターネット広告	1.36%	1,114,900	0.51%	41,770	20.39%	8,519	51,068	0.1
SNSの広告	2.21%	1,809,307	0.38%	31,162	20.38%	6,350	36,485	0.07
								2.29

　最後は、「施策→その他の食品または飲料を販売している店舗→売上」の分析です（**図表3-28**）。この結果では「雑誌の広告または記事」や、enagy3で効果が1位となっている「屋外交通広告」などの効果が大きくなっています。調査で聞く要因（主に店舗などエナジードリンクの商品を見る場所）をMECEにするために、その他の店舗を記載していました。屋外交通広告の効果が上位になっていますが、その他の店舗としてキオスクを想定された調査対象者の方がいらっしゃったのかもしれません。

図表3-28

enagy1

施策	接触率	接触人数	要因リフト率(%)	要因リフト人数	リフト率(%)	リフト人数	リフト回数	増加金額(億円)
TVCM	50.44%	41,231,744	1.83%	754,966	18.00%	135,903	753,952	1.51
雑誌の広告または記事	2.70%	2,211,120	10.18%	224,991	19.73%	44,388	258,944	0.52
TV番組	6.15%	5,029,637	4.25%	213,852	19.35%	41,387	241,086	0.48
屋外交通広告	2.23%	1,820,631	10.91%	198,675	20.07%	39,872	236,172	0.47
インターネットの記事	3.13%	2,556,059	6.70%	171,192	20.92%	35,806	213,499	0.43
新聞の広告または記事	2.30%	1,882,525	8.98%	169,117	19.58%	33,155	192,168	0.38
YOUTUBE投稿（ユーチューバーや一般の投稿者など、広告以外）	1.46%	1,192,814	11.37%	135,604	22.10%	29,971	185,908	0.37
YOUTUBEの広告	1.98%	1,620,425	7.27%	117,809	21.44%	25,264	153,056	0.31
SNSの投稿（インフルエンサーや著名人、知人友人家族など）	1.23%	1,004,056	10.31%	103,552	22.62%	23,420	141,824	0.28
TVerやAbemaなどYouTube以外の動画サイトの広告	1.00%	817,494	10.39%	84,921	22.63%	19,219	119,789	0.24
SNSの広告	1.22%	1,001,182	7.76%	77,683	21.94%	17,042	102,162	0.2
動画サイト・SNS・検索エンジン以外のインターネット広告	0.89%	731,256	8.79%	64,243	21.87%	14,053	85,201	0.17
								5.36

enagy2

施策	接触率	接触人数	要因リフト率(%)	要因リフト人数	リフト率(%)	リフト人数	リフト回数	増加金額(億円)
TVCM	51.74%	42,292,444	1.21%	513,025	20.22%	103,741	558,204	1.12
雑誌の広告または記事	3.04%	2,483,757	8.78%	217,998	22.92%	49,957	321,694	0.64
インターネットの記事	4.90%	4,009,116	4.72%	189,141	21.97%	41,557	272,218	0.54
屋外交通広告	3.09%	2,528,659	7.88%	199,189	21.87%	43,572	267,996	0.54
TV番組	5.35%	4,370,796	4.13%	180,539	22.37%	40,391	260,971	0.52
YOUTUBEの広告	4.77%	3,902,725	3.98%	155,157	22.59%	35,051	247,622	0.5
新聞の広告または記事	1.69%	1,383,933	10.47%	144,888	22.92%	33,209	221,359	0.44
SNSの広告	2.15%	1,757,751	6.19%	109,689	22.58%	24,773	170,867	0.34
SNSの投稿（インフルエンサーや著名人、知人友人家族など）	1.66%	1,355,798	7.43%	100,800	23.11%	23,299	159,911	0.32
YOUTUBE投稿（ユーチューバーや一般の投稿者など、広告以外）	1.88%	1,536,620	6.38%	98,020	23.08%	22,624	152,618	0.31
TVerやAbemaなどYouTube以外の動画サイトの広告	1.38%	1,131,060	7.64%	86,381	23.94%	20,680	143,998	0.29
動画サイト・SNS・検索エンジン以外のインターネット広告	1.49%	1,219,900	6.45%	78,660	23.47%	18,460	125,101	0.25
								5.81

enagy3

施策	接触率	接触人数	要因リフト率(%)	要因リフト人数	リフト率(%)	リフト人数	リフト回数	増加金額(億円)
屋外交通広告	3.34%	2,729,716	8.19%	223,513	28.26%	63,172	401,684	0.8
雑誌の広告または記事	3.02%	2,471,945	7.66%	189,298	27.52%	52,102	320,587	0.64
TVCM	20.98%	17,150,372	1.14%	196,124	27.52%	53,978	306,725	0.61
インターネットの記事	5.03%	4,112,373	4.18%	171,743	28.05%	48,176	295,565	0.59
YOUTUBE投稿（ユーチューバーや一般の投稿者など、広告以外）	2.21%	1,805,749	7.32%	132,122	28.77%	38,018	245,168	0.49
YOUTUBEの広告	3.20%	2,618,760	4.86%	127,212	28.02%	35,640	233,146	0.47
SNSの投稿（インフルエンサーや著名人、知人友人家族など）	2.21%	1,803,338	6.99%	126,078	27.69%	34,917	226,308	0.45
SNSの広告	2.21%	1,809,307	5.97%	107,952	28.99%	31,299	209,462	0.42
新聞の広告または記事	1.67%	1,369,067	7.69%	105,299	28.58%	30,094	203,500	0.41
TV番組	3.54%	2,890,759	3.78%	109,194	27.46%	29,987	195,247	0.39
TVerやAbemaなどYouTube以外の動画サイトの広告	1.13%	924,948	8.95%	82,786	28.46%	23,560	151,613	0.3
動画サイト・SNS・検索エンジン以外のインターネット広告	1.36%	1,114,900	7.06%	78,743	29.08%	22,900	137,687	0.28
								5.85

3-7-2　外食チェーン分析例

　次は外食チェーン3ブランドで、モデルの作り方（共変量選択など）はエナジードリンクと同様です。キャリブレーションレートは全店チェーン売上が発表されていたケンタッキーを基準に、各ブランド85%で調整しています。エナジードリンクとは異なる部分として、1年以内に利用経験があるブランドの1回あたりの購買単価を選択肢で選んでいただいており、同様に1年間の利用回数も聴取しています。これらを回数で重みをとった平均単価を分析に反映しています。消費者調査MMMで共有する3カテゴリーの調査票の内容や集計方法の詳細は、特典の動画講義で補足します。

■ 施策モデル

　まずは施策モデルです（**図表3-29**）。どのブランドもTVCMの効果が大きいのはエナジードリンク同様ですが、TV番組やYouTube投稿、広告の効果も上位に入っています。

図表3-29

food1

施策	接触率	接触人数	リフト率(%)	リフト人数	リフト回数	増加金額(億円)
TVCM	55.45%	42,270,666	3.77%	1,592,124	6,351,261	51.18
YOUTUBE投稿（ユーチューバーや一般の投稿者など、広告以外）	3.38%	2,573,230	10.40%	267,672	1,146,016	9.7
YOUTUBEの広告	3.02%	2,304,536	10.01%	230,672	975,601	8.27
インターネットの記事	4.90%	3,733,410	6.30%	235,081	950,872	7.75
SNS投稿（インフルエンサーや著名人、知人友人ご家族など）	2.71%	2,065,170	9.69%	200,197	840,425	7.1
TV番組	6.19%	4,718,898	4.05%	191,240	785,227	6.53
TVerやAbemaなどYouTube以外の動画サイトの広告	1.83%	1,394,890	12.52%	174,682	743,697	6.28
SNS広告	2.98%	2,271,988	6.84%	155,506	634,135	5.23
チラシまたはダイレクトメール	3.25%	2,474,252	6.42%	158,932	644,122	5.22
動画サイト・SNS・検索エンジン以外のインターネット広告	1.51%	1,150,086	8.13%	93,523	394,152	3.31
屋外交通広告	3.30%	2,515,304	3.32%	83,625	345,914	2.82
新聞雑誌の広告	1.34%	1,020,333	3.42%	34,865	141,999	1.14
新聞雑誌の記事	0.62%	472,838	5.60%	26,478	111,035	0.94
						115.47

food2

施策	接触率	接触人数	リフト率(%)	リフト人数	リフト回数	増加金額(億円)
TVCM	64.31%	49,024,201	5.24%	2,569,769	12,319,262	92.96
TV番組	8.09%	6,165,502	3.83%	235,843	1,174,576	9
YOUTUBE投稿（ユーチューバーや一般の投稿者など、広告以外）	2.71%	2,065,794	9.79%	202,277	1,057,237	8.5
YOUTUBEの広告	2.84%	2,164,131	8.11%	175,497	901,173	7.16
SNS投稿（インフルエンサーや著名人、知人友人ご家族など）	2.43%	1,849,475	8.86%	163,940	832,272	6.63
TVerやAbemaなどYouTube以外の動画サイトの広告	1.87%	1,429,340	10.22%	146,088	754,607	6.05
インターネットの記事	4.07%	3,099,498	4.47%	138,673	672,131	5.12
SNS広告	2.21%	1,687,019	5.31%	89,655	437,074	3.41
チラシまたはダイレクトメール	1.86%	1,419,832	5.55%	78,735	387,115	2.96
動画サイト・SNS・検索エンジン以外のインターネット広告	1.39%	1,056,991	5.86%	61,920	315,139	2.49
屋外交通広告	2.68%	2,046,137	3.03%	61,936	306,304	2.34
新聞雑誌の広告	1.03%	784,417	4.98%	39,078	200,637	1.55
新聞雑誌の記事	0.65%	498,346	5.42%	26,995	135,640	1.07
						149.24

food3

施策	接触率	接触人数	リフト率(%)	リフト人数	リフト回数	増加金額(億円)
TVCM	67.67%	51,587,971	4.20%	2,165,432	9,051,254	93.15
TV番組	12.31%	9,386,954	3.10%	291,034	1,273,637	12.81
YOUTUBE投稿（ユーチューバーや一般の投稿者など、広告以外）	4.38%	3,337,945	6.27%	209,203	1,031,035	10.04
YOUTUBEの広告	2.97%	2,262,890	7.01%	158,604	756,601	7.46
SNS投稿（インフルエンサーや著名人、知人友人ご家族など）	4.06%	3,093,947	4.89%	151,351	722,967	7.11
TVerやAbemaなどYouTube以外の動画サイトの広告	1.92%	1,464,718	9.32%	136,556	682,835	6.64
インターネットの記事	7.30%	5,561,850	2.48%	137,682	597,634	6.05
SNS広告	2.56%	1,954,074	4.93%	96,354	459,654	4.57
動画サイト・SNS・検索エンジン以外のインターネット広告	1.61%	1,227,914	6.76%	82,949	400,873	3.92
チラシまたはダイレクトメール	2.08%	1,585,635	4.46%	70,780	311,305	3.14
屋外交通広告	2.13%	1,621,009	3.10%	50,177	239,597	2.36
新聞雑誌の広告	1.19%	908,606	4.94%	44,908	202,597	2.04
新聞雑誌の記事	1.51%	1,154,307	2.76%	31,853	150,467	1.48
						160.79

■ 要因モデル

　次は要因モデルです（**図表3-30**）。どのブランドも1位が店舗への入店で、次にアプリ利用となっています。マクドナルドとケンタッキーは消費者調査MMMの分析対象から外していますが、私の手元では分析済みです。両ブランドともに「PowerBI」の分析対象とした5ブランドよりもアプリの接触率が大きく、効果の比率も大きくなっています。特典の演習用のローデータには両ブランドのデータも入れています。

図表3-30

food1

要因	接触率	接触人数	リフト率(%)	リフト人数	リフト回数	増加金額(億円)
ブランドの店舗に入店	47.10%	35,905,645	25.21%	9,053,414	36,695,272	302.49
ブランドのアプリを利用	5.63%	4,289,168	16.47%	706,546	2,909,980	24.15
ブランドのホームページにアクセス	4.36%	3,321,583	13.34%	442,979	1,826,361	15.15
デリバリーサービスを利用したときにブランドを見た	2.81%	2,144,964	16.19%	347,324	1,467,630	12.33
スマホやパソコンやタブレットなどでブランドのことを検索	3.37%	2,568,002	13.55%	347,880	1,454,398	12.20
ご家族や友人知人との会話やLINEなど（※SNS投稿を除く）	4.88%	3,719,578	8.82%	327,928	1,320,926	10.87
ブランドのLINEアカウントを利用	1.94%	1,480,398	15.66%	231,780	982,326	8.25
アプリのプッシュ通知でブランドの情報を見る	1.10%	839,231	14.57%	122,314	518,491	4.37
LINEのプッシュ通知でブランドの情報を見る	0.94%	717,076	15.53%	111,339	464,085	3.87
ブランドからのメールマガジンを見る	1.00%	765,717	12.85%	98,406	405,045	3.35
						397.05

food2

要因	接触率	接触人数	リフト率(%)	リフト人数	リフト回数	増加金額(億円)
ブランドの店舗に入店	49.76%	37,932,286	26.81%	10,169,764	49,707,104	382.93
ブランドのアプリを利用	7.45%	5,676,462	14.61%	829,486	4,109,689	31.96
ブランドのホームページにアクセス	3.43%	2,616,394	11.10%	290,546	1,455,637	11.45
デリバリーサービスを利用したときにブランドを見た	2.18%	1,663,862	14.16%	235,617	1,217,703	9.69
ご家族や友人知人との会話やLINEなど（※SNS投稿を除く）	4.58%	3,494,980	7.34%	256,432	1,214,089	9.31
スマホやパソコンやタブレットなどでブランドのことを検索	2.79%	2,124,586	10.52%	223,498	1,152,505	9.17
ブランドのLINEアカウントを利用	1.74%	1,327,664	15.26%	202,550	1,046,143	8.29
アプリのプッシュ通知でブランドの情報を見る	1.12%	853,780	15.31%	130,707	670,131	5.28
LINEのプッシュ通知でブランドの情報を見る	0.70%	535,518	18.67%	99,998	501,809	3.94
ブランドからのメールマガジンを見る	0.53%	405,572	21.45%	86,998	425,564	3.30
						475.32

food3

要因	接触率	接触人数	リフト率(%)	リフト人数	リフト回数	増加金額(億円)
ブランドの店舗に入店	46.44%	35,400,051	24.45%	8,655,218	38,466,058	387.34
ブランドのアプリを利用	8.71%	6,637,545	14.75%	978,870	4,423,293	44.21
スマホやパソコンやタブレットなどでブランドのことを検索	3.11%	2,372,584	11.17%	264,901	1,260,036	12.42
ブランドのホームページにアクセス	3.32%	2,531,172	10.56%	267,284	1,247,626	12.38
デリバリーサービスを利用したときにブランドを見た	2.49%	1,895,469	13.32%	252,395	1,217,010	11.99
ブランドのLINEアカウントを利用	2.23%	1,697,360	14.63%	248,374	1,188,848	11.69
ご家族や友人知人との会話やLINEなど（※SNS投稿を除く）	4.64%	3,536,755	7.14%	252,499	1,135,687	11.48
アプリのプッシュ通知でブランドの情報を見る	1.13%	862,114	15.80%	136,235	637,674	6.27
LINEのプッシュ通知でブランドの情報を見る	0.81%	614,813	15.65%	96,218	435,182	4.33
ブランドからのメールマガジンを見る	0.55%	422,800	21.28%	89,958	417,071	4.14
						506.26

■ **アシストモデル**

　ここでは、要因のうち3つ「ブランドの店舗に入店」「ご家族や友人知人との会話やLINEなど（SNS投稿を除く）」「デリバリーサービス（ウーバーイーツや出前館など）を利用したときにブランドを見た」を介した効果の分析結果を紹介します。

　まずは「施策→ブランドの店舗に入店→売上」の分析です（**図表3-31**）。TVCMの効果が突出しています。

food1

施策	接触率	接触人数	要因リフト率（%）	要因リフト人数	リフト率（%）	リフト人数	リフト回数	増加金額（億円）
TVCM	55.45%	42,270,666	9.63%	4,071,737	26.44%	1,076,402	4,425,421	36.55
インターネットの記事	4.90%	3,733,410	3.69%	137,690	27.43%	37,774	154,046	1.27
TV番組	6.19%	4,718,898	1.97%	93,164	29.44%	32,884	133,301	1.07
チラシまたはダイレクトメール	3.25%	2,474,252	4.55%	112,690	29.18%	27,425	109,325	0.89
屋外交通広告	3.30%	2,515,304	3.17%	79,693	27.90%	22,236	91,210	0.74
SNS広告	2.98%	2,271,988	2.81%	63,885	28.38%	18,133	72,847	0.6
YOUTUBEの広告	3.02%	2,304,536	0.91%	21,059	27.46%	5,783	23,532	0.2
新聞雑誌の広告	1.34%	1,020,333	1.91%	19,467	29.55%	5,752	23,046	0.19
SNS投稿（インフルエンサーや著名人、知人友人ご家族など）	2.71%	2,065,170	0.94%	19,317	27.77%	5,363	21,457	0.18
YOUTUBE投稿（ユーチューバーや一般の投稿者など、広告以外）	3.38%	2,573,230	0.56%	14,496	24.87%	3,605	14,937	0.12
TVerやAbemaなどYouTube以外の動画サイトの広告	1.83%	1,394,890	0.62%	8,604	24.80%	2,134	8,854	0.07
動画サイト・SNS・検索エンジン以外のインターネット広告	1.51%	1,150,086	0.62%	7,098	26.40%	1,874	7,729	0.06
新聞雑誌の記事	0.62%	472,838	1.11%	5,271	25.48%	1,343	5,603	0.05
								41.99

food2

施策	接触率	接触人数	要因リフト率（%）	要因リフト人数	リフト率（%）	リフト人数	リフト回数	増加金額（億円）
TVCM	64.31%	49,024,201	12.56%	6,157,161	28.62%	1,762,253	8,819,377	68.72
TV番組	8.09%	6,165,502	2.58%	158,794	29.82%	47,349	229,936	1.77
インターネットの記事	4.07%	3,099,498	2.91%	90,064	29.52%	26,587	130,771	1.01
屋外交通広告	2.68%	2,046,132	4.15%	84,919	30.45%	25,856	129,328	0.98
チラシまたはダイレクトメール	1.86%	1,419,852	3.58%	50,777	32.00%	16,246	78,168	0.59
SNS広告	2.21%	1,687,019	1.63%	27,448	30.95%	8,496	43,205	0.3
新聞雑誌の広告	1.03%	784,417	2.07%	16,204	30.58%	4,955	25,943	0.2
SNS投稿（インフルエンサーや著名人、知人友人ご家族など）	2.43%	1,849,475	0.90%	16,657	28.94%	4,820	22,785	0.18
YOUTUBEの広告	2.84%	2,164,131	0.68%	14,738	27.95%	4,119	21,341	0.17
YOUTUBE投稿（ユーチューバーや一般の投稿者など、広告以外）	2.71%	2,065,794	0.59%	12,246	26.66%	3,265	16,441	0.13
新聞雑誌の記事	0.65%	498,346	1.70%	8,456	29.79%	2,519	13,401	0.1
TVerやAbemaなどYouTube以外の動画サイトの広告	1.87%	1,429,340	0.64%	9,215	26.85%	2,474	12,436	0.1
動画サイト・SNS・検索エンジン以外のインターネット広告	1.39%	1,056,991	0.56%	5,898	27.63%	1,630	8,148	0.06
								74.34

food3

施策	接触率	接触人数	要因リフト率（%）	要因リフト人数	リフト率（%）	リフト人数	リフト回数	増加金額（億円）
TVCM	67.67%	51,587,971	14.36%	7,409,754	27.05%	2,004,091	8,974,808	89.76
TV番組	12.31%	9,386,954	2.75%	257,799	27.04%	69,699	314,641	3.15
インターネットの記事	7.30%	5,561,850	2.50%	138,858	27.05%	37,555	167,700	1.69
チラシまたはダイレクトメール	2.13%	1,621,009	2.79%	45,179	28.22%	12,748	55,689	0.56
屋外交通広告	2.08%	1,585,635	4.00%	63,420	30.05%	19,060	81,358	0.83
SNS投稿（インフルエンサーや著名人、知人友人ご家族など）	4.06%	3,093,947	1.09%	33,671	24.16%	8,136	40,793	0.41
SNS広告	2.56%	1,954,074	1.50%	29,326	28.91%	8,480	35,713	0.36
新聞雑誌の記事	1.51%	1,154,307	2.60%	29,962	28.03%	8,400	36,111	0.36
新聞雑誌の広告	1.19%	908,606	3.04%	27,657	28.99%	8,018	34,306	0.35
YOUTUBE投稿（ユーチューバーや一般の投稿者など、広告以外）	4.38%	3,337,945	0.62%	20,795	26.09%	5,425	24,688	0.25
YOUTUBEの広告	2.97%	2,262,890	0.59%	13,285	26.09%	3,467	16,178	0.16
TVerやAbemaなどYouTube以外の動画サイトの広告	1.92%	1,464,718	0.61%	8,975	24.57%	2,205	10,483	0.1
動画サイト・SNS・検索エンジン以外のインターネット広告	1.61%	1,227,914	0.59%	7,275	26.48%	1,927	8,753	0.09
								98.07

　次は「施策→ご家族や友人知人との会話やLINEなど（SNS投稿を除く）→売上」分析です（**図表3-32**）。「ブランドの店舗に入店」のアシストモデルと比べると、TVCMの要因リフト率が低くなっており、インターネット記事やTV番組、SNS投稿などの効果が相対的に大きくなっています。

図表 3-32

food1

施策	接触率	接触人数	要因リフト率（%）	要因リフト人数	リフト率（%）	リフト人数	リフト回数	増加金額（億円）
TVCM	55.45%	42,270,666	0.72%	303,394	16.92%	51,347	209,256	1.73
インターネットの記事	4.90%	3,733,410	3.35%	124,956	16.75%	20,926	84,675	0.69
SNS投稿（インフルエンサーや著名人、知人友人ご家族など）	2.71%	2,065,170	5.36%	110,781	15.75%	17,448	70,571	0.58
TV番組	6.19%	4,718,898	1.89%	89,027	16.72%	14,882	60,340	0.49
屋外交通広告	3.30%	2,515,304	3.23%	81,286	17.45%	14,183	57,312	0.46
動画サイト・SNS・検索エンジン以外のインターネット広告	1.51%	1,150,086	6.56%	75,413	16.12%	12,154	50,225	0.42
YOUTUBE投稿（ユーチューバーや一般の投稿者など、広告以外）	3.38%	2,573,230	2.84%	73,013	15.89%	11,605	48,161	0.4
チラシまたはダイレクトメール	3.25%	2,474,252	2.80%	69,307	16.11%	11,167	45,888	0.38
SNS広告	2.98%	2,271,988	2.77%	62,992	15.91%	10,020	41,002	0.34
YOUTUBEの広告	3.02%	2,304,536	2.17%	49,952	16.65%	8,316	34,300	0.29
TVerやAbemaなどYouTube以外の動画サイトの広告	1.83%	1,394,890	3.52%	49,085	15.47%	7,596	31,943	0.27
新聞雑誌の広告	1.34%	1,020,333	2.34%	23,899	17.44%	4,168	17,340	0.14
新聞雑誌の記事	0.62%	472,838	2.31%	10,918	18.02%	1,967	8,093	0.07
								6.26

food2

施策	接触率	接触人数	要因リフト率（%）	要因リフト人数	リフト率（%）	リフト人数	リフト回数	増加金額（億円）
TVCM	64.31%	49,024,201	0.72%	355,305	14.11%	50,147	245,143	1.89
TV番組	8.09%	6,165,502	1.87%	115,040	13.81%	15,883	76,099	0.59
インターネットの記事	4.07%	3,099,498	3.55%	110,090	13.23%	14,564	71,077	0.55
SNS投稿（インフルエンサーや著名人、知人友人ご家族など）	2.43%	1,849,475	6.14%	113,524	12.25%	13,910	67,302	0.53
屋外交通広告	2.68%	2,046,137	3.58%	73,295	13.52%	9,913	48,238	0.38
チラシまたはダイレクトメール	1.86%	1,419,852	4.82%	68,458	13.64%	9,340	45,558	0.35
YOUTUBE投稿（ユーチューバーや一般の投稿者など、広告以外）	2.71%	2,065,794	3.33%	68,830	12.46%	8,579	41,533	0.32
動画サイト・SNS・検索エンジン以外のインターネット広告	1.39%	1,056,991	6.23%	65,835	11.75%	7,739	40,525	0.32
SNS広告	2.21%	1,687,019	3.37%	56,811	12.18%	6,918	34,967	0.28
YOUTUBEの広告	2.84%	2,164,131	2.33%	50,336	12.16%	6,120	31,470	0.25
TVerやAbemaなどYouTube以外の動画サイトの広告	1.87%	1,429,340	3.36%	48,053	10.91%	5,243	27,694	0.22
新聞雑誌の広告	1.03%	784,417	2.44%	19,106	15.47%	2,955	14,945	0.11
新聞雑誌の記事	0.65%	498,346	1.82%	9,091	13.80%	1,255	6,605	0.05
								5.87

food3

施策	接触率	接触人数	要因リフト率（%）	要因リフト人数	リフト率（%）	リフト人数	リフト回数	増加金額（億円）
TVCM	67.67%	51,587,971	0.69%	354,709	13.59%	48,203	213,907	2.15
インターネットの記事	7.30%	5,561,850	5.50%	305,687	13.45%	41,112	185,712	1.52
TV番組	12.31%	9,386,954	2.73%	256,308	13.26%	33,983	152,801	1.55
SNS投稿（インフルエンサーや著名人、知人友人ご家族など）	4.06%	3,093,947	6.65%	205,846	12.58%	25,898	125,589	1.25
YOUTUBE投稿（ユーチューバーや一般の投稿者など、広告以外）	4.38%	3,337,945	4.33%	144,601	12.89%	18,644	88,796	0.88
SNS広告	2.56%	1,954,074	4.50%	88,005	12.58%	11,093	54,235	0.54
チラシまたはダイレクトメール	2.08%	1,585,635	4.64%	73,573	14.02%	10,315	46,440	0.47
動画サイト・SNS・検索エンジン以外のインターネット広告	1.61%	1,227,914	5.74%	70,491	12.67%	8,931	43,778	0.43
屋外交通広告	2.13%	1,621,009	4.22%	68,349	13.41%	9,163	41,983	0.42
YOUTUBEの広告	2.97%	2,262,890	2.58%	58,351	12.83%	7,489	35,379	0.35
TVerやAbemaなどYouTube以外の動画サイトの広告	1.92%	1,464,718	3.81%	55,849	12.59%	7,030	34,250	0.35
新聞雑誌の記事	1.51%	1,154,307	4.37%	50,398	14.17%	7,143	31,869	0.32
新聞雑誌の広告	1.19%	908,606	2.96%	26,850	13.45%	3,612	15,800	0.16
								10.73

　ここまでの分析では、外食チェーンでは「TVCM→ブランドの店舗に入店→売上」の効果が大きく、エナジードリンクも「TVCM→コンビニやスーパーマーケットなど→売上」の効果が大きいです。TVCMは店頭でのブランドのリマインドや来店貢献に寄与する印象を持たれた方がいると思いますが、すべてにあてはまるかというとそうではありません。商業施設に店舗が入っている高関与な商品カテゴリーを対象として消費者調査MMMで分析した結果、**TVCMなどの広告による実店舗への来店誘導に期待しないと決めた**こともあります。そのカテゴリーで分析した全ブランドで、来店よりもWebサイト来訪やブランドのことを調べるといった要因のほうが影響が大きい状況でした。新しいカテゴリーで消費者調査MMMを行うと、分析結果から顧客重複の法則を再確認することも多いですし、カテゴリー内で同じくらいの浸透率のブランドは広告など施策の効き方の構造も似ていることも見えてきます。一方、カテゴリーが変わると構造も変わります。カテゴリー特有のコミュニケーション効果の構造を消費者調査MMMで捉えておくことは、マーケティング戦略を決める基本情報となります。

最後は「施策→デリバリーサービス（ウーバーイーツや出前館など）を利用したときにブランドを見た→売上」の分析です（**図表3-33**）。この結果では、TVCMに次いでYouTube投稿やTVer、AbemaなどのYouTube以外の動画サイトの広告の効果が大きくなっています。特典で提供しているデータを年代性別で「PowerBI」によりスライサーを適用するとわかりますが、20代男性ではTVCMの効果はfood1で4位、food2とfood3で5位まで下がり、すべてのブランドが動画プラットフォームの施策またはSNSの効果が大きくなります。

図表3-33

food1

施策	接触率	接触人数	要因リフト率（%）	要因リフト人数	リフト率（%）	リフト人数	リフト回数	増加金額（億円）
TVCM	55.45%	42,270,666	0.72%	303,394	21.45%	65,070	266,969	2.21
YOUTUBE投稿（ユーチューバーや一般の投稿者など、広告以外）	3.38%	2,573,230	6.62%	170,352	20.83%	35,490	151,826	1.29
TVerやAbemaなどYouTube以外の動画サイトの広告	1.83%	1,394,890	9.27%	129,361	21.06%	27,239	117,476	1
SNS投稿（インフルエンサーや著名人、知人友人ご家族など）	2.71%	2,065,170	6.15%	127,108	21.35%	27,139	117,366	0.99
YOUTUBEの広告	3.02%	2,304,536	4.57%	105,292	21.44%	22,572	97,055	0.82
動画サイト・SNS・検索エンジン以外のインターネット広告	1.51%	1,150,086	5.84%	67,195	21.07%	14,155	60,011	0.52
SNS広告	2.98%	2,271,988	2.83%	64,201	21.21%	13,620	58,412	0.49
TV番組	6.19%	4,718,898	0.89%	42,108	21.52%	9,062	38,435	0.33
屋外交通広告	3.30%	2,515,304	1.37%	34,494	21.78%	7,512	32,195	0.27
インターネットの記事	4.90%	3,733,410	0.94%	35,126	21.10%	7,412	31,189	0.27
チラシまたはダイレクトメール	3.25%	2,474,252	1.16%	28,692	21.98%	6,307	26,813	0.23
新聞雑誌の記事	1.34%	1,020,333	1.67%	17,008	21.95%	3,734	16,246	0.14
新聞雑誌の記事	0.62%	472,838	1.57%	7,446	21.05%	1,567	6,570	0.05
								8.58

food2

施策	接触率	接触人数	要因リフト率（%）	要因リフト人数	リフト率（%）	リフト人数	リフト回数	増加金額（億円）
TVCM	64.31%	49,024,201	0.72%	355,305	24.97%	88,708	434,113	3.3
YOUTUBE投稿（ユーチューバーや一般の投稿者など、広告以外）	2.71%	2,065,794	7.24%	149,558	16.92%	25,304	135,424	1.09
TVerやAbemaなどYouTube以外の動画サイトの広告	1.87%	1,429,340	9.46%	135,196	15.82%	21,386	112,932	0.91
SNS投稿（インフルエンサーや著名人、知人友人ご家族など）	2.43%	1,849,475	6.49%	119,940	17.44%	20,921	109,338	0.88
YOUTUBEの広告	2.84%	2,164,131	4.24%	91,755	19.91%	18,268	94,632	0.75
動画サイト・SNS・検索エンジン以外のインターネット広告	1.39%	1,056,991	7.02%	74,236	16.51%	12,255	66,310	0.54
TV番組	8.09%	6,165,502	0.85%	52,260	22.66%	11,840	61,633	0.48
SNS広告	2.21%	1,687,019	2.80%	47,194	17.60%	8,304	42,490	0.34
インターネットの記事	4.07%	3,099,498	1.10%	34,087	20.87%	7,115	37,170	0.29
チラシまたはダイレクトメール	1.86%	1,419,852	1.83%	25,985	19.41%	5,043	26,159	0.21
屋外交通広告	2.68%	2,046,132	1.12%	22,920	18.96%	4,345	22,407	0.18
新聞雑誌の広告	1.03%	784,417	1.47%	11,541	27.59%	3,184	17,469	0.13
新聞雑誌の記事	0.65%	498,346	1.29%	6,441	27.48%	1,770	9,508	0.07
								9.17

food3

施策	接触率	接触人数	要因リフト率（%）	要因リフト人数	リフト率（%）	リフト人数	リフト回数	増加金額（億円）
TVCM	67.67%	51,587,971	0.69%	354,709	22.74%	80,657	350,217	3.56
YOUTUBE投稿（ユーチューバーや一般の投稿者など、広告以外）	4.38%	3,337,945	4.93%	164,628	17.19%	28,295	136,739	1.34
TVerやAbemaなどYouTube以外の動画サイトの広告	1.92%	1,464,718	9.17%	134,245	15.51%	20,820	105,533	1.02
SNS投稿（インフルエンサーや著名人、知人友人ご家族など）	4.06%	3,093,947	3.29%	101,295	16.72%	16,935	83,841	0.82
YOUTUBEの広告	2.97%	2,262,890	4.20%	95,001	17.90%	17,010	80,837	0.8
SNS広告	2.56%	1,954,074	3.21%	62,758	16.89%	10,600	52,021	0.51
動画サイト・SNS・検索エンジン以外のインターネット広告	1.61%	1,227,914	5.10%	62,613	16.98%	10,633	51,767	0.51
TV番組	12.31%	9,386,954	0.43%	40,662	23.38%	9,506	41,572	0.42
インターネットの記事	7.30%	5,561,850	0.75%	41,617	19.87%	8,270	38,034	0.38
屋外交通広告	2.13%	1,621,009	1.85%	30,047	16.79%	5,064	25,423	0.25
チラシまたはダイレクトメール	2.08%	1,585,635	1.09%	17,318	20.01%	3,465	16,900	0.16
新聞雑誌の記事	1.51%	1,154,307	1.33%	15,298	22.60%	3,457	15,628	0.16
新聞雑誌の広告	1.19%	908,606	1.63%	14,831	20.00%	2,967	13,409	0.13
								10.06

3-7-3 テーマパーク分析例

最後は、TDLとUSJ以外の5つのテーマパークの分析で、モデルの作り方（共変量選択など）はエナジードリンクと外食チェーンと同様です。キャリブレーションレートは人流データを正解としてブランドごとに設定しており、1回あたりの購買単価は外食チェーンと同様に回数で重みをとった平均単価です。

■ 施策モデル

まずは施策モデルです（**図表3-34**）。エナジードリンクや外食チェーンと異なり、効果がTVCMに偏っていません。TV番組やインターネットの記事といったメディアでの情報露出や屋外交通広告、雑誌の広告または記事が上位になっています。

図表3-34

park1

施策	接触率	接触人数	リフト率(%)	リフト人数	リフト回数	増加金額(億円)
TVCM	18.24%	14,911,446	0.99%	147,463	162,335	20.41
TV番組	19.38%	15,842,104	0.89%	141,386	155,293	19.66
インターネットの記事	5.78%	4,724,697	2.60%	122,800	138,202	17.43
屋外交通広告	2.20%	1,802,333	5.36%	96,586	108,152	13.43
雑誌の広告または記事	3.37%	2,758,401	3.28%	90,415	102,727	13.01
YOUTUBE投稿（ユーチューバーや一般の投稿者など、広告以外）	2.24%	1,827,784	4.86%	88,862	100,336	12.51
YOUTUBEの広告	1.84%	1,502,076	5.31%	79,822	89,959	11.27
新聞の広告または記事	2.35%	1,921,847	3.97%	76,282	87,103	11.25
動画サイト・SNS・検索エンジン以外のインターネット広告	0.93%	762,767	7.98%	60,899	69,183	8.85
TVerやAbemaなどYouTube以外の動画サイトの広告	0.87%	710,433	5.82%	41,344	47,307	6.07
SNSの広告	1.41%	1,151,245	3.48%	40,090	45,386	5.86
SNSの投稿（インフルエンサーや著名人、知人友人ご家族など）	2.35%	1,923,128	1.81%	34,840	39,697	4.95
ブランドのアプリやLINEのプッシュ通知やメッセージ	0.50%	406,291	4.43%	17,990	20,307	2.51
ブランドからのメール	0.34%	279,348	3.44%	9,599	10,825	1.35
						148.56

park2

施策	接触率	接触人数	リフト率(%)	リフト人数	リフト回数	増加金額(億円)
TV番組	21.10%	17,250,473	0.94%	162,272	172,961	20.36
TVCM	13.13%	10,732,868	1.08%	115,551	124,497	14.64
雑誌の広告または記事	2.69%	2,197,267	4.80%	105,493	117,289	13.84
インターネットの記事	4.80%	3,922,179	2.71%	106,208	115,995	13.67
屋外交通広告	1.73%	1,414,382	6.37%	90,120	99,748	11.68
新聞の広告または記事	2.00%	1,630,976	5.19%	84,614	94,445	11.01
YOUTUBE投稿（ユーチューバーや一般の投稿者など、広告以外）	3.02%	2,471,186	3.31%	81,843	90,136	10.41
YOUTUBEの広告	1.69%	1,377,610	4.99%	68,706	76,288	8.7
SNSの投稿（インフルエンサーや著名人、知人友人ご家族など）	2.46%	2,014,705	3.34%	67,343	74,508	8.65
TVerやAbemaなどYouTube以外の動画サイトの広告	0.90%	739,255	6.95%	51,367	57,509	6.67
SNSの広告	1.18%	961,401	4.36%	41,960	46,725	5.37
動画サイト・SNS・検索エンジン以外のインターネット広告	0.89%	729,733	4.66%	34,037	38,001	4.38
ブランドのアプリやLINEのプッシュ通知やメッセージ	0.40%	326,691	3.62%	11,826	13,168	1.49
ブランドからのメール	0.33%	271,913	3.48%	9,472	10,553	1.22
						132.09

park3

施策	接触率	接触人数	リフト率(%)	リフト人数	リフト回数	増加金額(億円)
TVCM	9.99%	8,164,552	2.13%	174,103	193,083	23
TV番組	12.53%	10,238,828	1.55%	158,870	180,688	21.05
インターネットの記事	3.72%	3,044,534	4.21%	128,152	149,649	17.3
屋外交通広告	1.35%	1,103,044	9.26%	102,130	119,725	13.69
YOUTUBE投稿（ユーチューバーや一般の投稿者など、広告以外）	1.87%	1,531,702	5.78%	88,473	104,187	12.07
雑誌の広告または記事	2.31%	1,884,477	4.55%	85,703	100,528	11.66
新聞の広告または記事	1.75%	1,431,573	5.36%	76,668	90,263	10.46
SNSの投稿（インフルエンサーや著名人、知人友人ご家族など）	1.62%	1,327,517	5.12%	68,000	80,835	9.38
YOUTUBEの広告	1.34%	1,096,733	5.69%	62,405	72,907	8.44
TVerやAbemaなどYouTube以外の動画サイトの広告	0.75%	614,044	7.72%	47,434	56,833	6.49
動画サイト・SNS・検索エンジン以外のインターネット広告	0.62%	504,261	6.69%	33,740	40,284	4.63
SNSの広告	0.88%	722,204	4.54%	32,819	39,296	4.49
ブランドのアプリやLINEのプッシュ通知やメッセージ	0.40%	323,450	5.68%	18,383	22,300	2.52
ブランドからのメール	0.26%	209,372	4.65%	9,737	11,663	1.32
						146.5

3章

続いて、要因モデルです（**図表3-35**）。テーマパークはエナジードリンクや外食チェーンと比較して高価格高関与な商材なので、ブランドのことを調べるアクションを要因に設定します。ここでは、ブランドの検索や公式Webサイトへのアクセスを要因に入れています。

なお、消費者調査MMMの分析対象から外した東京ディズニーランドとUSJは2ブランドともに、要因の効果の1位はアプリでした。一般的に使用またはインストールするアプリの数は限られているようで、「2022年版：スマートフォン利用者実態調査　第2弾」によると、インストールしているアプリの平均は19.3個だったそうです。私もスマホのアプリを確認してみたところ、SNSやチャット、ニュースなど仕事でも使うものを除いて、プライベートで使っているアプリは「マクドナルド」と「chocoZAP」だけでした。マクドナルドとケンタッキー、TDLとUSJのようにカテゴリーにおいて浸透率が高いブランドのアプリの利用率が突出する状況を見るたびに「アプリ→ロイヤルティ」という因果の向きよりも「ロイヤルティ→アプリ」の因果効果が大きいのではないかと考えます。

参考URL
MMD研究所記事「インストールしているアプリの平均は19.3個キャッシュレス決済でのトラブル経験は18.4%、うち「クレカ不正利用」が最多で26.0%」
https://mmdlabo.jp/investigation/detail_2163.html

park1

要因	接触率	接触人数	リフト率(%)	リフト人数	リフト回数	増加金額(億円)
スマホやパソコンやタブレットなどでブランドのことを検索した	3.88%	3,171,172	12.54%	397,818	447,732	55.87
ブランドのホームページにアクセスした	3.21%	2,626,067	11.53%	302,872	341,672	42.81
ブランドのことを自分から友人知人や家族との話題にした	3.83%	3,129,048	8.45%	264,253	297,787	37.31
インターネット広告をクリックした	2.77%	2,265,898	10.49%	237,592	266,273	33.50
友人や知人家族から話を聞いた（LINEなどのメッセージも含む）	9.03%	7,378,244	2.48%	183,194	205,619	25.28
ブランドのことをSNSやブログなどインターネットに投稿した	1.28%	1,049,641	11.49%	120,610	136,945	17.23
ブランドのLINEアカウントを利用した	1.02%	834,007	14.33%	119,477	135,376	16.90
ブランドのアプリを利用した	1.16%	950,032	11.03%	104,798	117,452	14.67
						243.56

park2

要因	のべ接触率	のべ接触人数	リフト率(%)	のべリフト人数	のべリフト回数	のべ増加金額(億円)
スマホやパソコンやタブレットなどでブランドのことを検索した	3.24%	2,648,066	12.19%	322,752	354,344	41.25
ブランドのホームページにアクセスした	2.75%	2,249,096	11.90%	267,706	295,263	34.35
ブランドのことを自分から友人知人や家族との話題にした	3.58%	2,929,948	7.16%	209,886	233,291	27.15
インターネット広告をクリックした	2.44%	1,997,187	9.92%	198,074	218,528	25.40
ブランドのアプリを利用した	1.24%	1,014,568	15.15%	153,692	170,323	19.73
友人や知人家族から話を聞いた（LINEなどのメッセージも含む）	9.04%	7,390,898	1.98%	146,521	159,154	18.32
ブランドのことをSNSやブログなどインターネットに投稿した	1.29%	1,055,883	12.29%	129,743	144,306	16.96
ブランドのLINEアカウントを利用した	0.90%	732,388	15.64%	114,568	126,886	14.57
						197.73

park3

要因	のべ接触率	のべ接触人数	リフト率(%)	のべリフト人数	のべリフト回数	のべ増加金額(億円)
スマホやパソコンやタブレットなどでブランドのことを検索した	2.96%	2,422,040	15.22%	368,575	425,621	49.57
ブランドのホームページにアクセスした	2.53%	2,071,755	14.48%	299,968	349,005	40.41
友人や知人家族から話を聞いた（LINEなどのメッセージも含む）	7.45%	6,087,157	4.45%	270,913	301,514	35.80
ブランドのことを自分から友人知人や家族との話題にした	2.89%	2,359,117	11.25%	265,507	308,141	35.52
インターネット広告をクリックした	2.22%	1,811,004	12.81%	232,070	273,352	31.46
ブランドのことをSNSやブログなどインターネットに投稿した	1.07%	877,862	14.11%	123,870	147,392	16.87
ブランドのLINEアカウントを利用した	0.91%	746,913	15.40%	115,052	132,425	15.58
ブランドのアプリを利用した	0.93%	758,908	13.47%	102,238	121,169	13.98
						239.19

3 **章**

3-7-4　アシストモデル

　ここでは、要因のうち「スマホやパソコンやタブレットなどでブランドのことを検索した」と「友人や知人家族から話を聞いた（リアルな会話以外のLINEなどのメッセージも含む）」と「インターネット広告をクリックした」の3つを介した効果の分析結果を紹介します。

　まずは「施策→スマホやパソコンやタブレットなどでブランドのことを検索した→売上」分析です（**図表3-36**）。直接的に施策から売上の効果を推定した施策モデルとほぼ同様の傾向で、TV番組、TVCM、インターネット記事などが効果の上位となっています。ブランドからのメールが最下位となっていますが、標本サイズが少なくなってしまうのでリフト率も施策または要因の年代性別の平均に置き換えています。消費者調査MMMでは、リーチが少ないものはさらに効果が低く推定されるので、これらのようにリーチが小さいCRMなどの施策は参考として選択肢に入れている程度です。

図表3-36

park1

施策	接触率	接触人数	要因リフト率（%）	要因リフト人数	リフト率（%）	リフト人数	リフト回数	増加金額（億円）
TV番組	19.38%	15,842,104	2.29%	362,646	16.50%	59,843	66,767	8.28
TVCM	18.24%	14,911,446	2.12%	316,752	16.47%	52,154	58,414	7.31
インターネットの記事	5.78%	4,724,697	6.49%	306,614	16.26%	49,858	55,840	7.02
YOUTUBE投稿（ユーチューバーや一般の投稿者など、広告以外）	2.24%	1,827,784	8.67%	158,456	17.66%	27,991	31,809	4.01
雑誌の広告または記事	3.37%	2,758,401	5.90%	162,851	17.38%	28,297	31,737	4
SNSの投稿（インフルエンサーや著名人、知人友人ご家族など）	2.35%	1,923,128	7.00%	134,579	18.98%	25,543	29,060	3.62
屋外交通広告	2.20%	1,802,333	7.41%	133,493	18.18%	24,271	27,527	3.49
YOUTUBEの広告	1.84%	1,502,076	9.17%	137,803	17.17%	23,659	26,680	3.36
新聞の広告または記事	2.35%	1,921,847	6.17%	118,665	17.48%	20,737	23,480	3.01
SNSの広告	1.41%	1,151,245	6.74%	77,579	18.08%	14,023	15,831	1.95
動画サイト・SNS・検索エンジン以外のインターネット広告	0.93%	762,767	8.46%	64,543	18.05%	11,651	13,227	1.64
TVerやAbemaなどYouTube以外の動画サイトの広告	0.87%	710,433	7.78%	55,254	20.49%	11,323	12,876	1.61
ブランドのアプリやLINEのプッシュ通知やメッセージ	0.50%	406,291	4.04%	16,405	19.72%	3,235	3,632	0.44
ブランドからのメール	0.34%	279,348	2.20%	6,132	17.96%	1,101	1,246	0.16
								49.9

park2

施策	接触率	接触人数	要因リフト率（%）	要因リフト人数	リフト率（%）	リフト人数	リフト回数	増加金額（億円）
TV番組	21.10%	17,250,473	1.72%	295,996	15.62%	46,249	50,501	5.86
インターネットの記事	4.80%	3,922,179	6.48%	254,060	16.41%	41,698	45,468	5.26
TVCM	13.13%	10,732,868	2.20%	266,315	15.88%	37,492	41,224	4.81
雑誌の広告または記事	2.69%	2,197,267	8.54%	187,647	16.72%	31,379	34,489	4.04
YOUTUBE投稿（ユーチューバーや一般の投稿者など、広告以外）	3.02%	2,471,186	7.28%	179,972	16.91%	30,430	33,641	3.93
SNSの投稿（インフルエンサーや著名人、知人友人ご家族など）	2.46%	2,014,705	8.24%	165,929	18.00%	29,873	33,306	3.92
屋外交通広告	1.73%	1,414,382	8.54%	120,826	16.48%	19,913	21,992	2.57
新聞の広告または記事	2.00%	1,630,976	7.29%	118,854	16.06%	19,084	21,069	2.44
YOUTUBEの広告	1.69%	1,377,610	7.38%	101,648	16.64%	16,913	18,700	2.15
SNSの広告	1.18%	961,401	6.84%	65,712	17.60%	11,565	12,665	1.48
TVerやAbemaなどYouTube以外の動画サイトの広告	0.90%	739,255	7.75%	57,321	17.16%	9,834	10,992	1.28
動画サイト・SNS・検索エンジン以外のインターネット広告	0.89%	729,733	7.79%	56,845	17.42%	9,905	10,989	1.27
ブランドのアプリやLINEのプッシュ通知やメッセージ	0.40%	326,691	4.04%	13,214	17.44%	2,304	2,554	0.28
ブランドからのメール	0.33%	271,913	2.21%	6,004	16.81%	1,009	1,118	0.13
								39.42

park3

施策	接触率	接触人数	要因リフト率（%）	要因リフト人数	リフト率（%）	リフト人数	リフト回数	増加金額（億円）
TV番組	12.53%	10,238,828	3.50%	358,511	23.64%	84,740	96,947	11.31
TVCM	9.99%	8,164,552	3.95%	322,240	23.95%	77,165	87,323	10.37
インターネットの記事	3.72%	3,044,534	8.75%	266,315	22.94%	61,081	70,486	8.11
雑誌の広告または記事	2.31%	1,884,477	9.65%	181,871	22.67%	41,222	48,109	5.49
YOUTUBE投稿（ユーチューバーや一般の投稿者など、広告以外）	1.87%	1,531,702	10.30%	157,793	24.58%	38,784	45,193	5.29
SNSの投稿（インフルエンサーや著名人、知人友人ご家族など）	1.62%	1,327,517	9.45%	125,466	25.05%	31,423	36,892	4.26
屋外交通広告	1.35%	1,103,044	10.85%	119,639	23.01%	27,525	32,541	3.69
YOUTUBEの広告	1.34%	1,096,733	10.22%	112,036	23.82%	26,684	31,887	3.6
新聞の広告または記事	1.75%	1,431,573	7.69%	110,060	23.37%	25,723	30,086	3.44
SNSの広告	0.88%	722,204	8.29%	59,846	23.19%	13,879	16,740	1.86
TVerやAbemaなどYouTube以外の動画サイトの広告	0.75%	614,044	8.93%	54,353	23.16%	12,701	15,319	1.73
動画サイト・SNS・検索エンジン以外のインターネット広告	0.62%	504,261	8.48%	42,762	22.66%	9,689	11,738	1.33
ブランドのアプリやLINEのプッシュ通知やメッセージ	0.40%	323,450	5.27%	17,036	24.01%	4,090	4,990	0.56
ブランドからのメール	0.26%	209,372	2.65%	5,557	23.66%	1,315	1,553	0.18
								61.22

　次は「施策→友人や知人家族から話を聞いた（リアルな会話以外のLINEなどのメッセージも含む）→売上」分析です（**図表3-37**）。リフト率が低くなっていますが、接触率が高いことでTVCMとTV番組が上位1位または2位となっています。雑誌の広告または記事、SNSの投稿の効果も大きくなっています。

図表3-37

park1

施策	接触率	接触人数	要因リフト率 (%)	要因リフト人数	リフト率 (%)	リフト人数	リフト回数	増加金額 (億円)
TVCM	18.24%	14,911,446	0.97%	144,802	2.88%	4,164	4,628	0.57
TV番組	19.38%	15,842,104	0.87%	138,394	2.85%	3,945	4,342	0.54
雑誌の広告または記事	3.37%	2,758,401	3.36%	92,599	2.74%	2,539	2,765	0.35
SNSの投稿（インフルエンサーや著名人、知人友人ご家族など）	2.35%	1,923,128	3.70%	71,191	2.87%	2,047	2,325	0.29
インターネットの記事	5.78%	4,724,697	1.32%	62,338	3.08%	1,919	2,168	0.27
新聞の広告または記事	2.35%	1,921,847	2.82%	54,148	2.94%	1,591	1,756	0.22
YOUTUBE投稿（ユーチューバーや一般の投稿者など、広告以外）	2.24%	1,827,784	2.55%	46,682	3.17%	1,478	1,687	0.21
SNSの広告	1.41%	1,151,245	3.14%	36,157	3.13%	1,131	1,289	0.16
動画サイト・SNS・検索エンジン以外のインターネット広告	0.93%	762,767	4.17%	31,843	3.40%	1,081	1,238	0.15
YOUTUBEの広告	1.84%	1,502,076	1.76%	26,444	2.99%	790	909	0.11
屋外交通広告	2.20%	1,802,333	1.67%	30,022	2.83%	850	924	0.11
TVerやAbemaなどYouTube以外の動画サイトの広告	0.87%	710,433	2.47%	17,553	2.90%	509	576	0.07
ブランドのアプリやLINEのプッシュ通知やメッセージ	0.50%	406,291	2.19%	8,887	3.05%	271	307	0.04
ブランドからのメール	0.34%	279,348	2.20%	6,132	2.73%	167	189	0.02
								3.11

park2

施策	接触率	接触人数	要因リフト率 (%)	要因リフト人数	リフト率 (%)	リフト人数	リフト回数	増加金額 (億円)
TV番組	21.10%	17,250,473	0.94%	161,970	2.44%	3,959	4,217	0.49
TVCM	13.13%	10,732,868	1.31%	140,247	2.47%	3,470	3,749	0.43
SNSの投稿（インフルエンサーや著名人、知人友人ご家族など）	2.46%	2,014,705	3.88%	78,087	2.59%	2,022	2,244	0.26
雑誌の広告または記事	2.69%	2,197,267	2.40%	52,627	2.37%	1,247	1,340	0.16
新聞の広告または記事	2.00%	1,630,976	2.40%	39,143	2.44%	954	1,049	0.12
YOUTUBE投稿（ユーチューバーや一般の投稿者など、広告以外）	3.02%	2,471,186	1.45%	35,883	2.58%	927	1,018	0.12
インターネットの記事	4.80%	3,922,179	0.95%	37,455	2.49%	933	1,003	0.12
屋外交通広告	1.73%	1,414,382	2.46%	34,850	2.46%	857	924	0.11
SNSの広告	1.18%	961,401	2.99%	28,715	2.63%	756	831	0.09
YOUTUBEの広告	1.69%	1,377,610	2.13%	29,408	2.46%	723	793	0.09
動画サイト・SNS・検索エンジン以外のインターネット広告	0.89%	729,733	3.29%	24,037	2.62%	629	693	0.08
TVerやAbemaなどYouTube以外の動画サイトの広告	0.90%	739,255	2.61%	19,322	2.73%	527	584	0.07
ブランドからのメール	0.33%	271,913	2.21%	6,004	2.59%	155	171	0.02
ブランドのアプリやLINEのプッシュ通知やメッセージ	0.40%	326,691	1.60%	5,227	2.60%	136	150	0.02
								2.18

park3

施策	接触率	接触人数	要因リフト率 (%)	要因リフト人数	リフト率 (%)	リフト人数	リフト回数	増加金額 (億円)
TVCM	9.99%	8,164,552	3.07%	250,972	6.69%	16,802	18,817	2.27
TV番組	12.53%	10,238,828	1.40%	143,594	6.80%	9,761	10,852	1.31
SNSの投稿（インフルエンサーや著名人、知人友人ご家族など）	1.62%	1,327,517	4.12%	54,734	7.08%	3,873	4,495	0.54
雑誌の広告または記事	2.31%	1,884,477	3.11%	58,653	6.21%	3,643	3,983	0.48
インターネットの記事	3.72%	3,044,534	1.87%	56,991	6.12%	3,487	3,794	0.45
屋外交通広告	1.35%	1,103,044	4.20%	46,345	6.65%	3,083	3,401	0.41
新聞の広告または記事	1.75%	1,431,573	3.35%	48,027	6.09%	2,924	3,263	0.39
YOUTUBE投稿（ユーチューバーや一般の投稿者など、広告以外）	1.87%	1,531,702	2.02%	30,927	6.81%	2,107	2,462	0.3
YOUTUBEの広告	1.34%	1,096,733	3.04%	33,315	6.14%	2,045	2,370	0.29
SNSの広告	0.88%	722,204	4.23%	30,575	6.04%	1,848	2,171	0.25
動画サイト・SNS・検索エンジン以外のインターネット広告	0.62%	504,261	4.05%	20,428	5.97%	1,219	1,448	0.17
TVerやAbemaなどYouTube以外の動画サイトの広告	0.75%	614,044	3.18%	19,533	5.98%	1,168	1,385	0.17
ブランドのアプリやLINEのプッシュ通知やメッセージ	0.40%	323,450	3.71%	11,991	6.17%	740	885	0.04
ブランドからのメール	0.26%	209,372	2.65%	5,557	5.85%	325	375	0.04
								7.17

3
章

　最後に「施策→インターネット広告をクリックした→売上」分析です（**図表3-38**）。これはどのブランドも1位はインターネットの記事で、雑誌の広告または記事も2位から4位に入っています。パブリシティ露出がインターネット広告をアシストしている可能性があるでしょう。

図表3-38

park1

施策	接触率	接触人数	要因リフト率（%）	要因リフト人数	リフト率（%）	リフト人数	リフト回数	増加金額（億円）
インターネットの記事	5.78%	4,724,697	6.58%	310,892	13.07%	40,649	45,383	5.75
TVCM	18.24%	14,911,446	1.49%	221,597	13.44%	29,780	33,314	4.22
TV番組	19.38%	15,842,104	1.15%	182,557	12.43%	22,698	25,098	3.14
雑誌の広告または記事	3.37%	2,758,401	5.49%	151,346	13.42%	20,316	22,782	2.83
YOUTUBEの広告	1.84%	1,502,076	8.94%	134,305	13.56%	18,211	20,528	2.6
屋外交通広告	2.20%	1,802,333	6.96%	125,466	14.73%	18,462	20,793	2.6
YOUTUBE投稿（ユーチューバーや一般の投稿者など、広告以外）	2.24%	1,827,816	6.34%	115,793	14.58%	16,877	19,089	2.41
新聞の広告または記事	2.35%	1,921,847	5.32%	102,185	14.58%	14,895	16,826	2.11
SNSの広告	1.41%	1,151,245	8.29%	95,434	14.30%	13,648	15,422	1.94
SNSの投稿（インフルエンサーや著名人、知人友人ご家族など）	2.35%	1,923,128	3.56%	68,522	14.46%	9,906	11,207	1.26
TVerやAbemaなどYouTube以外の動画サイトの広告	0.87%	710,433	8.23%	58,487	16.30%	9,535	10,857	1.36
動画サイト・SNS・検索エンジン以外のインターネット広告	0.93%	762,767	6.96%	53,074	14.56%	7,729	8,828	1.12
ブランドのアプリやLINEのプッシュ通知やメッセージ	0.50%	406,291	3.99%	16,202	15.58%	2,524	2,808	0.33
ブランドからのメール	0.34%	279,348	2.20%	6,132	13.93%	854	963	0.12
								31.88

park2

施策	接触率	接触人数	要因リフト率（%）	要因リフト人数	リフト率（%）	リフト人数	リフト回数	増加金額（億円）
インターネットの記事	4.80%	3,922,179	7.24%	284,038	11.19%	31,785	34,741	4.06
雑誌の広告または記事	2.69%	2,197,267	6.74%	148,099	12.35%	18,297	20,297	2.37
TV番組	21.10%	17,250,473	0.98%	168,359	10.85%	18,267	19,774	2.31
YOUTUBE投稿（ユーチューバーや一般の投稿者など、広告以外）	3.02%	2,471,186	5.06%	125,003	14.29%	17,864	19,775	2.26
新聞の広告または記事	2.00%	1,630,976	7.55%	123,180	13.98%	17,204	19,204	2.22
屋外交通広告	1.73%	1,414,382	7.97%	112,684	13.89%	15,650	17,410	2.04
TVCM	13.13%	10,732,868	1.22%	130,468	11.77%	15,350	16,812	1.97
YOUTUBEの広告	1.69%	1,377,610	8.35%	115,072	12.74%	14,664	16,385	1.89
SNSの投稿（インフルエンサーや著名人、知人友人ご家族など）	2.46%	2,014,705	3.41%	68,775	14.46%	9,946	10,985	1.25
SNSの広告	1.18%	961,401	6.63%	63,746	13.67%	8,712	9,613	1.1
TVerやAbemaなどYouTube以外の動画サイトの広告	0.90%	739,255	7.39%	54,629	15.52%	8,480	9,451	1.09
動画サイト・SNS・検索エンジン以外のインターネット広告	0.89%	729,733	6.85%	49,983	14.52%	7,259	8,098	0.92
ブランドのアプリやLINEのプッシュ通知やメッセージ	0.40%	326,691	4.01%	13,092	15.48%	2,026	2,254	0.25
ブランドからのメール	0.33%	271,913	2.21%	6,004	14.42%	866	970	0.1
								23.84

park3

施策	接触率	接触人数	要因リフト率（%）	要因リフト人数	リフト率（%）	リフト人数	リフト回数	増加金額（億円）
インターネットの記事	3.72%	3,044,534	9.89%	301,045	16.30%	49,060	56,462	6.59
TVCM	9.99%	8,164,552	2.11%	172,163	17.14%	29,513	34,338	3.99
雑誌の広告または記事	2.31%	1,884,477	7.35%	138,424	19.93%	27,592	32,902	3.79
TV番組	12.53%	10,238,828	1.65%	168,714	16.52%	27,874	32,345	3.75
YOUTUBE投稿（ユーチューバーや一般の投稿者など、広告以外）	1.87%	1,531,702	8.35%	127,939	21.11%	27,012	32,683	3.74
新聞の広告または記事	1.75%	1,431,573	8.30%	118,835	18.65%	22,161	26,487	2.98
屋外交通広告	1.35%	1,103,044	9.47%	104,426	20.30%	21,194	25,273	2.88
YOUTUBEの広告	1.34%	1,096,733	9.22%	101,126	19.65%	19,868	23,650	2.69
SNSの投稿（インフルエンサーや著名人、知人友人ご家族など）	1.62%	1,327,517	4.35%	57,759	21.69%	12,528	15,040	1.73
SNSの広告	0.88%	722,204	7.23%	52,185	21.01%	10,962	13,227	1.5
TVerやAbemaなどYouTube以外の動画サイトの広告	0.75%	614,044	5.90%	36,218	23.12%	8,373	10,022	0.91
動画サイト・SNS・検索エンジン以外のインターネット広告	0.62%	504,261	5.70%	28,766	22.78%	6,553	8,011	0.91
ブランドのアプリやLINEのプッシュ通知やメッセージ	0.40%	323,450	4.11%	13,288	21.32%	2,833	3,464	0.39
ブランドからのメール	0.26%	209,372	2.65%	5,557	20.04%	1,113	1,347	0.15
								36.23

　ここまで紹介した3つのカテゴリー以外にもさまざまなカテゴリーで分析を行ってきましたが、リーチが小さいメールマガジンのような施策は消費者調査MMMでの効果把握には向きません。またリスティング広告も選択肢に入れて分析することもありますが、あまり記憶されていないのか接触者の推計が実態より少ないことが多く、浸透率のリフトも大きな値が出ず過小に推定される傾向があります。インターネットでの刈り取り系の施策も消費者MMMでの推定にはあまり向きません。

　消費者調査MMMでは必ず「直近1年間で」という前提で各ブランドの施策や要因の記憶を聴取していますが、これは「1年以上」とすると感覚的に1〜2年前の記憶も含まれてしまう印象があるためです。たとえば、マクドナルドは2018年12月末でLINE公式アカウント施策を廃止していますが、最近の消費者調査MMMでも「LINEのプッシュ通知でブランドの情報を見る」と回答する方が各世代1%程度いらっしゃいます。これは直近1年

以上の効果を含んでいるものと捉え、本格的にLINE公式アカウントを活用するブランドではTVCMなどを集中して投下するキャンペーンの後と前で分析結果を比較して検証しています。

■ カテゴリー比較分析例「アーンドメディア」比率

　各ブランドのアシストモデル（全要因）での施策の売上貢献のうち、アーンドメディア[14]の比率にどれだけ差があるかを把握するために集計しました（**図表3-39**）。

図表3-39

エナジードリンク	アーンド貢献金額(億円)(A)	ペイド＆オウンド貢献金額(B)	A＋B(億円)		アーンド比率	
enagy1	9.81	64.25	74.06		13.25%	
enagy2	11.46	57.48	68.94		16.62%	
enagy3	17.81	43.33	61.14		29.13%	
外食チェーン	アーンド貢献金額(億円)(A)	ペイド＆オウンド貢献金額(B)	A＋B(億円)		アーンド比率	
food1	28.04	89.05	117.09		23.95%	
food1	27.32	129.56	156.88		17.41%	
food1	40.45	161.33	201.78		20.05%	
テーマパーク	アーンド貢献金額(億円)(A)	ペイド＆オウンド貢献金額(B)	A＋B(億円)		アーンド比率	
park1	123.78	94.09	217.87		56.81%	
park2	111.75	73.13	184.88		60.44%	
park3	160.31	106.31	266.62		60.13%	

　エナジードリンクとテーマパークには「雑誌の広告または記事」「新聞の広告または記事」という項目があり、これをアーンド扱いとしました。これまで見てきた内容からテーマパークのアーンド比率が高いと思い、集計するとやはり明らかでした。カテゴリーごとのコミュニケーション構造の違いを把握する例としてご紹介しました。

　また前述のように、リーチが小さい施策やインターネットの刈取り系施策の評価には向かないほか、「直近1年」を前提とした接触を聴取しても1年より前の記憶が反映されることがあります。1年以上の効果が推定されや

※14　アーンドメディアとは、企業がお金をかけて広告を出すのではなく、生活者やメディア関係者などの第三者が自発的に商品やサービスについて口コミや評判を発信してくれるメディアを指します。「Earned」という単語は「獲得する」という意味で、企業が信頼や評判を獲得するという意味合いが込められています。アーンドメディア、オウンドメディア、ペイドメディアの3種で分けて検討されることが多いです。

すいといった懸念事項はありますが、自社以外の興味のあるブランドのコミュニケーションの構造を把握することには有効です。

　なお、自社の効果検証にも消費者調査MMMを活用するブランドでは、時系列データ解析のMMMを使って答え合わせをしながら実態のマーケティング投資配分の意思決定を行うケースが多いです。時系列データ解析のMMMについては、次の4章で解説していきます。

市場（顧客）の変化を
的確に捉える

時系列データを分析するMMM

4-1 | MMMの歴史と概要

　この章では、主にTVCMなどのコミュニケーション施策による効果を把握し、市場の変化を捉えるMMMを解説します。MMMとは、マーケティング活動の効果を定量化し、マーケティング投資の最適化に役立てるための統計的手法を指します。一般的に、時系列データを分析することで効果を測定します。

　1950〜1960年代の研究では、マーケティングの効果を理解しようとする初期の試みが多く、主に単一のマーケティング変数（たとえば広告支出）の効果分析に焦点を当てたものが中心でした。1970〜1980年代には、複数のマーケティング変数を同時に考慮する統合的なモデルの開発が進み、マーケティングの各要素（広告・販促・プロモーション要因や季節要因など）が消費者の購買行動にどのように影響するかを詳細に分析しようとする研究が増加しました。

　それ以降は、コンピュータ技術の発展とともに高度な分析手法がMMMに導入されていきます。1990年代に開発された「エージェントベースシミュレーションモデル」という手法は、個々の「エージェント」と呼ばれる自律的なエンティティの振る舞いと相互作用をモデル化し、その結果としてのマクロレベルでの現象をシミュレートするものです。もともと「エージェントベースシミュレーションモデル」は社会科学や経済学における理論的な問題の解明に重点が置かれていましたが、マーケティング分野の施策の効果の推定や予測に活用され、欧米ではこの手法に対応するMMM用ツールの提供が始まりました。日本では、NTTデータ数理システム社が提供するシミュレーションの汎用パッケージをマーケティングに適用した例があり、これは私の前著『Excelでできるデータドリブン・マーケティング』で紹介しています。

前述のように、1970年代以降は複数のマーケティング変数を同時に考慮する統合的なモデルが試されており、そこで主に用いられたのは「計量経済学時系列分析」の技術です。現在も実務で用いられているケースが多いことから、一般的にMMMは時系列データの分析によるものとしてよいと思います。有償で提供されている日本のサービスではサイカ社の「MAGELLAN」があり、こちらも前著で紹介しています。なお、3章で解説した「消費者調査MMM」は時系列データMMMの答え合わせとなるエビデンスとすることを目的として開発したものです。

　以降、**本章では「MMM」を時系列データを用いたものとして解説**します。

4-2 | 日本での現状のMMMと 「Robyn」を用いた演習

　前述のようにMMMは歴史が長いのですが、長らく日本では浸透していませんでした。「分析の難易度が高い」「TVCMを投下する予算規模でないと使えない」などのイメージがあるのか、執筆時点（2024年4月）では"マーケティング"と名のつく職業の方でもMMMを有効に活用できている方はごくわずかです。というのも、私がMMMの分析を実践し始めた2013年当時、無償で活用できるMMM専用ソフトはありませんでした。筆者は当時所属していた広告会社で欧米製のツールを使っていましたが、中小企業には手が出しづらい高額なサービスでした。また分析を外注するにも、本質的な知識や経験をもって対応できる分析者が少ない状況でした。マーケティング・コミュニケーション施策に関する全般的な知識と統計知識の双方から支援できるプレーヤーが限られており、大手の支援会社に委託すると分析フィーも高額です。そのため、当時「MMM」や「マーケティング・ミックス・モデリング」とネットで検索しても、ヒットするコンテンツは限られたものでした。

　2022年からは、私のもとにマーケティング業界メディアからMMMに関する寄稿や講演の依頼が入る機会が増え、「MMM」で検索すると対応するコンテンツがたくさんヒットするようになってきました。分析を行うための環境が整備されたほか、Metaの「Robyn」やGoogleの「lightweight MMM」などの高機能なオープンソースツールが無償で配布されています。さらに2024年4月1日には、それまでグローバルのコミュニティしかなかった「Robyn」の日本版Facebookグループが開設され、誰もがMMMにトライし、情報を交換しやすい環境も整いました。

参考URL
「Robyn」Webサイト
https://facebookexperimental.github.io/Robyn/
「Robyn」日本版Facebookグループ
https://www.facebook.com/groups/mmmrobynjapan
GitHub内「lightweight MMM」
https://github.com/google/lightweight_mmm

最近では、MMM分析のアルゴリズムやソースコードの理解を助ける「ChatGPT」などの生成AI（人工知能）サービスの力を借りることも可能です。ビジネスを動かしている皆さんがMMMを自ら実装する環境が整った今、マーケティングの実務知識が豊富でない"分析の専門家"に任せず、ビジネスを動かす方自らがMMMを使えるようになれば大きな武器になるのではないでしょうか。

　MMMを実装する際、データサイエンスに詳しい方は「計量経済学時系列分析」の作法にのっとったうえで「その分析アルゴリズムは適正か？」などのテーマに着目しがちです。もちろんそれも重要ですが、その検討事項は実際のビジネスの意思決定に関わる多くの方を置いてきぼりにする内容です。それ以前の問題として、MMMの主目的となるプロモーション効果の変数に関する前提知識をもって、どんな変数を選択すべきか？　データの整形をどのように行うか？　または、興味のある結果（売上や申し込みなど）に影響をもたらしそうなプロモーション以外の季節要因などの変数はなにか？　現実的に集められるデータはなにか？　こうした仮説が分析の精度に大きく関わる場合がほとんどです。

　かつて、「企業支援と同じ金額でよいのでMMMの個人レッスンをしてほしい」という熱心な方がいらっしゃいました。この方はコンサルティング企業所属でプロモーションの実行経験がありませんでしたが、特例として一度だけお受けしたことがあります。私は支援会社の経験が長く、マス広告からデジタル広告、セールス・プロモーション、パブリック・リレーションズ、UXデザインなどをひと通り経験してきたので、プロモーションの効果を把握するためのデータの前提知識があります。それまではMMMを活用する際にそれらの知識が重要だとあまり意識していませんでしたが、この方に個人レッスンをしたことで認識を改めることになりました。

　その方はプロモーションの実行経験がないため、MMMのポイントを共有する際に分析対象に設定した業界の前提知識を都度説明する必要があり、その場の説明だけで解決しないことがほとんどでした。たとえばTVCM施策の変数を作成する際、TVCMのメディアプランニングやバイイング経験または付帯する前提知識がある方とない方で、説明すべき内容の

多さは天と地ほどの差があります。私はそうしたプロモーション実行に付帯する基礎知識を共有することをスコープとしていなかったため、そのための教材を作る膨大な工数に対応できず、分析アルゴリズムの共有にとどめました。

　MMMを機能させるために重要なのは「マーケティング戦略において期待する効果をどう定義し、それを検証するか」という要件の定義です。つまり、マーケティング・コミュニケーションの実務に必要な前提知識がない専門家に比べて、**分析対象のビジネスの知識を身に着けており仮説を考えられる方がMMMを実装するのが成功の近道**であることは間違いありません。

　本書冒頭でコメントをいただいた、グローバルブランドのCMOであるJun Kaji氏は、自ら「Robyn」によるMMMやNBDモデルを使った需要予測を実装しています。「マーケティング投資をそもそもいくらにすべきか」という舵取りとなるMMMは、氏のようにCMOが自ら行うことが理想ですが、現実的に日本でそのような方は非常に珍しい存在だと思います。しかし日本でMMMを機能させるためには、**意思決定者と分析担当者双方がMMMのメリットだけでなく制約についても共通認識を持っておくことが重要**です。MMMは分析上の制約も多く、それを知らない方の要求がそのまま実現することはほとんどありません。実際のプロジェクトでも、分析上の制約や活用できるデータの範囲内で実現可能な落としどころを見つけています。

　ここからは、分析の専門家ではない方にMMMでできること、難しいことの双方をイメージしていただけるよう、デモデータの分析例を用いて解説します。実装レベルの知識は特典の講義で補足しており、講義ではExcelを用いてRobynの機能を拡張した応用的な分析を習得する演習を取り上げます。

　このような「現場の人間が分析する」「意思決定者とMMMの共通認識を共有する」という条件下で特に使いたいツールがRobynです。Robynは計量経済学モデルに立脚した作法と、現場で行う現実的な意思決定の双

方を踏まえたアルゴリズムを前提に、分析者に対するブラックボックスを
作らずにモデルを理解または選択し、意思決定に役立てる思想で作られ
ています。

4-3 | 回帰分析

　2章では、浸透率と「M」のターゲットごとの関係を説明するために、回帰分析を簡単に紹介していました。ここでは、MMMで用いるオーソドックスな分析法の「回帰分析」について解説していきます。分析対象は日本の仮想のテーマパークにおける、2022年1月2日週から2024年1月28日週までの2年強の週次の時系列データです（**図表4-1**）。なお、Robynで読み込むため変数名を英字にしています。

目的変数と説明変数 (広告)

- **Raien**　　　　のべ来園数
- **TVCM**　　　　TVCMの投下金額
- **OOH**　　　　アウトオブホームメディアの投下金額
- **Print**　　　　チラシや雑誌新聞の投下金額
- **AD_movie**　　インターネット広告 (動画広告) の投下金額
- **AD_banner**　インターネット広告 (ディスプレイ広告) の投下金額

図表4-1

DATE	raien (1,886,104)	TVCM (867,000,000)	OOH (155,000,000)	Print (201,000,000)	AD_movie (186,700,000)	AD_banner (229,151,269)
2022-01-02	16799	25000000	0	0	7080000	0
2022-01-09	15366	20000000	0	0	7400000	0
2022-01-16	11570	0	0	0	6230000	0
2022-01-23	9404	0	0	0	0	0
2022-01-30	7535	0	0	0	0	0
2022-02-06	9633	0	0	0	0	0
2022-02-13	6757	0	0	0	0	0
2022-02-20	8335	0	0	0	0	0
2022-02-27	11813	0	0	0	4350000	2142799
2022-03-06	9757	0	0	0	6400000	2477817
2022-03-13	16403	20000000	12000000	12000000	5430000	2327626
2022-03-20	19633	18000000	8000000	20000000	7250000	2396761
2022-03-27	15235	0	5000000	0	6450000	4146905
2022-04-03	13462	0	0	0	0	4800435
2022-04-10	12957	8000000	0	0	0	2738084
2022-04-17	12530	15000000	0	0	0	3773270
2022-04-24	19399	33000000	0	0	0	1961300
2022-05-01	24422	23000000	0	0	0	2791199
2022-05-08	16558	0	0	0	0	0
2022-05-15	11815	0	0	0	0	0
2022-05-22	10046	0	0	0	0	0
2022-05-29	9045	0	0	0	0	0
2022-06-05	7858	0	0	0	0	0
2022-06-12	11026	0	0	0	0	0
2022-06-19	8661	0	0	0	0	0
2022-06-26	9285	0	0	0	0	0
2022-07-03	9651	0	0	0	0	0
2022-07-10	17731	25000000	0	15000000	3860000	4821364
2022-07-17	32244	30000000	20000000	10000000	4160000	4421512
2022-07-24	35839	40000000	25000000	10000000	6410000	3535603
2022-07-31	34234	45000000	0	8000000	4870000	5701412
2022-08-07	31650	40000000	0	6000000	7190000	6067866
2022-08-14	34489	25000000	0	6000000	4190000	4397651
2022-08-21	21038	0	0	6000000	7840000	4340859
2022-08-28	11979	0	0	0	5770000	3169990
2022-09-04	10924	0	0	0	4630000	4786653
2022-09-11	9567	0	0	0	0	5633320
2022-09-18	11184	0	0	0	0	5012312
2022-09-25	8715	0	0	0	0	4998949
2022-10-02	9421	0	0	0	0	4436789
2022-10-09	11385	0	0	0	0	3324466
2022-10-16	10379	0	0	0	0	4240156
2022-10-23	12450	0	0	0	0	4696099
2022-10-30	10912	0	0	0	0	4719691
2022-11-06	9740	0	0	0	0	4931556
2022-11-13	8814	0	0	0	0	0
2022-11-20	16791	0	0	0	0	0
2022-12-11	18,632	32000000	0	0	0	0
2022-12-18	28,182	25000000	0	0	0	0

折れ線グラフを確認します（**図表4-2**）。以下は仮想のテーマパークで想定した課題です。夏休みと春休みが繁忙期で夏の花火大会があるときに売り上げが伸び、2023年12月にお披露目した新アトラクション投資に見合う集客の最適化が目的です。

（架空の）テーマパークがMMMに取り組む理由

・1年の平均来園数は90万人。

・来園数あたりの平均単価は1.2万円。平均的な年商108億円。広告費は例年8億円。

・繁忙期は夏休みと春休み。特に夏は近隣で花火大会も実施されるので集客のピークに。

・30億円を投資し3億円程度でコンテンツを入れ替えられる没入型の新しいライドアトラクションを2023年12月にお披露目。

・当該アトラクションを告知する広告とそれ以外の広告の効果の違いや、第1弾のコンテンツのあとに入れ替えていくコンテンツごとの広告効果の違いを把握しながら投資を回収し浸透率を高めたい。

図表4-2

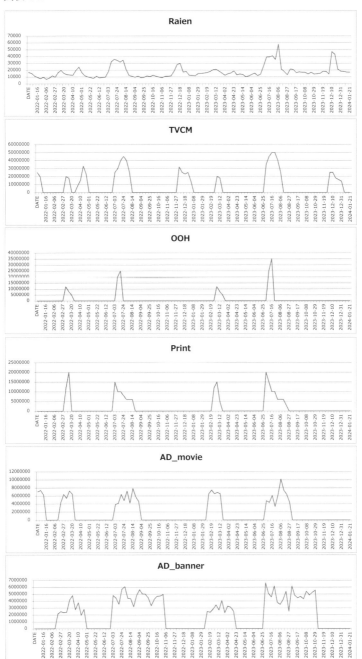

相関係数も確認します（**図表4-3**）。

図表4-3

	Raien	TVCM	OOH	Print	AD_movie	AD_banner
Raien						
TVCM	0.76					
OOH	0.40	0.50				
Print	0.49	0.61	0.55			
AD_movie	0.43	0.42	0.36	0.60		
AD_banner	0.28	0.25	0.22	0.41	0.36	

　相関係数は、2つの変数の関係の強さと方向を表す指標です。値は-1から1までの範囲で、0に近いほど関係が弱く、1または-1に近いほど関係が強くなります。説明変数同士が高い相関関係を持つ場合、多重共線性[1]と呼ばれる問題が発生します。多重共線性が発生すると回帰係数の推定が不安定になり、モデルの解釈が困難になるため、絶対値で0.9を超えるくらいから注意が必要です。なお、Robynは多重共線性を回避しやすくするための「リッジ回帰」というアルゴリズムを使用しています。リッジ回帰も基本は回帰分析です。

　また、一般的には説明変数は標本サイズの1/10以下におさめることが望ましいとされています。今回の分析対象とするのは109週ですから教科書的には10～11個までが望ましいですが、少しそれを上回る説明変数を用いています。なお、分析対象となるデータに過度にあてはまりすぎる「オーバーフィッティング」という現象が焦点になりますが、1/10より増えると絶対に起こるものではありません。

　いずれにせよ、MMMはマーケティング施策を100種類に分割して最適化を行うようなことは現実的ではありません。多重共線性の問題があることや標本サイズから、**マーケティング施策や要因を最大でも20種類程度にして行うことが現実的**です。

※1　多重共線性を確認するVIFという指標があります。特典ではExcelの無料の統計ソフトのHADでVIFを確認する方法を共有します。

MMMの制約
細かい粒度での分析には向かない

　本題に戻ります。回帰分析はXを説明変数、Yを目的変数として分析する方法でした。MMMは複数の説明変数XでYを説明します。まずここでは、XをTVCMとして、Yを来園数とした回帰分析を行います（**図表4-4**）。

図表4-4

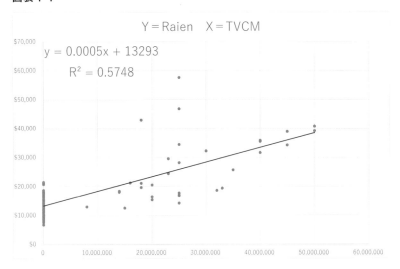

　$Y = aX + b$という式によって、X（TVCM）からY（来園）を説明します。aは傾きで、Xが1増えるごとにYがどれだけ増えるかに対応する係数です。TVCM投下1円ごとに来園数が0.0005円増える関係で、MMMではこの係数から効果を推定します。また、bは切片といい、Xが0のときのYの値です。R^2は決定係数です。この式でY（来園数）の変動をどの程度説明できているかを予測する精度の目安となります。

　aとbがわかれば、週ごとにXの数字を代入することで来園数を予測できます。**図表4-5**の表は各週の予測値と実績値をまとめたもので、残差は実績値から予測値を減算したものです。実績値（実線）と予測値（点線）で折れ線グラフも描画しています。

図表 4-5

日付	予測値	実績値	残差
2022/1/2	25,898	12,611	-9,099
2022/1/9	23,377	11,329	-8,011
2022/1/16	13,293	7,239	-1,723
2022/1/23	13,293	6,358	-3,889
2022/1/30	13,293	6,847	-5,758
2022/2/6	13,293	6,288	-3,660
2022/2/13	13,293	5,887	-6,536
2022/2/20	13,293	7,148	-4,958
2022/2/27	13,293	8,044	-1,480
2022/3/6	13,293	8,789	-3,536
2022/3/13	23,377	10,688	-6,974
2022/3/20	22,369	11,563	-2,736
2022/3/27	13,293	9,902	1,942
2022/4/3	13,293	9,482	169
2022/4/10	17,327	8,888	-4,370
2022/4/17	20,856	9,645	-8,326
2022/4/24	29,931	15,288	-10,532
2022/5/1	24,890	16,098	-468
2022/5/8	13,293	11,099	3,265
2022/5/15	13,293	7,760	-1,478
2022/5/22	13,293	7,534	-3,247
2022/5/29	13,293	7,255	-4,248
2022/6/5	13,293	6,893	-5,435
2022/6/12	13,293	7,230	-2,267
2022/6/19	13,293	6,691	-4,632
2022/6/26	13,293	8,023	-4,008
2022/7/3	13,293	7,246	-3,642
2022/7/10	25,898	10,796	-8,167
2022/7/17	28,419	19,179	3,825
2022/7/24	2~~1~~	2~~8~~	2~
2022/7/31	35,982	21,619	1,748

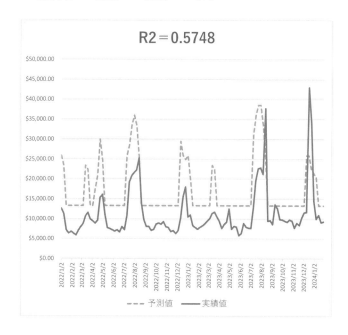

Excelの分析ツールの機能で行う回帰分析で出力される値をいくつか解説します（**図表4-6**）。

「重相関R」はYとXの相関係数で、「重決定R^2」は決定係数です。「補正R2」は説明変数が2つ以上の説明変数のとき[2]に参照する決定係数で、「自由度調整済み決定係数」といいます。P値は切片または回帰分析の係数が0であることを帰無仮説とした検定の値で、一般的には有意水準5%以下を指標とされます（学術分野や研究のデザインによっては、1%や10%が用いられることもあります）。回帰分析の係数が0ということはYに対して影響がないということになり、それを検定する指標です。対して切片は0になることもあり、切片のP値は気にする必要がありません。

図表4-6

回帰統計	
重相関 R	0.758174467
重決定 R2	0.574828522
補正 R2	0.570854957
標準誤差	
観測数	109

分散分析表

	自由度	変動	分散	測された分散	有意 F
回帰					
残差					
合計					

	係数	標準誤差	t	P-値	下限 95%	上限 95%	下限 95.0%	上限 95.0%
切片	13293.38592			4.89937E-38				
TVCM	0.000504181			1.35439E-21				

次は、ほかの4つの広告（OOH／Print／AD_movie／AD_banner）を加えて、5つの説明変数で回帰分析を行います（**図表4-7**）。

※2　説明変数が1つの回帰分析を単回帰分析、2つ以上の回帰分析を重回帰分析と説明する場合もあります。

図表 4-7

回帰統計	
重相関 R	0.771795777
重決定 R2	0.595668721
補正 R2	0.576040989
標準誤差	
観測数	109

分散分析表

	自由度	変動	分散	測された分散	有意 F
回帰					
残差					
合計					

	係数	標準誤差	t	P-値	下限 95%	上限 95%	下限 95.0%	上限 95.0%
切片	12311.10999			4.12493E-27				
TVCM	0.000477047			4.01837E-14				
OOH	2.8684E-05			0.828252129				
Print	-0.000154161			0.445693248				
AD_movie	0.000442258			0.087939609				
AD_banner	0.000325394			0.256634052				

日付	予測値	実績値	残差
2022/1/2	27,368	12,611	-10,569
2022/1/9	25,125	11,329	-9,759
2022/1/16	15,066	7,239	-3,496
2022/1/23	12,311	6,358	-2,907
2022/1/30	12,311	6,847	-4,776
2022/2/6	12,311	6,288	-2,678
2022/2/13	12,311	5,887	-5,554
2022/2/20	12,311	7,148	-3,976
2022/2/27	14,932	8,044	-3,119
2022/3/6	15,948	8,789	-6,191
2022/3/13	23,505	10,688	-7,102
2022/3/20	22,030	11,563	-2,397
2022/3/27	16,656	9,902	-1,421
2022/4/3	13,873	9,482	-411
2022/4/10	17,018	8,888	-4,061
2022/4/17	20,695	9,645	-8,165
2022/4/24	28,692	15,288	-9,293
2022/5/1	24,191	16,098	231
2022/5/8	12,311	11,099	4,247
2022/5/15	12,311	7,760	-496
2022/5/22	12,311	7,534	-2,265
2022/5/29	12,311	7,255	-3,266
2022/6/5	12,311	6,893	-4,453
2022/6/12	12,311	7,230	-1,285
2022/6/19	12,311	6,691	-3,650
2022/6/26	12,311	8,023	-3,026
2022/7/3	12,311	7,246	-2,660
2022/7/10	25,201	10,796	-7,470
2022/7/17	28,933	19,179	3,311
2022/7/~	~4	~8	~1
2022/7/~	36,55~	21,61~	2,320

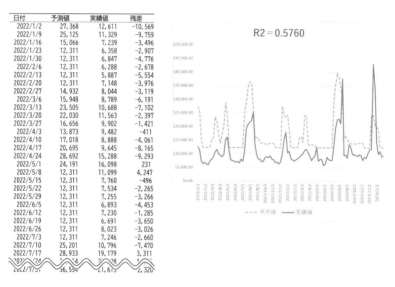

R2 = 0.5760

--- 予測値　—— 実績値

　決定係数はほとんど変わらず、予測と実績のあてはまりも良くなっていません。Printの係数はマイナスになってしまっています。しかし、実務ではこうしたことはよく起こるものです。

ここで説明変数を加えます。まずは広告以外の変数です（**図表4-8**）。

目的変数と説明変数（広告以外の変数）

- **Brand_imp**　　　　　　　ブランド名の検索数
- **TV_program**　　　　　　TV番組の露出の世帯視聴率換算
- **Internet_Articles**　　　　インターネット記事の数
- **GT_Yuenchi**　　　　　　グーグルトレンドの「遊園地」
- **GT_Kousuikakuritsu**　　グーグルトレンドの「降水確率」

図表4-8

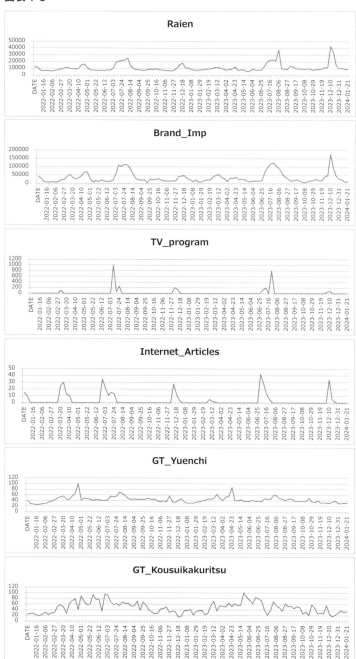

3章の消費者調査MMMでも、エナジードリンクと外食チェーンとの相対比較において、テーマパークの集客はアーンドメディアが重要でした。このテーマパークではTV番組やインターネット記事の露出数を説明変数として採用しており、季節性などを説明する変数としてGoogleトレンドをよく使っています。コロナの影響が大きい時期は、Googleトレンド「コロナ」を説明変数に入れることで集客や売上に対するマイナス効果の定量化に役立ちました。ほかにも、テーマパークや実店舗では「天気予報」や「降水確率」をよく使っています。日本は南北に長いため、全国で分析を行う際は各地の気温や降水量を重みづけして全国を象徴する変数を集計するのは大変です。そのため、アイスやビールのように暑いと売れる商品ではGoogleトレンドの「最高気温」を使う、おでんやシチューのように寒いと売れる商品では「最低気温」を使うなどしています。

参考URL
Google トレンド
https://trends.google.co.jp/trends/

　ほかにも、0と1で表現するダミー変数で以下を追加しました。

目的変数と説明変数 (ダミー変数)	
・**New_Atraction**	新アトラクションがオープンした週
・**Obon**	お盆休みの影響があると考えられる週
・**Xmas**	クリスマスイブ前後の影響があると考えらえる週
・**Hanabi2023**	花火大会が開催された週

　追加した変数の相関係数を確認します（**図表4-9**）。説明変数同士で相関係数が0.9以上となっていることから、多重共線性に注意すべき関係はなさそうです。

図表4-9

	Raien	Brand_Imp	TV_program	Internet_Articles	New_Attraction	Obon	Xmas	Hanabi2023	GT_Yuenchi	GT_Kousuikakuritsu
Raien										
Brand_Imp	0.88									
TV_program	0.30	0.46								
Internet_Articles	0.36	0.44	0.22							
New_Attraction	0.50	0.44	0.04	0.34						
Obon	0.45	0.25	-0.03	-0.06	-0.01					
Xmas	0.37	0.17	0.01	0.17	-0.02	-0.02				
Hanabi2023	0.42	0.17	-0.02	-0.04	-0.01	0.70	-0.02			
GT_Yuenchi	0.28	0.39	0.09	-0.01	-0.12	0.22	-0.09	0.12		
GT_Kousuikakuritsu	-0.10	0.04	0.05	0.06	-0.10	0.09	-0.22	0.03	0.28	

広告以外の変数とダミー変数を追加して分析します（**図表4-10**）。

図表4-10

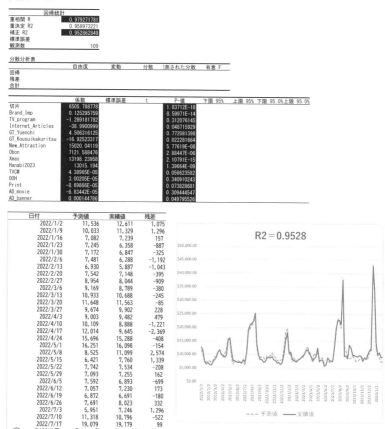

予測値と実績値のあてはまりはよくなり、自由度調整済み決定係数（Excelの「補正R2」）は0.95強になりましたが、広告はPrintだけでなくAD_movieまでマイナス係数になってしまいます。TV_programもInternet_Articlesもマイナス係数です。

これは主に「中間変数」のBrand_impを入れたことに問題があります。そこで、各変数の係数（A）と説明変数の値の合計（B）を乗算して効果数を算出します（**図表4-11**）。切片に次いで、Brand_impの数量が圧倒的です。

図表4-11

変数名	係数（A）	説明変数の値の合計（B）	効果数（A）×（B）
切片	6505.788778	109	709,131
Brand_Imp	0.125295759	3,794,215	475,399
TV_program	-1.289181782	3,000	-3,868
Internet_Articles	-38.9900999	378	-14,738
GT_Yuenchi	4.506316125	4,740	21,360
GT_Kousuikakuritsu	-16.92523317	5,219	-88,333
New_Attraction	15020.04119	1	15,020
Obon	7121.588476	2	14,243
Xmas	13198.23958	2	26,396
Hanabi2023	13015.194	1	13,015
TVCM	4.38965E-05	867,000,000	38,058
OOH	3.00205E-05	155,000,000	4,653
Print	-8.69866E-05	201,000,000	-17,484
AD_movie	-6.83442E-05	186,700,000	-12,760
AD_banner	0.000144786	229,151,269	33,178

テーマパークのような高価格かつ高関与な商材では、売上に直結する指標（ここでは「来園」）に対して指名検索が大きな影響を与えるケースが多いです。消費者調査MMMの共変量選択では、原因と結果の中間に位置する要因（中間変数）を入れない方針を説明していました。回帰分析でも、効果に興味のある原因（例としてTVCM）と結果（来園）の中間変数を入れると効果が過小に推定されるため、それを避ける選択方針を設定していました。効果の推定を目的とした回帰分析では、中間変数[3]を入れてはいけません。

一方で**図表4-12**の下側のように、指名検索を原因として来園の効果を推定する場合は、交絡となる変数（例としてTVCM）を説明変数に入れないと過大に推定されてしまいます。

※3　回帰分析で因果効果の推定を模索する際の説明変数選択には、中間変数と交絡などの考えとより専門的には「バックドア基準」というものがあります。

図表4-12

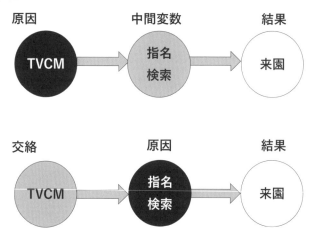

ここで紹介するのは、Robynで**図表4-13**の2つの回帰分析のモデルを構築して合体させる「階層型モデル」です。

図表4-13

指名検索モデル　　　　　　　　来園モデル

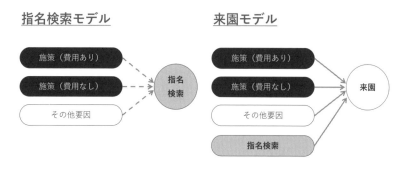

　前述した2つのモデルを合体させるモデルが階層型モデルです（**図表4-14**）。階層型モデルでは、たとえばTVCMが直接的に来園を増やす効果（実線）と指名検索数を増やす効果（点線）を経由して（指名検索→来園）来園を増やす効果の双方を考慮できます。来園モデルで指名検索を入れることで、モデル単体でTVCMの効果は過小に評価されますが、TVCM→指名検索→来園の効果を加味することでたしかな効果を評価できます。

図表4-14

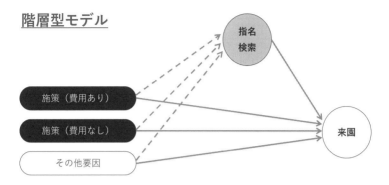

Robynで分析し、来園モデルと指名検索モデルをExcelの回帰分析の結果と同じように各変数の係数（A）と説明変数の値の合計（B）を乗算して効果数を算出します（**図4-15**）。Robynでの効果数は「GT_Kousui kakuritsu」以外はすべてプラスの値になっています。

また、係数（A）と説明変数の値の合計（B）それぞれ太字にした値は大きく変化しています。Robynや昨今のMMMツールの多くでは、**説明変数を「変形」する処理**を行います。それによって予測精度（≒自由度調整済み決定係数）を高めながら、真の効果に近い結果を推定する可能性を高めます。ここまで紹介していたRobynもGoogleの「lightweight MMM」などのツールも、行っている変形の処理が**「残存効果」**と**「非線形な影響」**です（なお、本書および特典ではRobynを前提として詳細を解説します）。こうした処理を行わないと効果の係数がマイナスになることが頻発し、Robynでも興味のある効果の係数を必ずプラスで推定できる機能はありません。なお、ゼロ係数になる説明変数が出てくることはあります。

> **MMMの制約**
> 興味のある変数の効果を必ず推定できるものではない

図表4-15

来園モデル（Excel）

変数名	係数（A）	説明変数の値の合計（B）	効果数（A）×（B）
切片	6505.788778	109	709,131
Brand_Imp	0.125295759	3,794,215	475,399
TV_program	-1.28918178	3,000	-3,868
Internet_Articles	-38.9900999	378	-14,738
GT_Yuenchi	4.506316125	4,740	21,360
GT_Kousuikakuritsu	-16.9252331	5,219	-88,333
New_Attraction	15020.04119	1	15,020
Obon	7121.588476	2	14,243
Xmas	13198.23958	2	26,396
Hanabi2023	13015.194	1	13,015
TVCM	4.38965E-05	867,000,000	38,058
OOH	3.00205E-05	155,000,000	4,653
Print	-8.69866E-0	201,000,000	-17,484
AD_movie	-6.83442E-0	186,700,000	-12,760
AD_banner	0.000144786	229,151,265	33,178

来園モデル（Robyn）

変数名	係数（A）	説明変数の値の合計（B）	効果数（A）×（B）
切片	8448.095544	109	920,842
Brand_Imp	12231.97166	6.825	83,482
TV_program	2519.92814	1.906	4,803
Internet_Articles	2274.761186	5.161	11,739
GT_Yuenchi	24.8621109	4,740	117,846
GT_Kousuikakuritsu	-10.6967289	5,219	-55,826
New_Attraction	23377.29321	0.977	22,829
Obon	5231.276156	2.000	10,463
Xmas	2926.954203	2.000	5,854
Hanabi2023	7326.997088	1.000	7,327
TVCM	5661.121666	7.825	44,296
OOH	3109.111929	2.319	7,211
Print	1194.174178	11.946	14,266
AD_movie	996.9308788	9.326	9,297
AD_banner	614.4496282	19.201	11,798

指名検索モデル（Robyn）

変数名	係数（A）	説明変数の値の合計（B）	効果数（A）×（B）
切片	7643.912979	109	833,187
TV_program	33573.03363	2.325	78,051
Internet_Articles	8834.766909	4.897	43,261
GT_Yuenchi	283.5922659	4,740	1,344,221
GT_Kousuikakuritsu	37.20771561	5,219	194,187
New_Attraction	248482.9872	0.680	168,845
Obon	11632.26909	2.000	23,265
Xmas	-5112.5559	2.000	-10,225
Hanabi2023	-7236.35454	1.000	-7,236
TVCM	66983.29849	10.834	725,702
OOH	25028.76989	4.467	111,797
Print	21244.86412	6.723	142,826
AD_movie	13859.31379	11.180	154,944
AD_banner	6440.009964	20.093	129,401

4-4 Robynによる説明変数の「変形」処理（2種）

4-4-1　残存効果

　図表4-16は、Robynが説明変数の変形に使用する3種の「残存効果」を示したものです。私は実務で画像の左端の「Geometoric　Adstock」のみを使用しています。

　たとえば分析対象期間のうち1週間だけ1000万円TVCMを投下した場合、説明変数は投下した週は1000万でそれ以外は0という値で分析します。

　仮に残存効果が50％だとした場合は、翌週に50％ずつ効果が残存しながら持続するという仮定で変数を変形します。このとき、投下週は1000万、翌週は500万、翌々週は250万と変形させていきます。Robynでは、各説明変数のうち変形させる変数（残存効果または非線形な影響を仮定する変数）を指定することで、さまざまな数値をあてはめながら何％にすると最適なのか残存効果を探索します。TVCMの場合、残存効果を20％から80％の範囲で探索するなどの条件をハイパーパラメータとして指定します。なお、ハイパーパラメータとは機械学習用語で、モデルの学習をする前段階で分析者が設定するものを指し、計算の範囲を決めるなど計算時の挙動を制御するためのものです。Robynでは説明変数ごとにハイパーパラメータを指定し、Meta社の計算ツール「Nevergrad」で最適なものをそれぞれ探索していきます。**図表4-16**では、計算時に「theta」「scale」をハイパーパラメータとして指定しています。

図表4-16

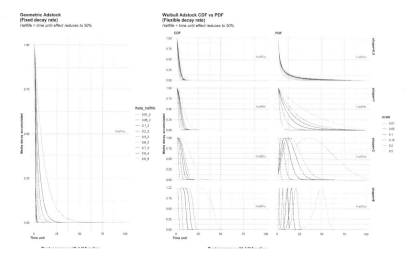

ちなみに「Geometoric　Adstock」以外にも、「Weibull　Adstock」で
より複雑な残存効果の探索を行う方法も2種あります（CDFとPDF）。たと
えば、**図表4-16**の一番右下の図では効果がかなり遅れて現れるような曲
線が描かれています。しかし計算実行にあたって時間がかかるうえ、無茶
な前提があてはまるケースがあるため、周辺知識に相当習熟していない限
りは使用をおすすめしません。

4-4-2　非線形な影響

　Robynでマーケティング施策各種の効果を得るために、ヒル関数という
式を用いて「横軸Xの投下金額が大きくなるにつれて縦軸Yの効果が逓減
するカーブやS字カーブになっていないか」という前提で非線形な影響を
探索します。ヒル関数は主に生化学や薬理学などの分野で活用される式
ですが、効果の逓減やS字の探索にも適切だと考えています。ハイパーパ
ラメータは**図表4-17**中に記載されている「alpha」「gamma」の2種で、こ
れもNevergradでの最適化計算時に指定します。

図表 4-17

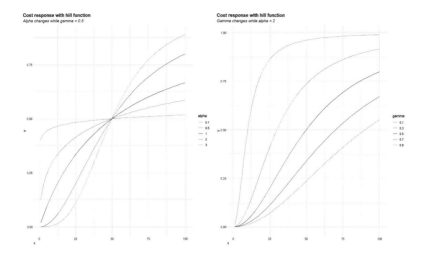

4-4-3 　正規化

　残存効果と非線形な影響（ヒル関数）の変形を行ったうえで正規化を行います。正規化とは、データの値の範囲を特定の尺度に収める処理で、主に機械学習のモデル学習の効率化による精度向上が目的となります。正規化にもいくつか方法がありますが、Robynではデータの最小値を0、最大値を1にする「Min-Max正規化」が適用されます。

4-5 | 最適化計算

4-5-1 効果を推定するための最適化計算

　Nevergradで予測誤差の指標と、極端な分析結果を回避する独自の指標[4]の2つを同時に最小化する基準で、残存効果と非線形な影響と回帰分析の係数の最適値を探索します。

　残存効果と非線形な影響は、計算実行時に指定するハイパーパラメータの範囲で膨大なパターンから探索する複雑な計算です。データ量や設定内容、利用するパソコンのスペックにもよりますが、今回用意した109週で説明変数が14個（来園モデル）のデータでは、私が通常使用している比較的ハイスペックなノートパソコン（メモリ64GB）でも15〜20分程度の計算時間が必要です。その計算が終わってから、Robynが計算結果に対応する多くのファイルを吐き出してくれる処理を実行すると[5]**図表4-18**のように分析結果の画像やそれに使用された各種のパラメータなどの中間成果物のCSVなどが多数出力されます。

※4　Robyn 独自の「DecompRSSD」という指標です。コストを伴う施策全体の数字に対する当該施策のコストのシェアから、当該施策の効果数のシェアを引いた値を2乗した値を対象の変数の分すべて合計し平方根をとった値です。これはコストのシェアが高い施策や原則、効果数のシェアも高い前提を大きく逸脱しないようにするためのものです。Robyn はモデリングの際、説明変数の正規化を行います。仮に時系列の推移がほぼ同じ変数が2つある場合、目的変数への効果数はほぼ同じ数で推定されます。この2つの説明変数の1円あたり目的変数を増やす真の効果が同一の場合、コストの差が2倍だとすると効果の差も2倍になってしまいます。「DecompRSSD」を最適化の基準の1つとすることで、ここで例にした2倍の差を回避しやすくなります。

※5　この処理も前述した筆者の環境で10分〜30分程度の時間がかかります。

図表4-18

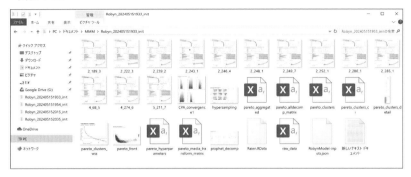

4-5-2　予算配分の最適化計算

　効果を推定するための最適化計算の処理は非常に高度で重く、結果が出るまでに時間がかかります。一方で計算結果または計算に使用した数字をCSVから取得すれば予算配分の最適化の計算は軽く、Excelのソルバー機能で短時間で実行できます。Robynにも予算配分の最適化計算機能はありますが、非常に簡易的なものなので私は実務では使用していません（特典の講義では少し演習します）。私の場合、階層型モデルなどに柔軟に対応できる自作のExcelツールを使っています。特定のフォルダにRobynが吐き出したCSVを格納することでVBAが自動で読み込み、ツールに必要な値を記載します。実装レベルの解説は特典の講義で行いますので、ここでは分析結果のうち重要な内容のみ共有します。

　まずは、来園モデルの非線形な影響を描画したレスポンスカーブが**図表4-19**です。Robynは効果の推定のための最適化計算から、複数の分析結果をアウトプットします（ここでの来園モデルでは128種類）。予測誤差の指標と極端な前提を回避する独自指標2つのうち、バランスが良い分析結果を選択しています。

レスポンスカーブは、横軸Xが1期（ここでは1週間）あたりの投下金額で、縦軸が目的変数の数量（ここでは来園）です。Print、AD_movie、AD_bannerの3種は、カーブの形から1週あたりの投下金額が500万円前後で効果の逓減が考えられます。TVCMとOOHは効果の逓減は少ないですが、1500万円を超えたあたりからOOHのS字カーブが逓減に向かっている様子がわかります。

図表4-19

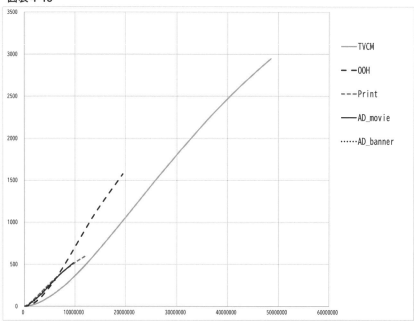

　続いて、指名検索のレスポンスカーブが**図表4-20**で、効果数などをまとめた表が**図表4-21**です。このモデルでは「GT_Kousuikakuritsu」の係数がプラスになっています。雨が降ることを懸念する検索は来園にマイナス効果でも、指名検索にはプラス効果になっているようです。

図表4-20

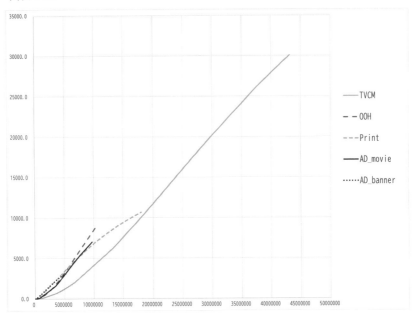

図表4-21 指名検索モデル（Robyn）

変数名	係数（A）	説明変数の値の合計（B）	効果数（A）×（B）	
切片	7643.912979	109		833,187
TV_program	33573.03363	2.325		78,051
Internet_Articles	8834.766909	4.897		43,261
GT_Yuenchi	283.5922659	4,740		1,344,227
GT_Kousuikakuritsu	37.20771561	5,219		194,187
New_Attraction	248482.9872	0.680		168,845
Obon	11632.26909	2.000		23,265
Xmas	-5112.55597	2.000		-10,225
Hanabi2023	-7236.354544	1.000		-7,236
TVCM	66983.29849	10.834		725,702
OOH	25028.76989	4.467		111,797
Print	21244.86412	6.723		142,826
AD_movie	13859.31379	11.180		154,944
AD_banner	6440.009964	20.093		129,401

4-5-3　直接効果とアシスト効果を考慮した効果のまとめ

　来園をコンバージョンとしたCPA評価とCPS（コスト・パー・サーチ）評価として、コストのかかる施策（ここでは広告）をまとめた表が**図表4-22**です。先ほどご覧いただいたレスポンスカーブに対応する数理モデルから導かれている数字です。

図表4-22

コンバージョン（来園）リフト効果

指標	TVCM	OOH	Print	AD_movie	AD_banner	合計
合算CPA	¥15,283	¥14,850	¥15,417	¥15,578	¥16,406	¥15,438
直接CPA	¥18,914	¥18,240	¥19,472	¥19,545	¥20,746	¥19,223
合計コンバージョン	56,730	10,438	13,038	11,985	13,967	106,157
指名検索経由のアシストコンバージョン増分	10,891	1,940	2,715	2,433	2,922	20,900
直接コンバージョン増分	45,839	8,498	10,322	9,552	11,046	85,257
コスト	¥867,000,000	¥155,000,000	¥201,000,000	¥186,700,000	¥229,151,269	¥1,638,851,269

指名検索IMPリフト効果

指標	TVCM	OOH	Print	AD_movie	AD_banner	合計
CPS(コスト・パー・サーチ)	¥1,640	¥1,646	¥1,525	¥1,581	¥1,616	¥1,615
指名検索増分	528,684	94,160	131,803	118,081	141,817	1,014,544
コスト	¥867,000,000	¥155,000,000	¥201,000,000	¥186,700,000	¥229,151,269	¥1,638,851,269

　数理モデルを活用し、各施策の現状の予算を100%とします。それを初期値としてパーセンテージを変更しながら、実績コストを増やさずに合計コンバージョンを最大化する最適化計算をExcelのソルバーで行ったのが**図表4-23**です。なお、最適化計算の下限を50%としており、この条件を外すと50%のものは0%になります。

図表4-23

指標	TVCM	OOH	Print	AD_movie	AD_banner
現状予算対比	101.0%	243.2%	50.0%	91.7%	50.0%

コンバージョン（来園）リフト効果

指標	TVCM	OOH	Print	AD_movie	AD_banner	合計（最適化後）A	合計（最適化前）B	A／B
合算CPA	¥15,249	¥12,340	¥15,697	¥15,914	¥20,883	¥14,816	¥15,438	96.0%
直接CPA	¥18,872	¥15,077	¥20,010	¥19,889	¥28,471	¥18,403	¥19,223	95.7%
合計コンバージョン	57,427	30,543	6,403	10,756	5,487	110,616	106,157	104.2%
指名検索経由のアシストコンバージョン増分	11,025	5,546	1,380	2,150	1,462	21,563	20,900	103.2%
直接コンバージョン増分	46,402	24,998	5,022	8,607	4,024	89,053	85,257	104.5%
コスト	¥1,036,196,607	¥77,500,000	¥100,500,000	¥93,350,000	¥331,304,676	¥1,638,851,282	¥1,638,851,269	100.0%

指名検索IMPリフト効果

指標	TVCM	OOH	Print	AD_movie	AD_banner	合計（最適化後）C	合計（最適化前）D	C／D
CPS(コスト・パー・サーチ)	¥1,646	¥1,451	¥1,500	¥1,507	¥1,615	¥1,566	¥1,615	96.9%
指名検索増分	535,173	269,209	66,993	104,360	70,986	1,046,720	1,014,544	103.2%
コスト	¥1,036,196,607	¥77,500,000	¥100,500,000	¥93,350,000	¥331,304,676	¥1,638,851,282	¥1,638,851,269	100.0%

線形回帰で同じ最適化計算を行うと、効果（回帰係数＝傾き）が大きい施策に100％寄せる計算結果になります。各施策の効果の逓減またはS字カーブを考慮した計算によって現実的な試算になりますが、実務では0％が最適となる施策が出ることも多いです。ここでは単純に下限を50％としましたが、たとえば「指名検索の影響を重視したほうがよいのでは？」などの仮説から、CPSがもっとも低いOOHは下限を70％にするなど、**数理モデルの内容と効果の仮説の双方を考慮したうえでチューニングを行うことが重要**です。

4-6 | テーマパークの新アトラクション追加の効果を推定する

演習データで想定した、MMMに取り組む理由は以下でした。

（架空の）テーマパークがMMMに取り組む理由

- 1年の平均来園数は90万人。
- 来園数あたりの平均単価は1.2万円。平均的な年商108億円。広告費は例年8億円。
- 繁忙期は夏休みと春休み。特に夏は近隣で花火大会も実施されため集客がピーク。
- 30億円を投資し、3億円程度でコンテンツを入れ替えできる没入型の新しいライドアトラクションを2023年12月にお披露目。
- 当該アトラクションを告知する広告とそれ以外の広告の効果の違いや、第1弾のコンテンツのあとに入れ替えていくコンテンツごとの広告効果の違いを把握しながら、投資を回収し浸透率を高めたい。

　MMMをはじめて自社で適用するケースでは「TVCMとネット広告と屋外広告をどう配分すれば売上を最大化できるか」といった広告メディアの配分最適に期待されることが多いですが、もっとも有意義な活用はメッセージの最適化だと考えています。広告で伝える内容による効果の改善は、メディアの配分最適による改善よりも大きな効果が期待できるケースが多いためです。3章では、書籍『ブランディングの科学　新市場開拓編』で紹介されていた「フリークエンシーではなくリーチの最大化が有効である」という主張を紹介していました。

【3章より再掲】
書籍『ブランディングの科学　新市場開拓編』の第6章「リーチを拡大する（ジェニー・ロマニウク著）」では、スリーヒットセオリーは時代遅れの神話にすぎないとしています。重複接触を避けて、リーチを最大化することをメディアプランニングの第1の目的にすべきで、フリークエンシーを高めることは広告メディア費用の浪費につながるとしています。認知心理学とマーケティング学のメタ解析によって**「単発の広告露出は効果的だが、間を置かない連続的な露出はそれに比べると効果は劣る」**ことが証明されていることや、一定期間内では最初の広告露出が最大の売上効果を有することが先行研究から明らかであるとして、**「良い広告は最初から効果を発揮し、そうでない広告は何回露出されても効果が薄い」**と言及しています。

これは「何回リーチしても効かない広告は効かないが、効く広告は1回目のリーチから効き、カテゴリーバイヤーに持続的な影響を与えることができる。そして効果がもっとも高いのは1回目のリーチであるため、1回目で効果を出すクリエイティブを突き詰めてリーチの最大化を目指すことが重要。2回、3回と重複接触させることはコストの無駄につながるため、可能な限り避けるべき」という考えでした。リーチの最大化によって成功するためには、1回目で効果を出す広告になっていることが前提となります。そうするためには、効く広告クリエイティブと効かない広告のクリエイティブの効果の差をCPAやROASなどで数値化し、クリエイティブによる効果の違いを明確に把握するプロセスが必要でした。

ここでは、直接的な来園を増やすCPAと指名検索を増やすことで間接的に来園を増やす効果を考慮した合算CPAを把握するプロセスを再現するために【（架空の）テーマパークがMMMに取り組む理由】を設定しています。「新しいアトラクションを訴求するTVCMのほうが効果は高くなっているか」を確認するために、新アトラクションがオープンした2023年12月17日週の前週から5週間投下された「TVCM2」と、それ以前の期間の「TVCM1」に分けてRobynで分析します。効果数などの一覧が**図表4-24**です。

4
章

図表4-24

来園モデル（Robyn）

変数名	係数（A）	説明変数の値の合計（B）	効果数（A）×（B）
切片	6844.221546	109	746,020
Brand_Imp	3708.697568	28.615	106,125
TV_program	5178.443099	2.017	10,446
Internet_Articles	2496.990232	6.544	16,341
GT_Yuenchi	44.59344315	4.740	211,373
GT_Kousuikakuritsu	-12.0350802	5.219	-62,811
New_Attraction	46113.45493	0.870	40,114
Obon	7031.638173	2.000	14,063
Xmas	3722.027238	2.000	7,444
Hanabi2023	10511.71838	1.000	10,512
TVCM1	8917.559739	10.156	90,570
TVCM2	4704.284912	3.142	14,782
OOH	6573.347897	2.439	16,034
Print	1605.541091	6.728	10,803
AD_movie	592.3555581	9.316	5,518
AD_banner	989.0974047	20.386	20,164

指名検索モデル（Robyn）

変数名	係数（A）	説明変数の値の合計（B）	効果数（A）×（B）
切片	5215.361758	109	568,474
TV_program	42125.82266	1.180	49,706
Internet_Articles	11504.04039	6.023	69,287
GT_Yuenchi	305.8596631	4.740	1,449,775
GT_Kousuikakuritsu	49.74281149	5.219	259,608
New_Attraction	245984.4396	0.807	198,533
Obon	10376.99489	2.000	20,754
Xmas	-1089.9554(	2.000	-2,180
Hanabi2023	-7891.31260(	1.000	-7,891
TVCM1	78404.3205	6.591	516,759
TVCM2	39215.29232	3.173	124,437
OOH	22491.05557	7.774	174,854
Print	21677.19399	7.457	161,643
AD_movie	17778.61803	9.209	163,726
AD_banner	8412.174314	24.331	204,679

来園モデルのレスポンスカーブ（**図表4-25**）と、指名検索モデルのレスポンスカーブ（**図表4-26**）です。新アトラクションの訴求に対応するTVCM2の効果が高くなっています。

図表4-25

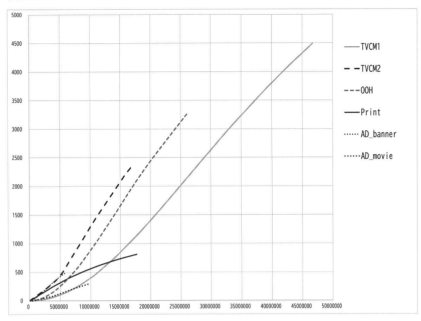

図表4-26

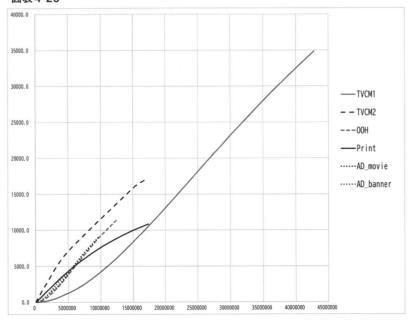

本文:

CPA評価とCPS（コスト・パー・サーチ）評価を実績ベースでまとめた表（**図表4-27**）と、TVCMを分割しないモデルで行ったものと同様に最適化計算を行った表です（**図表4-28**）。

図表4-27

コンバージョン（来園）リフト効果

指標	TVCM1	TVCM2	OOH	Print	AD_movie	AD_banner	合計
合算CPA	¥11,614	¥6,553	¥10,091	¥14,201	¥22,495	¥10,221	¥11,590
直接CPA	¥13,838	¥7,564	¥11,650	¥18,119	¥36,856	¥12,026	¥14,002
合計コンバージョン	66,211	14,954	15,361	14,154	8,300	22,419	141,398
指名検索経由のアシストコンバージョン増分	10,638	1,998	2,056	3,061	3,234	3,364	24,352
直接コンバージョン増分	55,573	12,956	13,304	11,093	5,066	19,055	117,046
コスト	¥769,000,000	¥98,000,000	¥155,000,000	¥201,000,000	¥186,700,000	¥229,151,269	¥1,638,851,269

指名検索IMPリフト効果

指標	TVCM1	TVCM2	OOH	Print	AD_movie	AD_banner	合計
CPS（コスト・パー・サーチ）	¥1,460	¥991	¥1,523	¥1,326	¥1,166	¥1,376	¥1,359
指名検索増分	526,673	98,938	101,799	151,532	160,098	166,541	1,205,581
コスト	¥769,000,000	¥98,000,000	¥155,000,000	¥201,000,000	¥186,700,000	¥229,151,269	¥1,638,851,269

図表4-28

指標	TVCM1	TVCM2	OOH	Print	AD_movie	AD_banner
現状予算対比	109.1%	138.5%	229.7%	50.0%	50.0%	50.0%

コンバージョン（来園）リフト効果

指標	TVCM1	TVCM2	OOH	Print	AD_movie	AD_banner	合計（最適化後）A	合計（最適化前）B	A／B
合算CPA	¥11,259	¥6,766	¥8,454	¥12,528	¥33,253	¥12,040	¥10,438	¥11,590	90.1%
直接CPA	¥13,389	¥7,683	¥9,727	¥15,981	¥55,599	¥13,773	¥12,304	¥14,002	87.9%
合計コンバージョン	74,488	20,067	42,112	8,022	2,807	9,516	157,012	141,398	111.0%
指名検索経由のアシストコンバージョン増分	11,847	2,396	5,513	1,733	1,128	1,197	23,816	24,352	97.8%
直接コンバージョン増分	62,640	17,671	36,598	6,289	1,679	8,319	133,196	117,046	113.8%
コスト	¥714,303,783	¥165,135,704	¥450,986,134	¥100,500,000	¥93,350,000	¥114,575,635	¥1,638,851,255	¥1,638,851,269	100.0%

指名検索IMPリフト効果

指標	TVCM1	TVCM2	OOH	Print	AD_movie	AD_banner	合計（最適化後）C	合計（最適化前）D	C／D
CPS（コスト・パー・サーチ）	¥1,584	¥1,269	¥1,368	¥1,171	¥1,671	¥1,933	¥1,459	¥1,359	107.4%
指名検索増分	380,398	131,283	410,316	85,802	55,856	59,281	1,122,936	1,205,581	93.1%
コスト	¥714,303,783	¥165,135,704	¥450,986,134	¥100,500,000	¥93,350,000	¥114,575,635	¥1,638,851,255	¥1,638,851,269	100.0%

分割なしモデルと見比べていただくと、TVCMを分割しただけでほかの施策の効果も変わっています。**図表4-22**の分割なしモデルの最適化後の合算CPAは全体で15,438円に対して、分割ありモデルの最適化後の合算CPAは11,590円となっています。

図表4-29で、分割なしモデルと分割ありの来園モデルで実績と予測の推移を比較します。縦に引いた線は新アトラクションがオープンした週です。新アトラクションのTVCMはオープンの前週から5週間の投下ですが、その期間の実績と予測は、分割ありモデルのほうが若干よくあてはまっているように見えます。

特定の説明変数を分けるだけで、ほかの説明変数と目的変数の関係が変わります。このケースでは分割したことで、コストを伴うマーケティング施策全体の評価が上がる結果となりました。

図表4-29

TVCM分割なし

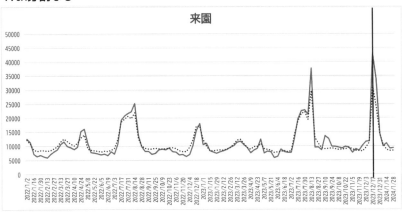

TVCM分割あり

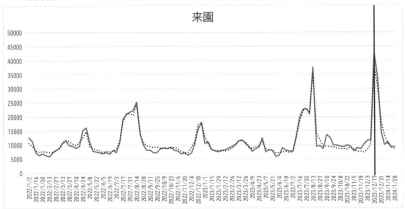

　このテーマパークの来園平均単価12,000円に対して、通常のTVCM（TVCM1）の実績ベースの合算CPAは11,614円で、新アトラクションのTVCM（TVCM2）の合算CPAは6,553円でした。この水準でTVCMの効果を持続することができれば、市場浸透率を高めることができるはずです。

では、新アトラクションのTVCMのほうが効果がよくなっていたとき、皆さんはどのような意思決定に活かしますか？ ちょっとしたクイズに答えてみてください。

クイズ1

今まで提示した情報から、通常のTVCMと新アトラクションのTVCMのROASの差分（増加分）を計算してください。

クイズ2

仮に、新アトラクションのTVCMの効果を維持できる（減衰しない）とした場合、新アトラクションTVCM効果の増分だけで30億円の投資金額を回収するために必要なTVCMの投下金額はいくらでしょうか？

答え1

1コンバージョン（ここでは来園）あたりの平均単価÷CPAはROASと一致します。たとえば平均単価が10,000円でCPAが5,000円の場合、ROASは200％です。通常のTVCMのROASは103％（12,000÷11,614）で新アトラクションのTVCMは183％（12,000÷6,553）なのでROASの増分は80％です。

答え2

答えは30億円÷80％（新アトラクション訴求によるROAS増分）で約37.5億円です。

MMMの活用イメージを共有させていただくために、実装に必用な知識も一部紹介しました。そのため、データ分析に馴染みがない方は難解に思われたかもしれませんが、実装レベルの知識は特典の動画講義でデータを触りながら理解していただくことが一番の近道です。

　ここまで仮想のテーマパークで紹介したように、MMMの分析結果があれば"算数"で重要な数字を捉えることができます。しかし、クイズ2では「仮に、新アトラクションのTVCMの効果を維持できる（減衰しない）とした場合」という都合の良い前提を入れており、実際のプロジェクトではこのような前提に期待することはありません。MMMでは継続的に検証とプランのチューニングを繰り返し、「推定した効果が確かなものか」「効果が減衰していないか」を注視しています。

　このテーマパークの新アトラクションは、3億円の作業費でコンテンツを入れ替えられます。MMMで継続的にコンテンツごとの効果および効果の減衰を定量的に把握することで、「コンテンツを入れ替えるのはどれくらいのリードタイムが適正なのか」「どのコンテンツにどれだけ投資すべきか」「コンテンツにかけるお金と広告メディアに投資する金額のバランスをどのように設定するか」と、様々な意思決定に役立てられます。

　最適化を継続的に続けることはMMMの活用の大前提です。たとえば、コンビニやドラッグストアなどの流通対策を兼ねた年2回（春と秋）のTVCMを伴うキャンペーンと、常時行うコミュニケーション施策があるエナジードリンクブランドでは、キャンペーンの前後で行う消費者調査MMMとMMMを月1〜2回程度行って最適化しています。デジタルマーケティングで日別のモデルで最適化するケースでは毎週分析しています。

MMMの制約
どんなに精度の高い分析モデルでも、一度の分析結果で効果を信じるわけにはいかない

4-7 | MMM活用のポイント

4-7-1　短期効果のMMM／長期効果の消費者調査MMM

　MMMは時系列の推移から関連を定量化する手法であるため、（残存効果の変形をもってしても）取り込めない長期効果があるのが欠点です。一方で消費者調査MMMは、調査で「直近1年以内」の前提で施策や要因の接触を聞いても、記憶のあいまいさから1年以上前に接触した施策や要因の回答も出てきてしまうため、1年以上前の効果も加味されてしまいます。あくまで私の分析の経験による目安であり、カテゴリーやブランドによる差はありますが、消費者調査MMMでモニターに聞いたとおりの「1年間」の投資金額から導いたROASやROIは、時系列データのMMMよりも消費者調査MMMのほうが目安として2倍〜3倍前後効果が過大に評価されることが多くなります。

MMMの制約
長期的な効果を考慮できない

　裏を返すと、短期効果のMMMと長期効果の消費者調査MMMは補完関係となるため、両方の分析結果から投資比率が大きい施策の効果をキーとして補正しつつ活用しています。

4-7-2　消費者調査MMMよりも間口が広いMMM

これまでの解説で、分析例を紹介しながらMMMの制約を4つ挙げてきました。

> **MMMの制約**
> - 細かい粒度での分析には向かない
> - 興味のある変数の効果を必ず推定できるものではない
> - どんなに精度の高い分析モデルでも、一度の分析結果で効果を信じるわけにはいかない
> - 長期的な効果を考慮できない

MMMの活用において、この4つの制約はさほど大きな問題ではないと考えています。**問題はプロジェクトの関係者がこうした制約を知らずに、過度な期待をしてMMMの活用を模索すること**だと思います。今はMMMの制約も共有したうえで、支援先でのMMMの活用や活用法をレクチャーしていますが、私がMMMを実践しながら支援をはじめた10年前はネガティブな状況を作ってしまっていたと思います。

しかし、MMMに対する間違えた期待をせずに取り組めば多くの恩恵があります。私の場合、TVCMやネット広告も横並びでCPAまたはROASを把握し、高関与な商材サービスではCSP（コスト・パー・サーチ）を補助指標として活用していますが、現在は広告効果検証のスタンダードになっていません。そもそもMMMという手法自体を知らない方が多数派です。

また、ご存じの方でも誤解されている面が多いと思っています。マーケティング・コミュニケーションの実行に付帯する詳細な知識と、統計などのデータ分析リテラシーの双方に詳しい方が少ない現状から、支援会社が受託する際のフィー基準が高額で、現在は全国的なTVCMを投下する予算規模のブランドでの導入が多くなっています。それによって**MMMは全国的にTVCMを投下する規模のマーケティング投資の最適化に有効なものと勘違いされています。** しかし、私の認識は違います。**消費者調査MMMは広告費年間1億円以上が活用の最低ライン、一方MMMは1軒**

のラーメン屋さんでも活用できるもので、MMMのほうが活用の間口が広いと考えています。

　調査による効果検証は、当該ブランドや施策を認知している人がある程度いないと分析できません。消費者調査MMMを例にした場合、「20代女性」など10歳刻みの性別ごとのセグメントで、施策に接触したサンプルが40以上は必要で、セグメントあたり4000人調査して1%の接触者の標本サイズが必要です。広告の接触の実態と記憶しているかの差分の実態を踏まえると、5〜10%のリーチが必要です。のべリーチではなく、ユニークユーザーリーチです。ざっくり全年代でその程度のリーチを担保するには、少なくとも年間1億円以上の広告や、広告換算で同等のマスメディアによるパブリティ露出が必要だと思います。

　一方、MMMは時系列データがあれば分析可能です。とはいえ時系列の推移（変動）をよりどころとして各説明変数による目的変数への効果を推定するため、目安として1期（1日または1週間あたり）平均の売上数やコンバージョン数が10以上を目安としています。最低でも標本サイズが60期は必要だと思います。1日の粒度で2カ月以上、1週間の粒度で1年以上が分析に必用な最低限の対象期間の目安です。

　余談ですが、私はマーケティングの仕事をやりきったと思えたら、老後は細々と1軒のラーメン屋さんか町中華をやってみたいと思っています。1日あたり10杯平均以上の売上を立てることができれば、もっと売上を増やすためにチラシの配布枚数や商圏内のWeb広告の配信インプレッション数などを説明変数としたMMMで効果を検証するつもりです。

　また、TVCMは高いというイメージがあると思いますが、それは関東キー局の場合です。後述しますが、広告会社との議論ではスリーヒットセオリーを根拠にフリークエンシーを高めることを前提とした最低投下量を推奨されるため、関東エリアで数億円以上の出稿が前提となることが多いようです。一方、ローカルエリアでは取引基準となる世帯視聴率1%あたりのコスト[※6]が数千円のテレビ局もあります。

ラーメン屋さんで例示した基準を満たせるブランドであれば、ローカルエリアだけでMMMを行うことも十分可能です。過去の取り組みでは、ローカルエリアの実店舗の売上を説明するモデルをRobynで分析し、TVCMなどのマス広告とネット広告の総予算で1年1000万円程度の予算規模でも、仮想のテーマパークの例で示したような予測精度とCPA評価ができていました。最近はCookie規制により、ネット広告の評価もMMMで行わないと効果が過小に評価されるケースが多くなっているため、デジタルマーケティング限定でもMMMを活用する意義は大きくなっています。この観点に興味がある方は参考URLをご覧ください。

参考URL
MarketingNative「今こそ導入したい！デジタルマーケティング限定でも活用可能なMMMとは？【小川貴史寄稿】」
https://marketingnative.jp/con49/

　クラウド型テレビCM出稿分析サービス「TVAL」を提供するスイッチメディア社の記事では、4億回分のモニター別テレビCM接触データから分析した、2023年4月の4週間のシミュレーションを行っていました。出稿量が500GRP[7]と1,000GRPの場合、3つのエリアでのリーチ人数を比較すると、出稿量を500GRPの2倍にしてもリーチは10%程度しか伸びないことがわかります。1000GRP以上の出稿はリーチの伸びが鈍化し、フリークエンシーが増えることになるのです。

図表4-30

	関東	関西	中京
500GRP	3,032万人	1,423万人	771万人
1,000GRP	3,340万人	1,566万人	851万人

参考URL
「500GRPもしくは1,000GRPのCM出稿をしたら、何人に見られるのか？」
https://www.switch-m.com/blog/tvcm-reach-grp

※6　TVCMのバイイングの現場の用語として「パーコスト」と呼ばれています。

※7　GRPはグロス・レーティング・ポイントと読みます。TVCMの取引基準となる世帯視聴率の合計、のべ視聴率です。

TVCMをバイイングする際、広告会社ではスリーヒットセオリーを前提としたフリークエンシーを高める思考が根強く、1カ月のエリア投下量1,000GRP以上の出稿を提案されることがいまだに多いです。しかし、いきなり大規模な投下金額を行うリスクを極力減らして、まずはローカルエリアだけでも良いのでMMM分析によるTVCMのクリエイティブによるCPAやROAS把握を徹底的に行うことを重視しましょう。

　ただし、書籍『ブランディングの科学　新市場開拓編』の「フリークエンシーよりリーチが重要」という言葉を妄信するのもどうかと思います。あらゆるケースでリーチを重視すべきという主張は私にはありません。本書のスタンスとして先行知見をビジネスに活用することは有効だと思っていますが、ほかの書籍で紹介された先行知見を確認することはあくまでサブの目的です。ファクトとして確認することで、より安心したうえでブランドに適用し、ブランドを成長させることがメインの目的です。

　3章の事例で示したように、多くのメジャーブランドの施策のうち消費者に対して（記憶ベースで）リーチがもっとも大きいのはTVCMです。500GRPから1,000GRPにしてもリーチが10％しか伸びないのであれば、500GRPずつTVCMの訴求内容を変えて、効果の違いをMMMで行うテストを繰り返して効果を何倍にも増やしていくのが望ましいですし、関東キー局ではなく、投資規模が少なくて済むローカルエリアで徹底的に行うことから着手することの生産性も高いと考えています。

　このように、制約を知ったうえで活用すればMMMは非常に便利です。今はRobynのように無料で高機能なツールがあるため、どなたでも実装が可能な環境もあります。活用にご興味を持たれた場合は、ぜひ特典の講義もご覧ください。

　次の章では、消費者調査MMMの応用編として、施策→CEPs（要因）→売上の分析によってコミュニケーション施策の効き方やどんなCEPsを強めればいいのかを把握します。

第 **5** 章

消費者を理解するための
基本分析

市場浸透率を拡大するコミュニケーションを
検討するためのエビデンス

重要なCEPsを定量評価するための分析法

　メンタルアベイラビリティを高めるには、そのブランドの想起と結びつくCEPsの影響を的確に把握することが重要です。この章では、エナジードリンクまたは栄養補助飲料 (以降「エナジードリンク」) を題材として、**そのブランドが属するカテゴリーが戦略として重要視すべきCEPsを把握するためのアプローチ**を紹介します。書籍『ブランディングの科学　新市場開拓編』で紹介された基本となる内容を紹介したうえで、3章で解説した消費者調査MMMの「要因」をCEPsとした「施策→要因 (CEPs) →売上」のアシストモデルから、複数設定したCEPsそれぞれが「カテゴリー全体の需要のうちどれだけを占めているか」「売上への影響が大きいCEPsはどれか」を定量的に評価する方法を示します。

　インターネット調査などでアスキングする際には、ブランドとカテゴリーにまつわる消費者行動の仮説や前提知識を総動員してCEPsを考えて、文字に起こしていく必要があります。膨大なパターンを考案することができますが、1回の調査で100種類のCEPsを聞くことは回答負荷が高すぎて回答にバイアスを生じると思います。現実的に、1回で聞くCEPsは10〜20種類くらいが適切かつ、重要なCEPsを特定していくためには検証を重ねる必要があります。

　エナジードリンクでは12種類のCEPsを設定し、7ブランドで分析しました。また、最後に各CEPsに対応するきっかけで飲んだのはいつかを聞いて取得したリーセンシーデータをガンマ・ポアソン・リーセンシー・モデルで分析することで、需要の回数からCEPsを評価できます。

　ダブルジョパディがあてはまる特定のカテゴリーで複数のブランドのCEPsを分析しても、傾向の違いはわずかなものとなることも多く、CEPs分析からも「顧客重複の法則」を再確認する機会も多いです。しかし、消費者調査MMMで要因をCEPsにした場合は想定外の発見があることも多く、今回題材としたエナジードリンクでも知見が広がりました。

顧客重複の法則を受け入れる

　麺類を扱う外食チェーンのTVCMを見て、妻と「食べたいね」と話し、同カテゴリーの違う店舗に行ったことが何度かありました。そのTVCMを投下している外食チェーンが近所になく、同種の店舗で代用したわけです。顧客重複の法則から考えると、こうしたことが起こることは自然です。

　インターネットで行うブランドイメージ調査から、統計的にたしかな差とはいえない（誤差の範囲といえる）くらいの"自社顧客固有のポジティブな傾向"を探す取り組みを見かけます。しかし、非常にニッチなブランドでない限りは「顧客重複の法則」から自社顧客特有の大きな傾向差は出てくることはほぼありません。まず行うべきはブランドユーザーの特性探索ではなく、カテゴリーバイヤーの傾向理解ですが、これを徹底できている組織は多くありません。これを行うためにアドホックな調査を行うことは非効率的なので、大量のモニターに多くの設問を聴取した消費者パネルデータを活用することがおすすめです。

　本章の前半では、カテゴリーの重要なCEPsを見つける分析と、CEPsを要因とした消費者調査MMMを紹介します。後半では、パネルデータを用いてカテゴリーユーザーの傾向を徹底的に把握する分析法を紹介します。これらを活用して、カテゴリーユーザーの本質を捉える土台を作っていきましょう。

5-1 『ブランディングの科学』で紹介された CEPsの分析例

　書籍『ブランディングの科学　新市場開拓編』を参照すると、CEPsの分析の主な目的は以下2点です。

- 購買客が購買の選択について考えるとき、どのような"きっかけ"を用いているかを知ること
- その"きっかけ"とブランドとの間に新しい強いリンクを構築すること

　エナジードリンクを例にすると、「どうしてもやる気が起きないとき」「暑すぎて活動的になれないとき」など、購買の選択肢を絞りこむときに生じる共通の連想(きっかけ)が有用なCEPsとなります。市場浸透率を高めるための両輪がフィジカルアベイラビリティ(買いやすさ)とメンタルアベイラビリティ(想起されやすさ)で、後者に対応するものがCEPsです。ブランドをきっかけにして消費者がなにを想起するかは「ブランドイメージ」ですが、CEPsはブランドの想起につながる可能性がある"きっかけ"です。

　メンタルアベイラリティは、購買行動を起こすときやブランドを選択する前の思いや受けた影響が反映されたものです。出勤前にエナジードリンクが購入されることと結びつきそうなCEPsを考えてみると、購買行動の場所(オフィス近くの売店)、目的(これから仕事)、状況(非常に暑い)、同伴者(いない)、ニーズ(仕事モードにスイッチを入れたい)、カテゴリーのコアベネフィット(目を覚ます)、内因的要因(喉の渇き)と外因的要因(同僚の目も多少意識)などが挙げられます。**図表5-1**は書籍『ブランディングの科学　新市場開拓編』で紹介されたもので、この質問に対応させるとCEPsの候補を考えやすいと思います。

図表5-1　CEPs 特定のためのフレームワーク

気分を良くするため　空腹を満たすため	**Why?** **目的は？**	肌を柔らかくするため　リフレッシュするため
急いでいるとき　夕食後	**When?** **いつ使う？**	朝食中　家族の祝いごとで
海辺で　スポーツジムで	**Where?** **どこで使う？**	友人の家で　休日に
外出中に友人と	**With whom?** **誰と一緒に** **使う？**	子どもと　特別な友人と
スパイシーな食べ物と　前菜や食前酒と	**With that?** **何と一緒に** **使う？**	映画を見ながら　アルコール飲料と

書籍『ブランディングの科学　新市場開拓編』P114より

　CEPsは、商材カテゴリーによって個別に考える必要があります。候補の検討法に王道はなく、カテゴリーバイヤーの特性を仮説するしかありません。これには、消費者パネルデータを活用してカテゴリーバイヤーの傾向を把握する分析が有用で、その分析をあらかじめ行ったうえで**図表5-1**の質問を活用します。生成AIを使うなどの方法で候補を30〜50くらい列挙し、それらを組み合わせたり分解したりしながら候補を絞り込んでいきます。

今回の調査で設定したエナジードリンクのCEPsは以下の12種類です。

- 疲れているときに
- 気分転換をしたいときに
- 仕事や勉強や家事などをしながら
- 暑い時または、とても喉が渇いたときに
- 運転や仕事や勉強などで「眠気覚まし」をしたいときに
- 運転や仕事や勉強などで「気合を入れたい」ときに
- 休憩などでリラックスしたいときに
- 音楽を聴いているときに
- スポーツをする、または観に行くときに
- 音楽ライブやコンサートに出かけるときに
- 街を「日中」出歩くときに
- 街に「夜」繰り出すときに

　このCEPsがカテゴリーとブランドの構造を捉える最適解かはわかりません。何度か調査と分析を繰り返して、最適なものを模索していく必要があります。

　本格的な分析に入る前に、ここからはまず書籍『ブランディングの科学 新市場開拓編』で紹介されたデータをいくつか参照し、CEPsの基本的な傾向を確認していきます。**図表5-2**はトルコのソフトドリンク市場の分析結果です。「暖かい日に」「少し健康に良いもの」「子どもが楽しみそうなもの」「自分へのご褒美として」「食事に合う」など8つのCEPsを設定したインターネット調査を行い、市場浸透率が高い「コカコーラ」とローカルブランドの「コーラ・タルカ」のうち、カテゴリーバイヤーがブランドとリンクさせていた8種類のCEPsの割合を比較したものです。

図表5-2 トルコにおけるコカコーラとコーラ・タルカのCEPsの数の比較（2014年）

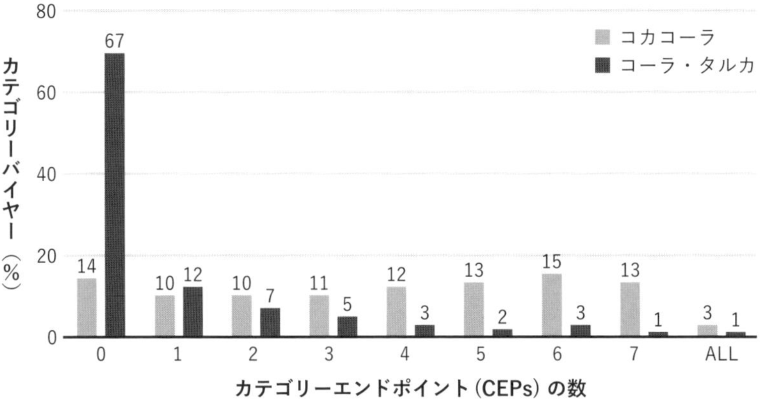

書籍『ブランディングの科学　新市場開拓編』P117より

　カテゴリーバイヤーのうち、コカコーラとCEPsをリンクさせていた数が6種類という方が15％と最大で、1種類もリンクしていない方は14％です。対して、コーラ・タルカは1種類もリンクしていない方が67％で最大で、6種類リンクしている方は3％です。このように、市場浸透率が高いブランドほど多くのCEPsとリンクしており、想起される機会が増えることからメンタルアベイラビリティが高まります。

　図表5-3は、**図表5-2**と同じ調査で設定した8種類のCEPsのうち、5種類とリンクするブランドを18歳〜24歳、25歳〜34歳の男女の4セグメントで集計したものです。複数の状況（CEPs）に応じた**「考慮集合」**を可視化しています。

図表5-3 トルコのソフトドリンク市場の顧客層別のCEPsと
それに対応するブランド（2014年）

CEPs	ブルサ在住の男性 （18歳〜24歳）	イスタンブール在住の男性 （25歳〜34歳）	イスタンブール以外に在住の女性 （18歳〜24歳）	イスタンブール在住の女性 （25歳〜34歳）
暑い日に最高	コカコーラ ファンタ フルーコ ウルダ イェディグン	チャムルジャ コカコーラ ペプシマックス ウルダ	コカコーラ	アクミナ チャムルジャ コカコーラ コーラ・タルカ エスファン ファンタ フルーコ フルッティ
スカッとする	コカコーラ ペプシ ペプシツイスト	チャムルジャ ペプシライト ペプシマックス ウルダ	コカコーラ	4uコーラ チャムルジャ コカコーラ コーラ・タルカ
健康に良い	ファンタ ウルダ	ペプシ ペプシマックス	シュウェップス	アクミナ チャムルジャ エスファン フルーコ
子どもに人気	ファンタ ウルダ イェディグン	ファンタ コカコーラ	フルーコ	コカコーラ フルーコ
自分への褒美	コカコーラ ファンタ イェディグン	ペプシ	該当なし	アクミナ チャムルジャ ファンタ フルーコ

書籍『ブランディングの科学』P119

　購買を前向きに検討されているブランドの集合を「考慮集合」といいます。一般的に、マーケティング・リサーチで「どのブランドを買いたいと思いますか？ または利用したいと思いますか？」と聞くことで、各ブランドの購買意向や利用意向を把握することは多いと思います。しかし、それは「1つの考慮集合ですべての購買機会に対応できる」という画一的な考えが前提となっており、購買客がどのようにブランド記憶を保持、処理し、また想起するかという知識を欠いていることを指摘したいと思います。これは好意度に関する調査も同様です。購買客それぞれの状況と対応するCEPsに応じた考慮集合を捉えることが重要というわけです。

ブランドの好意度や利用意向はブランドのパラメーターとして見ておきたいものではあるので、消費者調査MMMやCEPs用の調査でもどちらか、または双方を聴取していますが、主に傾向スコアで効果を推定する際の交絡を調整するための共変量として活用しています。

　書籍『ブランディングの科学　新市場開拓編』の次に日本で発売された『ブランディングの科学 独自のブランド資産篇』は、『ブランディングの科学 新市場開拓編』の第5章「独自のブランド資産を強化する」を1冊の書籍としてまとめ直して詳しく解説したスピンオフ版のような内容です。本書執筆時点では日本で販売されていませんが、『ブランディングの科学　新市場開拓編』の続編となる書籍が『Better Brand Health Measures and Metrics for a How Brands Grow World』です。同書では、これでもかといわんばかりに詳細にCEPsを分析する方法を解説しています。

　日本のマーケティング従事者でCEPsを検討し、自社のカテゴリーバイヤー向けて調査をしたことがある方は少数派だと思います。まず調査を行う場合に、これから紹介するやり方がヒントになれば幸いです。

5-2 | CEPsシェアと市場浸透率の関係を確認

　図表5-4は、3章の消費者調査MMMで分析した15歳～69歳男女51,584人のデータから、エナジードリンクを最後に（直近で）飲んだタイミングごとの割合と1年以内の浸透率を年代性別ごとに集計したものです。若い方ほど浸透率が大きいカテゴリーであることは明らかです。今回は51,584人の調査をスクリーニングとして[1]、1年以内になんらかのエナジードリンクを飲んだ方のうち15歳～39歳男女を対象としました。本調査のデータ分析結果をいくつか共有します。

図表5-4

全体	合計（1年浸透率）	2週間未満	2週間～1カ月未満	1カ月～3カ月未満	3カ月～1年以内
F15-19	68.2%	19.2%	12.7%	17.0%	19.3%
F20-29	56.6%	15.8%	11.0%	13.8%	16.0%
F30-39	55.1%	15.2%	9.4%	12.7%	17.7%
F40-49	53.0%	14.5%	8.8%	11.5%	18.1%
F50-59	45.7%	12.5%	6.5%	10.6%	16.1%
F60-69	40.5%	9.5%	6.2%	9.2%	15.6%
M15-19	72.4%	32.4%	14.4%	13.1%	12.5%
M20-29	61.5%	23.3%	14.5%	13.2%	10.6%
M30-39	64.7%	23.1%	14.1%	13.8%	13.7%
M40-49	62.3%	20.3%	12.2%	13.2%	16.6%
M50-59	55.2%	15.8%	9.5%	12.6%	17.4%
M60-69	46.1%	11.7%	7.5%	10.3%	16.7%

[1]　Freeasy には、本調査だけでなくスクリーニング調査もローデータやクロス集計をエクスポートできる機能があります。ただし、スクリーニング調査を公開レポートに活用することは同ツールの規約で禁止されており、今回は特別に同社の許可を得て掲載しています。また同様に、分析を目的としてスクリーニング調査だけを行うことも規約違反となります。Freeasy に限らず一般的に、インターネット調査のスクリーニング調査は分析のためではなく本調査の対象を選別することを目的としたもので、それを前提としたサービスが提供されています。スクリーニングでローデータ取得するために追加費用を設定し使用用途の制限を規定されているケースが多いと思いますので、各自でご確認ください。

図表5-5は、「あなたご自身がエナジードリンクを飲みたくなるきっかけにはどのようなものがありますか？　複数お選びください。（あてはまるものがない場合は、「その他のきっかけ」を選択してご記入ください）」の設問から、複数回答で集めたCEPsのデータを各年代性別で集計したものです。

図表5-5

【1】ライトバイヤー（年1回）

CEPs	F15-19	F20-29	F30-39	M15-19	M20-29	M30-39
疲れている時に	30.2%	39.4%	50.4%	15.9%	29.7%	45.8%
気分転換をしたい時に	9.3%	15.5%	16.0%	10.1%	13.8%	13.3%
仕事や勉強や家事などをしながら	7.1%	10.2%	8.5%	13.8%	11.4%	7.0%
暑い時または、とても喉が渇いた時に	8.2%	8.7%	10.5%	6.5%	7.9%	8.1%
運転や仕事や勉強などで「眠気覚まし」をしたい時に	17.0%	18.1%	12.8%	13.0%	14.5%	17.0%
運転や仕事や勉強などで「気合を入れたい」時に	12.6%	11.4%	14.0%	11.6%	12.4%	16.6%
休憩などでリラックスしたい時に	12.6%	12.0%	11.1%	14.5%	11.0%	11.8%
音楽を聴いている時に	1.1%	2.6%	1.1%	5.1%	4.8%	0.7%
スポーツをする、または観に行く時に	7.7%	3.8%	4.0%	10.1%	7.2%	6.3%
音楽ライブやコンサートに出かける時に	7.1%	3.8%	2.3%	3.6%	3.4%	1.5%
街を「日中」出歩く時に	1.1%	2.6%	0.9%	8.0%	2.4%	2.6%
街に「夜」繰り出す時に	2.2%	3.5%	2.3%	2.9%	3.4%	4.8%
その他のきっかけ	15.9%	11.4%	10.3%	16.7%	9.7%	5.9%

【2】年間2回以上のバイヤー

CEPs	F15-19	F20-29	F30-39	M15-19	M20-29	M30-39
疲れている時に	31.3%	41.2%	53.3%	28.3%	34.0%	48.2%
気分転換をしたい時に	13.0%	17.8%	19.3%	19.3%	21.3%	22.2%
仕事や勉強や家事などをしながら	16.3%	15.5%	14.5%	19.3%	15.7%	15.0%
暑い時または、とても喉が渇いた時に	11.3%	12.2%	12.5%	10.0%	12.5%	12.8%
運転や仕事や勉強などで「眠気覚まし」をしたい時に	26.0%	25.8%	18.8%	22.0%	24.8%	28.2%
運転や仕事や勉強などで「気合を入れたい」時に	19.3%	19.5%	21.7%	21.0%	23.3%	28.7%
休憩などでリラックスしたい時に	13.3%	14.2%	16.3%	16.3%	17.2%	17.3%
音楽を聴いている時に	3.7%	5.2%	3.8%	6.7%	6.8%	5.0%
スポーツをする、または観に行く時に	8.7%	4.7%	5.8%	16.3%	10.2%	12.2%
音楽ライブやコンサートに出かける時に	7.3%	7.3%	4.5%	7.3%	8.2%	5.2%
街を「日中」出歩く時に	2.3%	4.8%	3.5%	9.0%	5.8%	7.0%
街に「夜」繰り出す時に	3.0%	5.5%	4.2%	7.7%	8.8%	6.3%
その他のきっかけ	10.0%	7.0%	6.7%	8.0%	4.8%	2.8%

【2】から【1】を除算

CEPs	F15-19	F20-29	F30-39	M15-19	M20-29	M30-39
疲れている時に	1.1%	1.8%	2.9%	12.4%	4.3%	2.4%
気分転換をしたい時に	3.7%	2.4%	3.4%	9.2%	7.5%	8.9%
仕事や勉強や家事などをしながら	9.2%	5.3%	6.0%	5.6%	4.3%	8.0%
暑い時または、とても喉が渇いた時に	3.1%	3.4%	2.0%	3.5%	4.6%	4.7%
運転や仕事や勉強などで「眠気覚まし」をしたい時に	9.0%	7.8%	6.0%	9.0%	10.4%	11.2%
運転や仕事や勉強などで「気合を入れたい」時に	6.7%	8.1%	7.7%	9.4%	10.9%	12.1%
休憩などでリラックスしたい時に	0.7%	2.2%	5.2%	1.8%	6.1%	5.5%
音楽を聴いている時に	2.6%	2.5%	2.7%	1.6%	2.0%	4.3%
スポーツをする、または観に行く時に	1.0%	0.9%	1.8%	6.2%	2.9%	5.9%
音楽ライブやコンサートに出かける時に	0.2%	3.5%	2.2%	3.7%	4.7%	3.7%
街を「日中」出歩く時に	1.2%	2.2%	2.6%	1.0%	3.4%	4.4%
街に「夜」繰り出す時に	0.8%	2.0%	1.9%	4.8%	5.4%	1.5%
その他のきっかけ	-5.9%	-4.4%	-3.6%	-8.7%	-4.8%	-3.1%

1年間のカテゴリー購入回数1回の対象者と購入回数2回以上の対象者で分けて分析しています。

年間2回以上のバイヤーのほうが、各CEPsの含有率が高い傾向にあります。年間2回以上のバイヤー（以降ヘビーバイヤー）の含有率から、年間1回のバイヤー（以降ライトバイヤー）の含有率を減算した差分を見ることで、ライトバイヤーがヘビーバイヤーとなることに対応するCEPsを探索します。たとえば、差分が大きい「仕事や勉強や家事などをしながら」「運転や仕事や勉強などで『眠気覚まし』をしたいときに」「運転や仕事や勉強などで『気合を入れたい』ときに」がヘビーバイヤー特有のCEPsです。

ダブルジョパディの法則から導く戦略の要諦は、市場浸透率の拡大です。ノンカテゴリーバイヤーをライトバイヤーに変化させるきっかけとなる確率が高いCEPsは、今回だとライトバイヤー、ヘビーバイヤー双方の含有率が大きい「疲れているときに」で、ライトバイヤーを取り込むチャンスになりそうです。

「その他のきっかけ」を選択した場合はFA（フリーアンサー）を求めていました。結果を見ると、ヘビーバイヤーよりライトバイヤーの含有率が大きく、ここには「飲みたくない」といった無効票も含まれますが、「体調が悪いときに」などもありました。FA記述から得られた情報は新たなCEPs探索のヒントになります。

図表5-6は、ユーザーが飲んだことがあるブランド（項目）に限定し、選択したCEPs（選択肢）がそれぞれのブランドにあてはまるかを複数回答で聴取したデータから、enagy1〜enagy3までそれぞれ年代性別ごとに集計したものです。1年の浸透率も記載しています。

3章の消費者調査MMMで分析した15歳〜69歳の男女51,584人のデータで聴取したEnagy5、Enagy6はCEPs調査では外しており、対象のブランドを変更しEnagy1〜4とEnagy7〜9の合計7ブランドを分析しています。全ブランドのデータは特典で紹介します。

図表5-6

enagy1

CEPs	F15-19	F20-29	F30-39	M15-19	M20-29	M30-39
疲れている時に	15.7%	25.8%	37.8%	16.0%	25.0%	33.2%
気分転換をしたい時に	5.3%	10.3%	13.0%	11.0%	11.8%	13.5%
仕事や勉強や家事などをしながら	8.7%	7.2%	7.0%	9.7%	8.2%	7.3%
暑い時または、とても喉が渇いた時に	8.0%	6.8%	7.8%	5.7%	7.2%	7.5%
運転や仕事や勉強などで「眠気覚まし」をしたい時に	11.7%	10.8%	7.0%	10.0%	13.2%	12.7%
運転や仕事や勉強などで「気合を入れたい」時に	9.7%	10.0%	12.0%	10.3%	12.0%	16.8%
休憩などでリラックスしたい時に	7.3%	8.0%	10.2%	9.3%	8.2%	10.0%
音楽を聴いている時に	1.0%	2.5%	1.5%	2.3%	2.3%	2.5%
スポーツをする、または観に行く時に	3.7%	2.3%	1.8%	6.0%	5.2%	6.0%
音楽ライブやコンサートに出かける時に	2.3%	2.8%	1.2%	2.3%	3.5%	2.3%
街を「日中」出歩く時に	1.3%	2.5%	2.3%	2.7%	1.8%	3.5%
街に「夜」繰り出す時に	0.3%	1.8%	1.3%	3.7%	2.0%	2.5%
その他のきっかけ	2.3%	2.0%	3.0%	2.3%	1.2%	1.2%
1年以内浸透率→	18.13%	22.16%	20.51%	17.39%	18.28%	23.99%

enagy2

CEPs	F15-19	F20-29	F30-39	M15-19	M20-29	M30-39
疲れている時に	4.0%	13.0%	21.2%	10.3%	17.2%	22.0%
気分転換をしたい時に	3.3%	5.5%	6.5%	8.0%	8.5%	10.5%
仕事や勉強や家事などをしながら	6.0%	6.3%	5.7%	7.7%	8.0%	5.5%
暑い時または、とても喉が渇いた時に	2.0%	4.5%	3.0%	3.7%	4.0%	4.5%
運転や仕事や勉強などで「眠気覚まし」をしたい時に	6.3%	11.8%	7.7%	10.7%	15.7%	16.7%
運転や仕事や勉強などで「気合を入れたい」時に	6.3%	10.0%	9.3%	9.0%	12.8%	17.7%
休憩などでリラックスしたい時に	2.0%	3.5%	3.0%	4.0%	6.0%	6.0%
音楽を聴いている時に	0.7%	1.7%	1.3%	3.0%	2.8%	1.7%
スポーツをする、または観に行く時に	2.0%	1.2%	2.2%	7.3%	4.7%	5.0%
音楽ライブやコンサートに出かける時に	1.7%	2.5%	1.2%	3.0%	4.3%	2.2%
街を「日中」出歩く時に	0.3%	2.2%	1.8%	2.0%	1.8%	3.0%
街に「夜」繰り出す時に	0.3%	3.0%	1.2%	3.7%	3.5%	2.7%
その他のきっかけ	1.0%	0.2%	1.2%	1.3%	0.3%	0.8%
1年以内浸透率→	2.20%	4.08%	2.28%	7.25%	11.38%	7.01%

enagy3

CEPs	F15-19	F20-29	F30-39	M15-19	M20-29	M30-39
疲れている時に	6.0%	12.5%	15.5%	14.3%	17.5%	21.2%
気分転換をしたい時に	6.3%	5.5%	5.2%	8.7%	8.3%	10.7%
仕事や勉強や家事などをしながら	9.0%	5.7%	5.0%	8.7%	8.0%	5.3%
暑い時または、とても喉が渇いた時に	3.3%	4.7%	2.3%	4.3%	4.2%	4.5%
運転や仕事や勉強などで「眠気覚まし」をしたい時に	15.0%	12.2%	6.0%	13.7%	17.2%	14.7%
運転や仕事や勉強などで「気合を入れたい」時に	10.0%	10.0%	8.0%	11.3%	13.5%	14.5%
休憩などでリラックスしたい時に	2.7%	3.3%	3.7%	5.3%	7.3%	5.7%
音楽を聴いている時に	0.7%	2.2%	1.2%	2.7%	2.0%	1.7%
スポーツをする、または観に行く時に	1.7%	1.8%	1.8%	7.7%	5.0%	4.5%
音楽ライブやコンサートに出かける時に	1.0%	3.0%	1.8%	4.0%	4.0%	2.7%
街を「日中」出歩く時に	0.7%	2.0%	1.5%	3.7%	2.7%	3.0%
街に「夜」繰り出す時に	0.7%	3.2%	1.2%	3.0%	3.2%	2.3%
その他のきっかけ	1.7%	0.0%	1.0%	1.3%	0.3%	0.5%
1年以内浸透率→	7.69%	3.79%	2.85%	10.87%	8.97%	7.01%

5-3 | CEPsごとの需要を確認する

　私は「疲れているときに」よりも「運転や仕事や勉強などで気合いをいれたいときに」の含有率がもっとも高くなることを想定していました。エクストリームスポーツや音楽などのカルチャーと結びつきを訴求している海外ブランドの印象から「街を日中出歩くときに」の含有率も10％以上はあると思っていましたし、「街に夜繰り出すときに」も5〜9％くらいあると思っていました。また、「疲れているときに」はビタミン製剤など、本格的な疲れ対策の製品に対応するもので、エナジードリンクにはスタイリッシュな自分を演出する意味が大きいとも考えていたので、調査によって気付くことは多いことを改めて実感しています。

　消費者調査MMMに活用した調査の対象ブランドの一部を組み換えて、2回目に行った調査の対象7ブランド（Enagy1・2・3・7・8・9）のうち6ブランドと一緒に、1アイテムだけ医薬部外品に該当するブランド（ドリンク剤）を追加して再度調査を行いました。

5-4 | CEPsに対応する需要（年間購買回数）を推計する

　3回目の調査では、エナジードリンクのCEPsに対応する年間購買回数を推計することで定量的にCEPsを評価します。具体的には、CEPsのリーセンシーデータを使ってガンマ・ポアソン・リーセンシー・モデルで推計します。また、詳細な分析結果を見ていくため、調査対象を20代男性と20代女性に限定し、対象年代全員（調査関係者を除く）に配信しました。

　図表5-7は、20代女性を例に「疲れているときに」に対応して最後にエナジードリンクが飲まれたリーセンシーデータをもとに分析した結果です。

　ここでは説明をシンプルにするため、3章でエナジードリンクの初回の調査を行った時期が冬だったことから設定したキャリブレーションレートを採用せず、そのままのリーセンシーデータで分析します。

図表 5-7

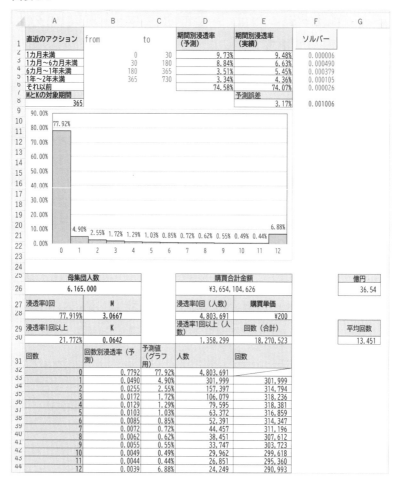

　E列の2行目から6行目が「1カ月未満」「1カ月〜6カ月未満」などの各期間に対する浸透率です。これがP_n（期間別の浸透率）でした。同じ行のD列はP_nの予測値が自動計算されています。予測値は「M」と「K」の2つの係数と、B列とC列の2行目から5行目に記載した調査日からさかのぼって何日（from）から何日までの（to）の期間に対応する数字と、調査時点からさかのぼって何日のMとKかを指定するA8セルの数字から自動計算され

※2　正確には各期間の予測誤差の2乗した値の合計したF8セルの値

ます。「E8セルの予測誤差」を最小化[※2]する最適化計算をソルバーで行うことで、E28セルの**M**とE30セルの**K**を算出しています。なお、特典の動画講義の演習では、Freeasyのローデータを貼り付けて、特定の年代性別のデータ抽出とソルバー計算をVBAで自動実行するExcelで分析します。Excelは私が実際のプロジェクトで使っているものです。

E28セルの「**M**」は3.0667です。これはE30セルの回数をAB26セルの人口で除算した値です。調査で取得したリーセンシーデータから導いた「疲れているときに」のCEPsに対応する、20代女性1人あたりの1年間の購買回数の発生確率です。G30セルの平均回数は、E30セルの回数をD30セルの浸透率1回以上の人数（購入者数）で除算した値で、購入者1人あたりの平均回数です。

9行目から23行目の棒グラフのP_r（回数別の浸透率）を見ると、この年代では0回が77.92%でもっとも多く、次いで1回が4.90%の横J字型のカーブになっています。12の6.88%はP_r(12)に対応するものではなく、12回以上のP_rを合計した値です。これを12種類×男女の24パターンで分析して、**M**と平均回数を集計した結果が**図表5-8**です[※3]。

図表5-8

CEPs	M		平均回数	
	F20〜29	M20〜29	F20〜29	M20〜29
疲れている時に	2.96	3.35	13.45	16.35
気分転換をしたい時に	1.22	1.85	11.73	13.80
仕事や勉強や家事などをしながら	1.03	1.97	11.57	17.07
暑い時または、とても喉が渇いた時に	0.52	0.41	7.14	5.21
運転や仕事や勉強などで「眠気覚まし」をしたい時に	1.45	2.48	10.89	14.57
運転や仕事や勉強などで「気合を入れたい」時に	1.45	2.61	11.51	16.17
休憩などでリラックスしたい時に	0.76	1.50	9.14	13.31
音楽を聴いている時に	0.39	0.64	17.48	15.52
スポーツをする、または観に行く時に	0.20	0.78	6.64	11.90
音楽ライブやコンサートに出かける時に	0.20	0.30	5.69	6.29
街を「日中」出歩く時に	0.18	0.53	7.00	12.40
街に「夜」繰り出す時に	0.15	0.65	5.56	14.13

※3　表中の M は Excel で回数別浸透率 170 回までを上限として計算した M であるため、ガンマ・ポアソン・リーセンシー・モデルの計算から求めた M と若干ズレている値もあります。平均回数も同様です。

12種類のCEPsでもっともMの値が大きいのは「疲れているときに」で、平均回数に注目すると女性の「音楽を聴いているときに」の17.48回が突出しています。男性の場合は「仕事や勉強や家事などをしながら」が17.07回でもっとも多くなっています。一方、女性の「音楽を聴いているときに」のMは0.39しかありませんが、ブランドをこのCEPsとリンクさせることができればロイヤルユーザーになるかもしれません。

　図表5-9では浸透率と回数を追加しました。浸透率とMと回数はダブルジョパディの関係です。

図表5-9

CEPs	浸透率 F20〜29	M20〜29	M F20〜29	M20〜29	平均回数 F20〜29	M20〜29	回数 F20〜29	M20〜29
疲れている時に	22.0%	20.5%	2.96	3.35	13.45	16.35	18,270,523	21,831,094
気分転換をしたい時に	10.4%	13.4%	1.22	1.85	11.73	13.80	7,545,748	12,077,154
仕事や勉強や家事などをしながら	8.9%	11.5%	1.03	1.97	11.57	17.07	6,348,399	12,794,632
暑い時または、とても喉が渇いた時に	7.3%	7.8%	0.52	0.41	7.14	5.21	3,215,812	2,646,905
運転や仕事や勉強などで「眠気覚まし」をしたい時に	13.3%	17.0%	1.45	2.48	10.89	14.57	8,947,143	16,168,130
運転や仕事や勉強などで「気合を入れたい」時に	12.6%	16.1%	1.45	2.61	11.51	16.17	8,919,974	17,000,653
休憩などでリラックスしたい時に	8.3%	11.3%	0.76	1.50	9.14	13.31	4,684,914	9,770,032
音楽を聴いている時に	2.2%	4.1%	0.39	0.64	17.48	15.52	2,403,862	4,150,452
スポーツをする、または観に行く時に	3.0%	6.6%	0.20	0.78	6.64	11.90	1,221,756	5,083,381
音楽ライブやコンサートに出かける時に	3.5%	4.8%	0.20	0.30	5.69	6.29	1,241,406	1,976,149
街を「日中」出歩く時に	2.6%	4.3%	0.18	0.53	7.00	12.40	1,114,873	3,476,453
街に「夜」繰り出す時に	2.7%	4.6%	0.15	0.65	5.56	14.13	935,350	4,200,023

　ガンマ・ポアソン・リーセンシー・モデルを用いることで、CEPsの広さ（浸透率）と対応するMを捉えておきます。深さ（利用者の平均回数）はきれいにダブルジョパディがあてはまらないことも多いため、前述した女性の「音楽を聴いているときに」のような伸びしろの可能性を探索します。次に、要因をCEPsにしたアシストモデルで消費者調査MMMの分析を行い、コミュニケーション効果を構造的に捉えます。

5-5 | 施策→要因（CEPs）→浸透率を分析する

　ブランドを成長させるために自社は特にどのCEPsに着目し、どのようにコミュニケーションしていけばよいのでしょうか？　それは、TVCMなどの施策によってリフトする要因（CEPs）を介して浸透率を増やす効果を推定することで、競合ブランドのコミュニケーションがどのように売上に寄与しているかを詳細に把握するのが有効です。

　自社の戦略に活かすエビデンスとして競合が行った施策の効果を活用し、自社が特に強化すべき施策とCEPsの組み合わせを探索します。3回目の調査から、**図表5-10**のようにenagy1ブランドの要因（各ブランドとリンクしたCEPs）がそれぞれ浸透率をどれだけ増やしているかといったリフト率を確認します。3章で解説したATTで推定したものです。

図表5-10

enagy1	CEPs→浸透率 （%）	
CEPs	F20〜29	M20〜29
疲れている時に	18.32%	19.11%
気分転換をしたい時に	22.19%	20.46%
仕事や勉強や家事などをしながら	24.90%	22.24%
暑い時または、とても喉が渇いた時に	19.73%	24.33%
運転や仕事や勉強などで「眠気覚まし」をしたい時に	21.01%	18.32%
運転や仕事や勉強などで「気合を入れたい」時に	16.47%	23.02%
休憩などでリラックスしたい時に	19.00%	21.30%
音楽を聴いている時に	25.65%	20.22%
スポーツをする、または観に行く時に	15.24%	26.52%
音楽ライブやコンサートに出かける時に	22.61%	17.92%
街を「日中」出歩く時に	25.18%	10.59%
街に「夜」繰り出す時に	22.05%	26.27%

　ブランドとリンクしている各CEPsが、浸透率に対して因果効果があることがわかります。女性の「スポーツをする、または見に行くときに」と男性の「街を『日中』出歩くときに」は相対的にリフト率が低くなっていますが、それ以外は大きな差はありません。

図表5-11で、enagy2とenagy3の集計結果も確認してみましょう。各CEPsとも浸透率への因果効果を確認することができますが、目立つ差はありません。

図表5-11

enagy2　　　　　　　　　　　　　CEPs→浸透率（%）

CEPs	F20〜29	M20〜29
疲れている時に	15.35%	19.70%
気分転換をしたい時に	18.37%	21.46%
仕事や勉強や家事などをしながら	22.40%	18.69%
暑い時または、とても喉が渇いた時に	29.07%	22.49%
運転や仕事や勉強などで「眠気覚まし」をしたい時に	22.21%	20.52%
運転や仕事や勉強などで「気合を入れたい」時に	17.71%	21.19%
休憩などでリラックスしたい時に	23.13%	21.15%
音楽を聴いている時に	25.34%	27.69%
スポーツをする、または観に行く時に	28.14%	25.57%
音楽ライブやコンサートに出かける時に	23.87%	24.11%
街を「日中」出歩く時に	27.07%	29.93%
街に「夜」繰り出す時に	24.36%	24.56%

enagy3　　　　　　　　　　　　　CEPs→浸透率（%）

CEPs	F20〜29	M20〜29
疲れている時に	15.34%	23.65%
気分転換をしたい時に	19.55%	23.40%
仕事や勉強や家事などをしながら	22.10%	24.20%
暑い時または、とても喉が渇いた時に	28.67%	19.69%
運転や仕事や勉強などで「眠気覚まし」をしたい時に	22.51%	19.50%
運転や仕事や勉強などで「気合を入れたい」時に	19.43%	22.39%
休憩などでリラックスしたい時に	26.31%	16.35%
音楽を聴いている時に	22.20%	22.92%
スポーツをする、または観に行く時に	29.47%	21.70%
音楽ライブやコンサートに出かける時に	29.89%	27.33%
街を「日中」出歩く時に	28.72%	21.96%
街に「夜」繰り出す時に	22.58%	22.24%

　次は、施策→要因（CEPs）の効果を確認します。施策のうち、マスメディア（TVCM）、ネットメディア（YouTubeの広告）、屋外メディア（屋外交通広告）の3種を選び、**図表5-12**でブランドとリンクするCEPsのリフト率を確認します。

図表5-12

enagy1	TVCM→CEPs (%)		YouTubeの広告→CEPs (%)		屋外交通広告→CEPs (%)	
CEPs	F20〜29	M20〜29	F20〜29	M20〜29	F20〜29	M20〜29
疲れている時に	11.02%	12.54%	0.61%	0.96%	0.74%	6.97%
気分転換をしたい時に	2.50%	7.07%	1.89%	5.69%	1.10%	4.52%
仕事や勉強や家事などをしながら	2.36%	3.78%	3.59%	5.99%	2.34%	7.19%
暑い時または、とても喉が渇いた時に	1.19%	3.55%	1.46%	3.72%	1.45%	4.14%
運転や仕事や勉強などで「眠気覚まし」をしたい時に	0.92%	3.37%	6.90%	6.36%	3.79%	6.38%
運転や仕事や勉強などで「気合を入れたい」時に	2.43%	4.10%	3.06%	4.13%	6.67%	10.21%
休憩などでリラックスしたい時に	1.93%	4.23%	4.00%	7.21%	0.74%	5.50%
音楽を聴いている時に	0.92%	0.88%	2.48%	5.47%	3.07%	8.17%
スポーツをする、または観に行く時に	0.92%	0.88%	2.09%	5.99%	2.46%	8.98%
音楽ライブやコンサートに出かける時に	0.92%	0.88%	4.11%	5.90%	3.17%	8.73%
街を「日中」出歩く時に	0.92%	0.90%	3.35%	2.70%	5.29%	5.32%
街を「夜」繰り出す時に	0.92%	0.88%	0.61%	3.89%	0.74%	3.57%

　こちらは傾向差が明確です。TVCMは「疲れているときに」のリフト率が突出している一方で、YouTubeの広告では低くなっており、それ以外のリフト率が高くなっています。全般的に、女性より男性のリフト率が高くなっており、屋外交通広告は反対に男性のリフト率が高くなっています。

　図表5-13で、enagy2とenagy3でも確認します。

図表5-13

enagy2	TVCM→CEPs (%)		YouTubeの広告→CEPs (%)		屋外交通広告→CEPs (%)	
CEPs	F20〜29	M20〜29	F20〜29	M20〜29	F20〜29	M20〜29
疲れている時に	6.34%	9.81%	5.00%	5.90%	3.64%	4.24%
気分転換をしたい時に	2.25%	5.06%	3.70%	3.40%	6.81%	3.09%
仕事や勉強や家事などをしながら	3.49%	4.03%	2.81%	4.92%	0.56%	6.81%
暑い時または、とても喉が渇いた時に	1.61%	1.47%	1.02%	1.14%	3.23%	0.51%
運転や仕事や勉強などで「眠気覚まし」をしたい時に	4.71%	5.54%	6.38%	6.59%	1.32%	6.31%
運転や仕事や勉強などで「気合を入れたい」時に	5.64%	5.52%	4.04%	7.31%	6.23%	5.61%
休憩などでリラックスしたい時に	0.86%	1.89%	2.43%	2.04%	4.16%	4.92%
音楽を聴いている時に	0.86%	0.81%	0.55%	2.04%	1.37%	3.19%
スポーツをする、または観に行く時に	0.86%	0.81%	0.55%	2.77%	4.55%	5.84%
音楽ライブやコンサートに出かける時に	1.16%	0.81%	0.55%	2.00%	2.69%	5.64%
街に「日中」出歩く時に	0.86%	0.81%	0.55%	0.92%	2.17%	5.64%
街に「夜」繰り出す時に	0.86%	0.81%	0.55%	0.83%	2.68%	2.89%

enagy3	TVCM→CEPs (%)		YouTubeの広告→CEPs (%)		屋外交通広告→CEPs (%)	
CEPs	F20〜29	M20〜29	F20〜29	M20〜29	F20〜29	M20〜29
疲れている時に	6.29%	10.61%	4.06%	5.15%	1.53%	5.15%
気分転換をしたい時に	1.32%	4.54%	4.48%	5.26%	4.30%	4.50%
仕事や勉強や家事などをしながら	2.32%	4.67%	6.41%	5.63%	2.54%	4.26%
暑い時または、とても喉が渇いた時に	1.73%	2.57%	0.73%	2.07%	0.74%	3.33%
運転や仕事や勉強などで「眠気覚まし」をしたい時に	1.47%	4.68%	7.45%	7.00%	5.50%	8.21%
運転や仕事や勉強などで「気合を入れたい」時に	1.57%	4.69%	5.66%	8.28%	6.50%	5.46%
休憩などでリラックスしたい時に	1.38%	1.42%	4.20%	2.18%	2.84%	4.23%
音楽を聴いている時に	0.85%	1.42%	2.82%	2.46%	0.74%	5.20%
スポーツをする、または観に行く時に	0.85%	1.82%	0.95%	5.21%	1.77%	6.36%
音楽ライブやコンサートに出かける時に	0.85%	1.05%	3.29%	2.64%	1.64%	4.73%
街に「日中」出歩く時に	0.85%	1.38%	0.55%	1.73%	3.60%	2.36%
街に「夜」繰り出す時に	0.85%	0.79%	3.34%	1.96%	1.80%	3.69%

　2ブランドとも、屋外交通広告は男性のリフト率が高くなっています。YouTubeの広告の効き方は、2ブランドとも男女差はあまりないようです。また、TVCMの効き方は「疲れているときに」のリフト率がもっとも大きくなってはいますが、enagy1ほど極端ではありません。

エナジードリンクの屋外交通広告は、女性よりも男性の方が効いている傾向があるかもしれません。ここではIPW推定量のATTのリフト率だけを共有しましたが、3章で解説した消費者調査MMMの分析を行ってダッシュボードにしたものは特典で共有します。

このように要因をCEPsにすることで、どのブランドのどの施策がどのCEPsを介して売上にいくら貢献しているかを定量化して把握できます。なお、栄養補助飲料とエナジードリンクとしては3ブランドとも非常にメジャーです。enagy2とenagy3はコミュニケーションのトーン&マナーが近く、いわゆる"ガチな競合"と思われるブランドで、enagy1はenagy2やenagy3とは毛色が違うブランドです。広告のコミュニケーションの訴求トーン&マナーもenagy2やenagy3とは異なります。

ここでは20代男女の分析の一部を共有しましたが、各性別年代の分析結果を積み上げたダッシュボードを構築して分析することで、興味のあるブランドのうち「特に伸びているブランドがなぜ伸びているのか」が見えてきます。施策とCEPsとターゲット(年代性別)の組み合わせで、重視すべき領域とそうでない領域が確認できるわけです。

プロジェクトで使いながら研究している最中ですが、ライフサイクルが長い高関与商材にも「施策→要因(CEPs)→売上」のアシストモデルの分析を適用できないかと実験的に調査分析を行っています。たとえば冷蔵庫をテーマとして分析を行う際に「あなたは最後にいつ、解凍機能に注目して冷蔵庫を買いましたか?」と聞いたリーセンシーデータを分析してもあまり意味がないことは明らかです。高関与商材ではCEPsを複数のブランド候補(考慮集合)を思い出す「きっかけ」と捉えずに、数年〜10年の購買または購買検討タイミングにおいて「当該カテゴリーに対してどんな価値を求めるか?」という選択肢を複数用意して聴取し、施策→価値(要因)→売上として分析しています。

ここで設定しているのは、一般的に行われてきたブランドのアイデンティティを探るようなブランドイメージ調査で設定する「温かみがある」「挑戦的な」などの項目ではありません。プロダクトやサービスの購買と価値と紐づ

く項目を考えて設定し、消費者がカテゴリーに求める価値とブランドのリンクによって売上を増やす構造を把握する分析ダッシュボードの構築を模索している最中です。本書がご好評をいただくことができ、ふたたび書籍執筆の機会をいただくことができた折には、ぜひ体系化してご紹介したいと考えています。

5-6 | CEPsを意識したパッケージデザインを AIで検証

　ここで少し気分を変えて、今まさに模索している「画像生成AIによるクリエイティブアウトプット」の評価を紹介します。

　ここで紹介したようなエナジードリンクの調査を行う前は、エナジードリンクにアクティブかつスタイリッシュなイメージが強く、「疲れているときに」のCEPsの影響がもっとも大きいとは想定していませんでした。**図表5-14**は、スタイリッシュさのなかにも「疲れに効く」イメージのパッケージを共著の山本さんに生成AIで作成していただいたものですが、どちらのデザインのほうがたくさん売れると思われるでしょうか？　右はオレンジから赤の暖色で漢方のようにじんわり効いていく滋養強壮のイメージを表現した「ホット案」で、左は銀色と水色でサイエンスに裏打ちされた成分で疲れをとるイメージを表現した「クール案」です（本書はモノクロでわかりづらいと思いますので、特典の講義ではカラーで紹介しています）。

図表5-14

両者のうち、どちらのデザインのほうがたくさん売れるでしょうか？　機密性がないものであれば定量調査やユーザーインタビューでのヒアリングで聞くことが可能ですが、ここでは消費者の感性を学習したAIを使い、プロダクトの感性価値を分析する新しいリサーチを行います。

　国立大学法人電気通信大学の知的財産を基に開発されたイメージ分析ツール「感性AIアナリティクス」を使って分析してみます。**図表5-15**では、20代男性と20代女性に対して、ホット案とクール案の感性評価をスコアしてみました。

図表5-15
クール案

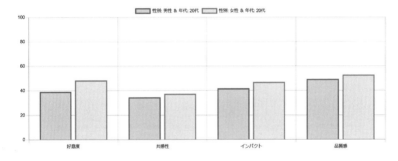

ホット案

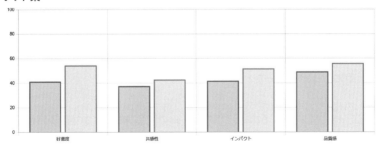

　図表5-16は、与える印象をランキングしたものです。それぞれの案に対して上位14項目を表示していますが、最大で43項目の感情評価項目があります。

クール案

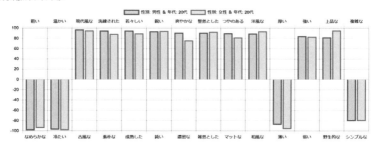

ホット案

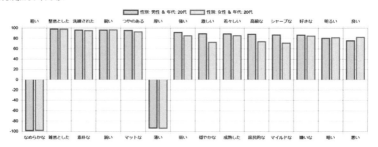

　マーケティング業務では、普段からクリエイティブな感性を言語化して共有または議論する機会が多くなります。しかし、一般の方にパッケージのデザインや広告ビジュアルなどを見てもらって意見を求めても、言葉で表現することに慣れていない方がほとんどです。言語化が難しい多用な感性はAIが評価するほうが効率は良いのではないかと考え、こうしたツールの活用に取り組んでみたわけです。

　私が特に興味があるのは、このツールで把握できる43の感情評価項目のうち、どの感情項目が売上への影響が大きいのかを捉えることです。広告画像や広告コピーも同様です。このツールでは画像に限らずコピーを評価する機能があります。ゴリゴリのWebプロモーションが主戦場の業種では、様々な仮説から多くのクリエイティブを作ってユーザーに当てていき、レスポンスデータから良いものをみつけていくプロセスを行うことで、売上に対する効果が良かったクリエイティブとそうではないクリエイティブの違

いの理由を逆引きで探索することがあります。売れたクリエイティブと売れなかった画像を感情AIに取り込み、アウトプットされる評価の数の傾向を読み解くことで、どんな感情項目を刺激すれば売れる可能性が上がるのか？　といった、売れるクリエイティブに重要な感情項目を逆引きして探索する取り組みを模索しています。

Column　感性AIアナリティクスとは？

　感性AIアナリティクスは、クリエイティブが人の視覚に訴える要素をAIで分析・評価するサービスです。消費者データを学習したAIによって、ネーミングの語感、キャッチコピーの印象、パッケージデザインの印象を瞬時に分析・可視化します。マーケティング・リサーチなどのアンケート調査を行うことなく、瞬時にテストを行うことが可能で、テキストマイニングの機能もあります。

主な機能

連想語マップ	入力された言葉から連想される言葉をマップ形式で表示します。テキストから連想される言葉のほか、音韻や画像から連想される言葉をそれぞれ出力します。テキスト連想語は性別・年代別に確認することも可能です。
ネーミング感性評価	商品名の音の響きに対する定量的な印象を評価分析し、商品名から連想される言葉を確認することが可能です。印象と消費者の連想知識を分けて評価することにより、商品名の改善ポイントがより明確になります。
キャッチコピー感性評価	キャッチコピーに対する定量的な印象評価分析と連想語分析を行います。キャッチコピーに抱かれる印象と、連想される言葉が商品コンセプトと合致しているかをチェックすることが可能です。
パッケージ感性評価	パッケージデザインの色彩・模様に対する定量的な印象評価分析を行います。パッケージデザインの好意度と抱かれる印象をチェックすることが可能です。

参考URL　「感性AIアナリティクス」Webサイト
https://www.kansei-ai.com/marketingsolution-analytics

5-7 | カテゴリーの本質的な価値を 見極めることの重要性

　「顧客重複の法則」から、マーケティング戦略を検討する土台としてカテゴリーユーザーの傾向を徹底的に理解することが重要です。事業の差別化戦略に役立つ「Points of X」というフレームワークから、カテゴリーに共通する本質的な価値を読みときます。

　「Points of X」は、1997年に刊行された書籍『戦略的ブランド・マネジメント』（株式会社東急エージェンシー刊／ケビン・レーン・ケラー著、恩藏直人監訳）で紹介されたフレームワークで、頭文字を取って「**POX**」と略されることもあります。ここでいう"X"には、**POD (Points of Difference) 相違点**、**POP (Points of Parity) 類似点**、**POF (Points of Failure) 脱落点**の3つの言葉があてはまります。エナジードリンクを例にして、どのようなものがあてはまるのかをまとめてみます。

1. POD (Points of Difference)：相違点

　競合他社との差別化ポイントであり、顧客に選ばれる理由となる重要な要素です。エナジードリンク市場におけるPODの例としては以下が挙げられます。これらの要素は、競合との違いを明確にし、顧客に独自の魅力を訴求することができるものです。

- 有名アスリートやアーティストとのコラボレート
- 独自の味やフレーバー（フルーツ味、スパイス味など）
- 独自の成分
- ターゲット層に合わせた機能性訴求（ゲーマー向け、アスリート向けなど）
- 期間限定商品や地域限定商品
- 独創的なパッケージデザイン
- 共感性が高いブランドのパーパス

2. POP (Points of Parity)：類似点

　市場における競合他社と共通する、最低限満たすべき必須条件です。エナジードリンクのPOPの例としては、以下などが考えられます。これらの要素はエナジードリンクとして市場に出すために必須であり、差別化にはつながりませんが「外してはいけない」要素です。

・カフェイン含有量
・ビタミンB群などの栄養素配合
・機能性訴求（疲労回復、集中力向上など）
・手頃な価格
・コンビニエンスストアやドラッグストアなど多くの店舗で販売

3. POF (Points of Failure)：脱落点

　顧客が競合他社を選ぶ理由であり、自社の改善点となる要素です。エナジードリンク市場におけるPOFの例としては、列挙したPODと相反する内容が考えられます。

　Points of Xの要諦は「競合とは違う**POD（相違点）を設けるだけでなく、**消費者がカテゴリーに対して期待するベースとなる**POP（類似点）を見極**め、それを抑えたうえで**POF（脱落点）を減らすこと**」です。**PODとPOPの2つをバランスさせた適度な差別化を考えることが重要**というわけです。

　過度な差別化は、消費者がそのカテゴリーに期待する最低限の基準を逸脱して行うべきではありません。仮にマクドナルドが単品2,000円のハンバーガーを発売しても、あまり受け入れられないと思います。その価格であれば、私はお酒と一緒にハンバーガーを食べられる、チェーンではない店舗に足を運びます。単品で2,000円となった時点で、消費者がファーストフードに求めるPOPの「手軽さ」を逸脱してしまうのです。

　2015年に刊行された書籍『エッセンシャル 戦略的ブランド・マネジメント 第4版』（株式会社東急エージェンシー刊／ケビン・レーン・ケラー著、

恩藏直人監訳）では、POPにはカテゴリー、競争、相反の3つのタイプがあるとしています。

■ カテゴリー類似化ポイント
消費者がブランドを選ぶ必要条件であるが、必ずしも十分条件ではない。技術の発展、法整備、消費者トレンドなどによって**時間とともに変化する**。

■ 競争的類似化ポイント
競争相手の差別化ポイントを無効にするために作られる連想。競争相手が優位性を見出している領域で「引き分け」に持ち込み、別の領域での優勢を達成するためのもの。

■ 相反化類似化ポイント
当該ブランドにおけるプラスの連想から生じる、潜在的にマイナスの連想。たとえばあるブランドが「低価格」であると同時に「最高品質」であると信じるのは難しい。

　私の体験をもとに、USJと東京ディズニーランド（以降、TDL）にあてはめてみます。ターゲットとなる私の特色は「お酒好き」「テクノロジーを活用した斬新な映像技術を使ったアトラクションが好き」「娘が2人いる父親」です。家内とともに元パリピで（笑）、上の娘は社会人で1人暮らしをしており、下の娘は小学生低学年です。コロナ禍以前に、友人家族とともによちよち歩きの娘を連れて1泊2日でUSJに行く機会がありました。

　USJに行った際、とてもおいしいビールを飲んだ体験をいまだに覚えています。下の娘はまだ目が離せない年頃だったので、昼間からへべれけになってしまうわけにはいきません。友人家族と一通りのアトラクションを楽しんで、閉演間際にレストランに入ったときに1杯のビールを飲みました。歩き回って疲れていたせいか、ガッツリと仕事をしたあとのビールのようなおいしさを感じました。閉演にかけてクラブ調のハイテンションな曲がかかったこともあり、ほろ酔い状態で家内と私は踊りながらベビーカーを押して出口に向かいました。このときの**USJを主語にしたPOX**が**図表5-17**です。

図表 5-17

POX	TDL	USJ
POD		子供だけでなく大人も楽しめる （アドレナリン全開でお酒も飲める）
POP	家族との思い出をたくさん作ること ができる	家族との思い出をたくさん作ること ができる
POF	子供は楽しいがお父さんはホスト役 でヘトヘト	

　テーマパークでの家内と私には、娘の安全に気を配りながら、彼女を楽しませるホストとしての側面があります。しかし、USJで閉演前にビールを飲んで気分が高まった体験は当時のTDLではできない体験だったので、USJを主語にしたPODとしています。

　その後、コロナの影響が少し落ち着いてから、諸々の配慮をしたうえで2021年3月に別の友人家族とTDLに行く機会がありました。友人はディズニー関連のグッズ部屋があるくらいの"超"がつくディズニーファンです。我々家族はいつもパークを知り尽くした友人のガイドを頼りに周遊しますが、2020年10月1日からTDLでアルコールが解禁されていたことを聞いて驚きましたし、はじめて飲んだTDLのビールの味は格別でした。また2022年5月から、入園チケットとは別に1人当たり1回1,500～2,000円の追加料金を支払えば、人気アトラクションを時間指定で予約できる「ディズニー・プレミアアクセス」というサービスが開始されました[※4]。このサービスが開始されたとき、**TDLを主語にしたPOX**は**図表5-18**のように変化したように考えました。

※4　あらかじめ入場時間を選択して、指定の鑑賞席エリアからパレード、ショーを2,500円で見ることができるプランも用意されています（2024年4月時点）

図表5-18

POX	USJ	TDL
POD		お金を払えば並ばずに1日で沢山の人気アトラクションを楽しむことができる
POP	お父さんも主役になって楽しむことができる（お酒も飲める）	お父さんも主役になって楽しむことができる（お酒も飲める）
POF	人気アトラクションは混むので並ぶことで疲れてしまう	

　しかし、調べるとUSJにも「エクスプレス・パス」という待ち時間を短縮できるサービスがありました。「ディズニー・プレミアアクセス」と比較してどれだけが価値があるかは、それぞれのパークに来園したタイミングと込み具合に左右されるので、どちらが便利か比較することは難しそうです。とはいえ、「ディズニー・プレミアアクセス」が発表された際はなかなか強気な金額設定に驚きました。

　TDLがお酒を飲めるようにしたことでパーク内の風紀が乱れるようなことがあれば、多くの人にとってパークでの体験価値は下がってしまいます。TDLはなんらかの意図があって2020年9月以前にお酒を提供することを制限してきたと思いますが、USJとの**競争的類似化ポイント**としてTDLがお酒を提供したことでUSJとTDLのPOPが変化しました。

　ここまで例としたTDLとUSJのPOXの対象となるターゲットは「私」でしたが、実際には主要なターゲットセグメントのPOPをどの程度の粒度で的確に捉えるかが重要だと考えています。これまで分析してきた20代男性、30代女性などのオーソドックなターゲットセグメントでPOPを的確に把握すれば、戦略の解像度はかなり上がるはずです。

　本書の執筆が大詰めとなっていた2024年4月の週末、友人家族と家内と娘と東京ディズニーシー（以降、TDS）に行く機会があり、ディズニー・プレミアアクセスを家族分で2回分購入しました。我々は立派な中年なので人気アトラクションに100分並ぶ体力はなく、同チケットを活用することで最大30分の並び時間でアトラクションを周遊できました。

マーケティング業の方以外からは職業病と思われてしまうかもしれませんが、普段から自分にとって身近なブランドの戦略を**「Points of X」**などの**フレームワーク**で逆引きして考えることが癖になっています。そのときもTDSのPOPやPODを考えながら、ほかのお客様の様子などもそれとなく観察していました。人気の商品やサービスが人気たりうる理由や今後起こりえる課題を仮説するなど、そうしたことは仕事だと思わず習慣として楽しんでいます。かつて、日常的にマーケティング仮説力を養う**「バックフローシンキング」**というトレーニング法を文章や漫画向けのプラットフォーム「note」で記事にした際、1400近い「スキ（記事を読んで感心したときに押すリアクション）」をいただき好評でした（2024年4月時点）。クリエイティブ戦略検討のフレームワークから広告を見て、ブランドの目的や課題を仮説するトレーニング法が皆様のご参考になれば幸いです。

参考URL
note「仮説力を強化する『バックフローシンキング』」
https://note.com/ogataka/n/n6ff67e522fc3

　本題に戻ります。**「Points of X」**フレームワークの要諦は、カテゴリーに共通する本質的な価値です。諸々の環境変化によって、またはターゲットによって変わるPODを捉えながら、極端ではなくバランスの良い差別化を考えることです。

5章

　ここからは、20歳〜69歳3万人のパネルデータを分析できる（株）三菱総合研究所・生活者市場予測システム（mif）を用いて、10歳刻み年代性別ごとのターゲットセグメント10種類ごとに分析する**「ディファレンス分析」****（造語）**を紹介します。これは、解像度を高くPODを捉えることと、カテゴリーバイヤーの傾向理解を目的とした分析です。

5-8 消費者パネルデータを活用した「ディファレンス分析」

　ここでは、20〜69歳の3万人のモニター調査から多様な分析を実現する（株）三菱総合研究所・生活者市場予測システム（mif）を使う方法を紹介します。mifのような消費者パネルデータを活用した定量分析は、独自のシンジケートデータを構築した調査会社や、独自の消費者調査分析データベースを構築する、または調査会社が提供するシンジケートデータを活用する広告会社のリサーチャーやプランナーの方が得意な分野です。私も以前、広告会社のプランナーの立場で市場投入時の商品やサービスのコミュニケーションプランニングで消費者パネルデータを分析していました。

　傾向理解が希薄なまま、ブランドにまつわるアドホックな調査を繰り返すことを避けるため、事業会社の方は調査会社や広告会社に任せず、自らmifなどのツールを使って分析をするのがよいでしょう。ここでは、mifの豊富なデータを活用してカテゴリーバイヤーの傾向理解を行う分析法を紹介します。

Column 「生活者市場予測システム（mif）」とは？

　株式会社三菱総合研究所及びエム・アール・アイ リサーチアソシエイツ株式会社が提供する「生活者市場予測システム（mif "Market Intelligence & Forecast"）」は、大量の意識・行動データを継続的に収集・分析することを可能としたツールです。2011年より毎年6月に調査を実施することで、長期の時系列での傾向変化や世代の特徴を捉えた分析ができる国内最大級のアンケート調査パネルデータです。

　なおmifの集計・分析結果を公表物や書籍等に掲載する場合には株式会社三菱総合研究所及びエム・アール・アイリサーチアソシエイツ株式会社の承諾が必要です。

主な特徴

豊富な調査項目	生活意識・行動、価値観、社会課題意識など2000項目以上の調査項目。
大規模な標本サイズ	全国20歳〜69歳の3万人を対象とするベーシック調査に加え、ティーンズ（16歳〜19歳）シニア（ベーシック調査の50歳〜69歳に70歳〜89歳を追加）のデータを保有。16歳〜19歳、20歳〜69歳はインターネット利用人口に比例するように性別・年代別・地域別に割付。
多彩な分析に対応	年齢、性別、地域、ライフスタイルなど、様々な属性でデータを分析することが可能。
扱いやすさ	データを可視化するグラフや図表の描画機能や多彩な集計機能とExcel形式での出力機能を実装。

参考URL 「生活者市場予測システム（mif）」Webサイト
https://mif.mri.co.jp/

5
章

5-9 「ディファレンス分析」で 影響しそうな要因を判別

　mifのデータは経年で分析することも可能です。変化するPOPを把握することにも有用ですが、ここで紹介するデータは執筆時点の最新版となるmif2023年度版（2023年6月調査）に対応したものです。

　2023年度版のmifデータにおいて、2,000を超える調査設問をカテゴリーに分けると以下**図表5-19**のように38種類で、全設問を一度に集計した場合の行数は全体で22,514行です。「ディファレンス分析」では、mif調査項目のなかから興味があるカテゴリーバイヤーのヒントになる変数を探して、カテゴリーバイヤーの人とそうではない人を2つに分け、22,514行のクロス集計結果から特徴的なものを抽出します。

図表 5-19

NO	カテゴリ	行数
1	1-1. 基本分析軸・個人属性	3,084
2	1-2. 世帯属性	355
3	1-3. 将来のライフコース選択	65
4	1-4. クラスタ	137
5	2. 所得・収入	205
6	3. 資産・負債	363
7	4. 社会・経済・技術	1,143
8	5. 政策支持	273
9	6. 価値観・暮らし向き	752
10	7. 食	1,230
11	8. 飲酒	504
12	9. 飲料（ソフトドリンク）	356
13	10. ファッション	468
14	11. 住	1,616
15	12. 家事・家電	422
16	13. 健康	949
17	14. 美容	415
18	15. 余暇・レジャー	533
19	16. 教育・学習	496
20	17. 仕事	1,478
21	18. 家族	160
22	19. 恋愛・結婚	288
23	20. 老後（リタイヤ）	948
24	21. 情報リテラシー・通信	681
25	22. エコ	842
26	23. 金融（銀行、保険、証券等）	346
27	24. 移動行動	519
28	25. ギフト	180
29	26. 交友	1,037
30	27. 生活時間	664
31	28. 生活・満足	164
32	29. マスメディア	404
33	30. 流通チャネル	271
34	31-2. 情報感度	111
35	32-1. 商品所有	655
36	32-2. サービス利用	60
37	33-1. 新商品所有	140
38	33-2. 新サービス利用	200
		22,514

5章

エナジードリンクで例にしてきた20代男性にフォーカスを定めて、エナジードリンクを飲む人と飲まない人の違いから、カテゴリーバイヤーの傾向を探索するディファレンス分析を行います。なお、ここでは分析のやり方の大枠を説明し、実装の詳細は特典の動画講義でフォローします。

図表5-20はmifの集計画面です。表側を年代性別として、クロス集計の対象となる変数を検索した際に**「9-02,あなたが、以下の飲料をそれぞれひとつお答えください（SA）」**という質問に対応する項目のひとつとして**「栄養飲料（オロナミンC、リアルゴールド、レッドブルなど）」**がありました。回答の選択肢5種類（非常によく飲む、よく飲む、たまに飲む、あまり飲まない、まったく飲まない）を表頭にしてクロス集計を行います。

図表5-20　性別×年代×飲用頻度　栄養飲料（オロナミンC、リアルゴールド、レッドブル等）

	合計	非常によく飲む	よく飲む	たまに飲む	あまり飲まない	まったく飲まない
合計	30,000	2.1%	7.7%	24.5%	27.5%	38.3%
男性20代	2,660	6%	13.8%	28.1%	21.6%	30.6%
男性30代	2,828	3.5%	12.4%	33%	24.2%	26.9%
男性40代	3,572	2.3%	10%	30.4%	28.8%	28.6%
男性50代	3,470	0.9%	7.3%	30.5%	32.1%	29.3%
男性60代	2,616	0.8%	5.2%	24.2%	36.4%	33.4%
女性20代	2,546	2.7%	8.5%	20.3%	25%	43.4%
女性30代	2,744	2%	6.5%	20.3%	25.3%	45.9%
女性40代	3,514	1.4%	6%	21%	27.4%	44.2%
女性50代	3,471	0.9%	4.2%	18.2%	27.1%	49.6%
女性60代	2,579	0.7%	3.6%	17.3%	25.2%	53.2%

mifの機能に、任意の変数をまとめる「ユーザー変数」という機能があります。「【栄養飲料】非常によく飲む＆よく飲む」というユーザー変数を作成し、クロス集計し直した結果が**図表5-21**です。5種類の選択肢から「非常によく飲む＆よく飲む」と「その他」の2種類にまとめました。

図表5-21 性別×年代×ユーザー変数：【栄養飲料】非常によく飲む＆よく飲む

	合計	非常によく飲む＆よく飲む	その他
合計	30,000	9.7%	90.3%
男性20代	2,660	19.8%	80.2%
男性30代	2,828	15.9%	84.1%
男性40代	3,572	12.2%	87.8%
男性50代	3,470	8.2%	91.8%
男性60代	2,616	6%	94%
女性20代	2,546	11.2%	88.8%
女性30代	2,744	8.5%	91.5%
女性40代	3,514	7.4%	92.6%
女性50代	3,471	5.2%	94.8%
女性60代	2,579	4.3%	95.7%

性別×年代 x ユーザー変数 ： 【栄養飲料】非常によく飲む＆よく飲む

表側
性別×年代（SA）

表頭
【栄養飲料】非常によく飲む＆よく飲む（SA）

表全体の検定：関連がある（間違う確率 0.0%）＊＊

集計表・XLSXをダウンロード　別ウィンドウで開く

❶検定結果の見方（集計結果における赤・青マーキングについて）

　mifには、すべての設問項目とクロス集計ができる「バッチ集計」という機能があります。「非常によく飲む＆よく飲む」と「その他」を表頭にして、表側を22,514行とした集計結果を2シートのExcel形式で吐き出すことができます。「非常によく飲む＆よく飲む」と「その他」の2種類の差を検定する方法の1種として、「独立性の検定」を行った結果のP値（H列）を追加します（**図表5-22**）。

5
章

図表5-22

NO	カテゴリ	設問	選択肢	合計	非常によく飲む&よく飲む	その他	独立性の検定P値
		調査名	2023年度ベーシック調査				
		絞込条件 性別×年代	男性20代				
		表頭の設問 栄養ドリンクをよく飲む (SA)					
78	8420	9.飲料（ソフトドリンク）	9-02.あなたが、以下の飲料を飲む頻度をそれぞれひとつお答えください。(SA)[栄養飲料(オロナミンC、リアルゴールド、レッドブル等)]	よく飲む	13.8%	69.6%	0.0%	0
198	8419	9.飲料（ソフトドリンク）	9-02.あなたが、以下の飲料を飲む頻度をそれぞれひとつお答えください。(SA)[栄養飲料(オロナミンC、リアルゴールド、レッドブル等)]	非常によく飲む	6.0%	30.4%	0.0%	3.462E-143
198	3549	14.クラスタ	Q9飲料種類クラスタ (SA)	いろいろ派	15.5%	45.6%	8.1%	3.3455E-85
200	8423	9.飲料（ソフトドリンク）	9-02.あなたが、以下の飲料を飲む頻度をそれぞれひとつお答えください。(SA)[栄養飲料(オロナミンC、リアルゴールド、レッドブル等)]	まったく飲まない	30.6%	0.0%	38.1%	1.7145E-45
202	8421	9.飲料（ソフトドリンク）	9-02.あなたが、以下の飲料を飲む頻度をそれぞれひとつお答えください。(SA)[栄養飲料(オロナミンC、リアルゴールド、レッドブル等)]	たまに飲む	28.1%	0.0%	35.0%	6.0939E-42
203	8408	9.飲料（ソフトドリンク）	9-02.あなたが、以下の飲料を飲む頻度をそれぞれひとつお答えください。(SA)[乳性飲料(カルピス、ピルクル等)]	よく飲む	15.9%	36.5%	10.9%	1.0363E-39
204	8438	9.飲料（ソフトドリンク）	9-02.あなたが、以下の飲料を飲む頻度をそれぞれひとつお答えください。(SA)[アルコールテイスト飲料(ノンアルコールカクテルなど)]	よく飲む	8.6%	23.0%	5.1%	7.2712E-36
205	8383	9.飲料（ソフトドリンク）	9-02.あなたが、以下の飲料を飲む頻度をそれぞれひとつお答えください。(SA)[コーラ以外の炭酸飲料]	非常によく飲む	7.2%	20.2%	4.0%	6.4731E-35
306	8390	9.飲料（ソフトドリンク）	9-02.あなたが、以下の飲料を飲む頻度をそれぞれひとつお答えください。(SA)[スポーツ飲料]	よく飲む	14.5%	32.5%	10.1%	1.0622E-33
332	8377	9.飲料（ソフトドリンク）	9-02.あなたが、以下の飲料を飲む頻度をそれぞれひとつお答えください。(SA)[コーラ]	非常によく飲む	8.5%	22.2%	5.2%	2.9023E-33
336	8389	9.飲料（ソフトドリンク）	9-02.あなたが、以下の飲料を飲む頻度をそれぞれひとつお答えください。(SA)[スポーツ飲料]	非常によく飲む	5.0%	15.4%	2.4%	1.0702E-32
348	8422	9.飲料（ソフトドリンク）	9-02.あなたが、以下の飲料を飲む頻度をそれぞれひとつお答えください。(SA)[栄養飲料(オロナミンC、リアルゴールド、レッドブル等)]	あまり飲まない	21.6%	0.0%	26.9%	1.2618E-32
381	8431	9.飲料（ソフトドリンク）	9-02.あなたが、以下の飲料を飲む頻度をそれぞれひとつお答えください。(SA)[ノンアルコールビール]	非常によく飲む	2.6%	9.5%	0.9%	1.9856E-27
385	3546	14.クラスタ	Q9飲料種類クラスタ (SA)	自分で淹れる派	20.5%	1.3%	25.2%	2.5087E-27
394	8365	9.飲料（ソフトドリンク）	9-02.あなたが、以下の飲料を飲む頻度をそれぞれひとつお答えください。(SA)[果実・果汁飲料、ジュース]	非常によく飲む	8.0%	19.6%	5.2%	1.1469E-25

　クロス集計の「％」ではない行（標本サイズの数量や数値での回答や数値回答の中央値または平均値）が3,004行あります。それらを除外したうえで、独立性の検定のP値5%未満の行は6,766行、P値1%未満は4,908行あります。このように絞り込んだうえで、38種類のカテゴリごとにP値の値が少ない順番である（独立性の検定によって「非常によく飲む＆飲む」と「その他」の差に意味がありそう≒独立である）可能性が高いものから内容を見ていきます。

　mifの集計画面は操作がしやすく、任意の軸でクロス集計やユーザー変数を使って様々なデータを確認できますが、ディファレンス分析はさらにスピーディにカテゴリーバイヤーとノンバイヤーの違いを探索できます。ここでは、P値の小さい順番に5%未満6,766行を見て気づいたデータから集計した内容をいくつか共有します。栄養ドリンクを飲む人と飲まない人を比較すると、どのような傾向があるでしょうか？　まずは、栄養ドリンクをよく飲む人の傾向を確認していきます。

5-9-1 栄養ドリンク以外で「非常によく飲む飲料」

　図表5-23のように、炭酸やコーラ、スポーツ飲料などの清涼飲料もよく飲む人が多くなっています。

図表5-23

9-02.　あなたが、以下の飲料を飲む頻度をそれぞれひとつお答えください。

非常によく飲む

合計	栄養ドリンクを非常によく飲む&よく飲む	その他	P値
コーラ以外の炭酸飲料	20.2%	4.0%	0.00%
コーラ	22.2%	5.2%	0.00%
スポーツ飲料	15.4%	2.4%	0.00%
ノンアルコールビール	9.5%	0.9%	0.00%
果実・果汁飲料、ジュース	19.6%	5.2%	0.00%
ココア	11.4%	1.9%	0.00%
黒烏龍茶、ウコン茶、ソイッシュ等の機能性飲料	13.9%	2.9%	0.00%
甘酒	7.4%	0.9%	0.00%
乳性飲料（カルピス、ピルクル等）	12.7%	3.2%	0.00%
アルコールテイスト飲料（ノンアルコールカクテルなど）	8.6%	1.5%	0.00%
ペットボトルや缶のコーヒー	22.1%	9.2%	0.00%
無糖炭酸水	13.5%	4.3%	0.00%
豆乳	10.3%	2.7%	0.00%
アルカリイオン水などの機能水	10.3%	2.9%	0.00%
野菜ジュース・トマトジュース	11.8%	3.8%	0.00%
インスタントコーヒーや豆から入れたコーヒー	17.7%	7.6%	0.00%
茶葉から入れた緑茶、紅茶、ウーロン茶、麦茶	21.7%	12.4%	0.00%
ミネラルウォーター	24.3%	14.5%	0.00%
牛乳	15.6%	8.5%	0.00%
ペットボトルや缶、紙パックの緑茶、紅茶、ウーロン茶、麦茶	24.1%	15.4%	0.00%
水道水（浄水器を通した水）	17.5%	12.8%	0.92%
水道水（沸かした水道水も含む）	21.1%	16.6%	2.66%

5章

5-9-2 「毎日」または「週2〜3回」食べる食品

図表5-24のように、カップ麺や甘いもの、レトルト食品を毎日食べる傾向があるほか、栄養補助食品やプリン・ゼリー、コラーゲン、プロテインを週2〜3回程度摂取する人も多いです。

図表5-24

7-04. 次の食品の利用頻度はどの程度ですか。あてはまるものを、それぞれひとつだけお選びください。

毎日

合計	栄養ドリンクを非常によく飲む＆よく飲む	その他	P値
カップ麺	8.2%	1.7%	0.00%
和菓子	4.4%	0.7%	0.00%
プリン・ゼリー	4.4%	0.8%	0.00%
レトルト食品	4.8%	1.1%	0.00%
ケーキ	3.4%	0.6%	0.00%
ビスケット・クッキー	3.6%	0.9%	0.00%
ガム	7.8%	3.3%	0.00%
袋麺	3.8%	1.2%	0.00%
キャンディ	4.6%	1.7%	0.01%
グミ	3.2%	1.1%	0.03%
バター	3.2%	1.1%	0.03%
コラーゲン	2.7%	0.8%	0.04%
栄養補助食品（固形タイプ、ドリンク、ゼリー等）	3.4%	1.3%	0.10%
チーズ	4.6%	2.2%	0.23%
スナック	3.4%	1.5%	0.54%
冷凍食品	5.9%	3.5%	1.21%
アイス	5.9%	3.6%	1.69%

週2〜3回

合計	栄養ドリンクを非常によく飲む＆よく飲む	その他	P値
栄養補助食品（固形タイプ、ドリンク、ゼリー等）	12.2%	3.5%	0.00%
プリン・ゼリー	13.7%	4.5%	0.00%
コラーゲン	9.5%	2.6%	0.00%
プロテイン	14.1%	5.2%	0.00%
ビスケット・クッキー	15.6%	6.4%	0.00%
ケーキ	9.1%	2.7%	0.00%
スナック	17.7%	8.1%	0.00%
グミ	11.6%	4.4%	0.00%
ガム	13.3%	5.5%	0.00%
和菓子	9.1%	3.2%	0.00%
バター	12.2%	5.0%	0.00%
ヨーグルト	16.9%	8.3%	0.00%
キャンディ	11.4%	5.2%	0.00%
袋麺	12.7%	6.1%	0.00%
チーズ	13.5%	6.7%	0.00%
アイス	16.9%	9.6%	0.00%
レトルト食品	15.2%	8.4%	0.00%
カップ麺	13.9%	9.0%	0.13%
チョコレート	17.3%	12.1%	0.31%

5-9-3　新聞の購読率

　図5-25のように20代全体では購読率が低い世代ですが、栄養ドリンクをよく飲むユーザは新聞の購読率が高くなっています。

図表5-25

購読新聞　紙版・電子版統合（全国紙のみ）（MA）

合計	栄養ドリンクを非常によく飲む&よく飲む	その他	P値
朝日新聞(紙版or電子版（有料）)	23.6%	8.7%	0.00%
朝日新聞(紙版＆電子版（有料）)	9.3%	2.9%	0.00%
毎日新聞(紙版or電子版（有料）)	9.9%	3.7%	0.00%
産経新聞(紙版or電子版（有料）)	7.8%	2.7%	0.00%
読売新聞(紙版or電子版（有料）)	15.0%	7.4%	0.00%
日本経済新聞(紙版or電子版（有料）)	12.2%	5.6%	0.00%
読売新聞(紙版＆電子版（有料）)	3.4%	1.0%	0.00%
毎日新聞(紙版＆電子版（有料）)	2.5%	0.8%	0.12%
産経新聞(紙版＆電子版（有料）)	1.1%	0.3%	1.69%
日本経済新聞(紙版＆電子版（有料）)	2.5%	1.3%	4.33%

5-9-4　ビジネス用語理解

　図表5-26は、ブロックチェーンやWeb3.0、NFT、ESGといった用語をどの程度知っているか聞いた結果です。「人に説明できるほど理解している人」が多く、PFRや情報銀行、ESGやMaasといった言葉の意味は「知っている（人に教えられるほどではない）」人が多いです。

図5-26

4-07.　あなたは以下の言葉について、どの程度ご存じですか。

人に説明できるほど、よく理解している

合計	栄養ドリンクを非常によく飲む&よく飲む	その他	P値
ブロックチェーン	8.9%	1.7%	0.00%
Web3.0(Web3)	8.2%	1.8%	0.00%
NFT（非代替性トークン）	9.3%	2.3%	0.00%
ESG (Environmental, Social, and Governance)	8.0%	1.7%	0.00%
DX（デジタルトランスフォーメーション）	8.2%	1.8%	0.00%
PHR (Personal Health Record)	7.0%	1.4%	0.00%
メタバース	6.8%	1.4%	0.00%
5G	8.0%	1.9%	0.00%
ダイバーシティ＆インクルージョン	7.4%	1.6%	0.00%
MaaS (Mobility as a Service)	10.5%	3.1%	0.00%
情報銀行	8.7%	2.3%	0.00%

意味は知っているが、人に教えられるほどではない

合計	栄養ドリンクを非常によく飲む&よく飲む	その他	P値
PHR (Personal Health Record)	24.1%	9.7%	0.00%
情報銀行	22.2%	11.5%	0.00%
ESG (Environmental, Social, and Governance)	22.2%	12.7%	0.00%
MaaS (Mobility as a Service)	23.8%	14.3%	0.00%
ダイバーシティ＆インクルージョン	28.7%	18.9%	0.00%
Web3.0(Web3)	23.0%	14.7%	0.00%
DX（デジタルトランスフォーメーション）	31.6%	23.5%	0.09%
NFT（非代替性トークン）	26.6%	20.0%	0.30%
ブロックチェーン	24.7%	19.6%	2.03%
メタバース	38.6%	32.2%	2.41%

　図表**5-27**は、各種サービスの利用状況です。定額住み放題の住宅サブスクリプションサービスやクルーズトレイン、歯のホワイトニング、プチ整形を利用する人が多くなっています。

図表5-27

33-04-01. 次のサービスの利用状況、利用意向についてお聞きします。
あなたは次のサービスを過去1年間に利用したことがありますか。サービスごとにあてはまるものをそれぞれひとつお答えください。

合計	栄養ドリンクを非常によく飲む&よく飲む	その他	P値
定額住み放題型の住宅サブスクリプションサービス（ADDress、HafH等）	8.9%	1.7%	0.00%
クルーズトレイン（周遊型豪華寝台列車：ななつ星、四季島、瑞風）	8.2%	1.8%	0.00%
歯のホワイトニング	9.3%	2.3%	0.00%
プチ整形（ヒアルロン酸注射、プラセンタ点滴、ボトックス注射等）	8.0%	1.7%	0.00%
離れて暮らす家族の無事を確認する機器やサービス	8.2%	1.8%	0.00%
飲食店の定額制サービス	7.0%	1.4%	0.00%
自動車のサブスクリプション（KINTO等）	6.8%	1.4%	0.00%
食事の定期宅配サービス	8.0%	1.9%	0.00%
家事代行サービス	7.4%	1.6%	0.00%
洋服のシェアリング・定額制レンタル	10.5%	3.1%	0.00%
ホームセキュリティ	8.7%	2.3%	0.00%
卵子・精子の凍結保存サービス	8.0%	2.1%	0.00%
不在時のペットの行動を確認する監視カメラやサービス	8.6%	2.5%	0.00%
電子新聞サービス（日経電子版等）	12.0%	4.5%	0.00%
観光列車（或る列車、おれんじ食堂、花嫁のれん、しまかぜ、フルーティアふくしま等）	9.3%	3.0%	0.00%
貸金庫	7.0%	1.9%	0.00%
低価格スポーツクラブ（カーブス、JOYFIT等）	8.7%	2.9%	0.00%
家電の定額制レンタル	6.5%	1.7%	0.00%
トランクルーム	7.0%	2.1%	0.00%
FX（外国為替証拠金取引）	9.1%	3.2%	0.00%
カーシェアリング	10.6%	4.5%	0.00%
オンライン学習（英会話等）	9.3%	3.7%	0.00%
ケーブルテレビ	13.3%	6.4%	0.00%
整体・鍼灸・リフレクソロジー	8.9%	3.8%	0.00%
格安航空会社（ピーチ、ジェットスター、エアアジア、春秋航空等）	14.6%	7.7%	0.00%
ミールキット・食材キット（食宅配の料理キット、Kit Oisix等）	7.6%	3.0%	0.00%
美容外科	5.9%	2.1%	0.00%
ネットスーパー	14.6%	8.2%	0.00%
仮想通貨取引所（取引ツール）	10.6%	5.6%	0.00%
美容院・エステの定額制サービス	6.7%	3.0%	0.01%
歯列矯正	6.8%	3.1%	0.01%
有料衛星放送（スカパー!、WOWOW等。NHKを除く）	7.6%	3.7%	0.01%
電子書籍（マンガを除く）（kindle等）	17.5%	11.1%	0.02%
食事の出前、デリバリーサービス	18.8%	12.7%	0.07%
電子コミック（eBooK、BookLive、Renta!等）	18.4%	13.5%	0.83%

5-9-6　店舗利用

　図表**5-28**は、各種店舗を利用した商品購入に関するデータです。飲料の自動販売機、無人販売所または無人店舗、ファッションビルやセレクトショップ、テレビショッピングをほぼ毎日利用する人や、ファッションビルやセレクトショップ、アウトレット、家具・インテリア量販店、衣料品チェーン、駅ナカ店舗を週1～2回程度利用する人が多くなっています。

図表5-28

30-01-0. あなたは最近1年間で次の店舗等を利用し商品を購入しましたか。利用した頻度をそれぞれひとつお答えください。

ほぼ毎日

合計	栄養ドリンクを非常によく飲む&よく飲む	その他	P値
飲料の自動販売機	8.9%	1.7%	0.00%
無人販売所、無人店舗	8.2%	1.8%	0.00%
ファッションビルや都心繁華街、中心市街地のセレクトショップ（シップス、ビームスなど）	9.3%	2.3%	0.00%
テレビショッピング	8.0%	1.7%	0.00%
家電メーカーのチェーン店（パナソニックショップ等）	8.2%	1.8%	0.00%
紳士服チェーン（コナカ、洋服の青山等）	7.0%	1.4%	0.00%
駅ビル	6.8%	1.4%	0.00%
商店街・街中の個人商店	8.0%	1.9%	0.00%
コンビニエンスストア（駅構内も含む）	7.4%	1.6%	0.00%
家具・インテリア量販店（IKEA・ニトリ・Francfranc等）	10.5%	3.1%	0.00%
衣料品チェーン（ユニクロ、しまむら、GAP、H&M等）	8.7%	2.3%	0.00%
ドラッグストア（マツモトキヨシ、HAC等）	8.0%	2.1%	0.00%
家電・カメラ・パソコン量販店（ビックカメラ、ヨドバシカメラ等）	8.6%	2.5%	0.00%
100円ショップ等均一価格ショップ	12.0%	4.5%	0.00%
駅ナカ（駅構内の店舗。コンビニを除く）	9.3%	3.0%	0.00%
都心繁華街や、中心市街地の百貨店	7.0%	1.9%	0.00%
ネットスーパー（総合スーパーのネットショップ）	8.7%	2.9%	0.00%
食品専門スーパー	6.5%	1.7%	0.00%
一般ディスカウントストア（ドンキホーテ等）	7.0%	2.1%	0.00%
ネットショッピング（Amazon、楽天、Yahoo!ショッピング等）	9.1%	3.2%	0.00%
飲料以外の自動販売機	10.6%	4.5%	0.00%
食品の宅配サービス（牛乳配達、生協、らでぃっしゅぼーや、オイシックス等）	9.3%	3.7%	0.00%
ロードサイドの野菜・果物等の直売所	13.3%	6.4%	0.00%
生協(店舗。宅配サービスを除く)	8.9%	3.8%	0.00%
会員制ディスカウントストア（コストコ等）	14.6%	7.7%	0.00%
カタログ通信販売（通販生活、ニッセン等）	7.6%	3.0%	0.00%
総合スーパー（イトーヨーカ堂、イオン、西友、ダイエー等）	5.9%	2.1%	0.00%
郊外やロードサイドの百貨店	14.6%	8.2%	0.00%
ブランドの直営店（百貨店内の店舗を除く）	10.6%	5.6%	0.00%
ショッピングセンター、ショッピングモール	6.7%	3.0%	0.01%
アウトレット	6.8%	3.1%	0.01%
ホームセンター・DIY店	7.6%	3.7%	0.01%

週に1～2回程度

合計	栄養ドリンクを非常によく飲む&よく飲む	その他	P値
ファッションビルや都心繁華街、中心市街地のセレクトショップ（シップス、ビームスなど）	16.7%	5.5%	0.00%
アウトレット	16.2%	5.8%	0.00%
家具・インテリア量販店（IKEA・ニトリ・Francfranc等）	14.8%	5.7%	0.00%
衣料品チェーン（ユニクロ、しまむら、GAP、H&M等）	19.4%	8.5%	0.00%
駅ナカ（駅構内の店舗。コンビニを除く）	18.1%	8.0%	0.00%
家電・カメラ・パソコン量販店（ビックカメラ、ヨドバシカメラ等）	16.9%	7.3%	0.00%
会員制ディスカウントストア（コストコ等）	13.3%	5.3%	0.00%
商店街・街中の個人商店	13.1%	5.4%	0.00%
家電メーカーのチェーン店（パナソニックショップ等）	13.5%	5.7%	0.00%
ロードサイドの野菜・果物等の直売所	12.9%	5.4%	0.00%
カタログ通信販売（通販生活、ニッセン等）	13.1%	5.6%	0.00%
ブランドの直営店（百貨店内の店舗を除く）	13.7%	6.0%	0.00%
食品の宅配サービス（牛乳配達、生協、らでぃっしゅぼーや、オイシックス等）	13.1%	5.9%	0.00%
郊外やロードサイドの百貨店	13.7%	6.3%	0.00%
ネットスーパー（総合スーパーのネットショップ）	12.2%	5.3%	0.00%
ショッピングセンター、ショッピングモール	20.0%	10.9%	0.00%
紳士服チェーン（コナカ、洋服の青山等）	12.0%	5.5%	0.00%
無人販売所、無人店舗	12.9%	6.3%	0.00%
生協(店舗。宅配サービスを除く)	16.9%	9.1%	0.00%
都心繁華街や、中心市街地の百貨店	14.3%	7.4%	0.00%
一般ディスカウントストア（ドンキホーテ等）	14.6%	7.7%	0.00%
ドラッグストア（マツモトキヨシ、HAC等）	24.7%	15.7%	0.00%
ホームセンター・DIY店	11.2%	5.6%	0.00%
飲料以外の自動販売機	12.9%	6.8%	0.00%
飲料の自動販売機	19.8%	12.4%	0.00%
テレビショッピング	9.7%	5.0%	0.01%
ネットショッピング（Amazon、楽天、Yahoo!ショッピング等）	20.5%	13.4%	0.01%
駅ビル	11.6%	6.9%	0.05%
100円ショップ等均一価格ショップ	17.1%	11.2%	0.06%

5章

ここで紹介したのはごく一部のデータです。特典では、20代男性の集計データ（バッチ集計を行った内容をディファレンス分析用に加工した22,514行を含む）と、皆さんがmifを使用して集計を行う方法をレクチャーします[※5]。

　ここで紹介した一部のmifデータから、栄養ドリンクを飲む20代男性にどんな傾向があるのか、エナジードリンクのPOPを仮説するヒントになったでしょうか？

　実務では、まずカテゴリーバイヤーの傾向を知るために、浸透率と「M」が大きい年代性別（ここではエナジードリンクを例に20代男性を分析）から分析しますが、大枠の傾向を掴むために住まい、健康、ファッション、美容…仕事までそれぞれ1枚の資料に収まるように項目をピックアップしてまとめています（**図表5-29**）。これは当該年代性別ごとにディファレンス分析の軸でクロス集計を行った際に差分が大きい項目（独立性の検定1%未満で値が小さい順）で、かつモニターご自身の意向に関する内容をピックアップしたものです。

　たとえば、ファッションのなかに「浴衣（ゆかた）や着物を着る」という項目が入っていますが、世代全体の回答率3%しかありません。栄養ドリンクを飲む人は8.4%でそれ以外の人は1.7%と、独立性の検定のP値がもっとも小さく（0.1の15乗以下の値）なっています。よって、ここでピックアップしている項目は差分が有意な項目であり、栄養ドリンクを良く飲む人が多数決的にあてはまる項目のピックアップとなっていません。つまり、「栄養ドリンクを飲む人はだいたいこういう人」というペルソナとして捉えるのは誤解があります（一方で、「栄養ドリンクを飲む人固有の傾向を集めて疑似化したらこういう人」と捉えても良いかもしれません）。栄養ドリンクが消費者（ここでは20代男性）に与えている価値の本質を探り、PODを捉えることやPODを考えるためのヒントとしては有益だと考えており、プロジェクトで向き合うカテゴリーに関して必ず分析を行っています[※6]。

※5　2023年度データの形式に対応するものです。
※6　mifデータから参考となるデータを抽出できるケースや、浸透率とMの観点から重要な年代性別の分析に限ります（十分な工数をかけることができるケースではすべての年代性別で分析）。

5-9-7 「年代性別」ごとの分析から全体を理解する

2章で確認したように、浸透率とMは年代性別で異なり、決定係数0.95〜0.99程度の回帰式で説明できることも多くなっています。

行動特定の傾向も年代性別の差は大きくなります。ディファレンス分析に限らず、本書で紹介してきたマーケティング戦略検討の土台として理解する指標（市場浸透率／「M」／CEPsごとの需要）は年代性別で分析し、それを積み上げた全体を捉えることが重要です。

消費者調査MMMは、年代性別ごとの複数の施策と要因の膨大な効果係数を積み上げてダッシュボード化しています。**市場を構造的に捉える**ために、全体ではなく、年代性別ごとに分析することを標準にするのがおすすめです。

5
章

図表 5-29

20代男性の「栄養ドリンクをよく飲む人」の傾向を抽出 ※mif（
の）をヒ

住まい
（住む街を自由に選べるとしたら、住みたい街について）
- ✓ 「地域の民間企業が地元の防災に力を入れている」ことを重視する。
- ✓ 「大型量販店が充実している」ことを重視する。
- ✓ 「隣近所の住民との交流がある」ことを重視する。
- ✓ 「地域でのイベントや催しが活発である」ことを重視する。
- ✓ 「チェーン店以外の地元の個人商店や商店街が充実している」ことを重視する。

健康
- ✓ 現在、健康上の問題で日常生活に何か影響がある
- ✓ 過去1年間に、健診（特定健診（メタボ健診）や健康診査)や人間ドックを受診した際に「病気の疑いがある指摘を受け、その後の医療機関の精密検査で病気が見つかった」
- ✓ ［耳が遠い］［血糖値が高い］［ひざの痛み］症状が時々あるが特に何もしていない
  （現在の状況）
- ✓ セサミンやコエンザイムQ10、ヒアルロン酸などのサプリメント、健康食品を利用する
- ✓ インターネットで医師の診察を受ける　（ネット診療）

ファッション
（現在の状況について）
- ✓ 浴衣（ゆかた）や着物を着る
- ✓ ブランドアイテムの付録が付いた雑誌を購入する
- ✓ スポーティなアウトドア系のブランドの衣類を買う
- ✓ ファッションのコーディネートはできるだけ自分オリジナルにする
- ✓ 衣類のオーダーメイドを利用する
- ✓ ファッションのコーディネートは誰かのまねをする
（今後の意向について）
- ✓ ブランド服のレンタルを利用する
- ✓ ファッションは、カワイイものを選ぶ

美容
（現在の状況について）
- ✓ ネイルアートやまつ毛のエクステンションなどを自分でやる
- ✓ Webサイトで化粧品や身だしなみ・美容に関する商品を購入している
- ✓ Web上の口コミサイトやSNSで化粧品や身だしなみ・美容に関する情報を収集している
- ✓ テレビCMで見た化粧品を購入する
- ✓ Webサイトで化粧品や身だしなみ・美容に関する商品を購入している
- ✓ ヘアウィッグを利用する
（直近1年間で）
- ✓ メーキャップ（化粧下地、ファンデーション、アイメイク、チーク、口紅、マニキュア等）を3000円～5000購入

家事・家電
（現在の状況について）
- ✓ 多少値段が高くても、電力消費量
- ✓ 体組成体重計、フットケアなど新
- ✓ 流行の家電は購入する
- ✓ 防犯やセキュリティに関する家電
- ✓ 多少値段が高くても、機能の優れ
- ✓ 家電を購入する際、国内の大手メ
（今後の意向について）
- ✓ 体組成体重計、フットケアなど新

余暇・レジャー
- ✓ 海外旅行に行く頻度は年2～3回
（現在行っている余暇）
- ✓ スキー
- ✓ ジャズダンス、エアロビクス
- ✓ 乗馬
- ✓ 水泳（プール）
（現在の状況について）
- ✓ 友人と余暇を楽しむ
- ✓ 余暇にお金をかける
（過去1年以内に行ったことのあるラ
- ✓ 東京ディズニーランド
- ✓ ハウステンボス

情報リテラシー・通信
（日常、仕事・私的利用を問わずホー
ネットの利用頻度）
- ✓ スマートフォン以外の携帯電話を
（現在の状況について）
- ✓ ブログ等から情報共有・発信を行
- ✓ 口コミサイトに、商品・サービス
  き込む
- ✓ ソーシャルネットワーキングサー
  行う
（その他）
- ✓ 5Gによって利用したいアプリケー
  ラ等セキュリティに関連するアプ

情報感度
- ✓ 新製品には関心があり、新製品が
- ✓ ブログ・SNSで情報を発信している
  する
- ✓ 人・社会・環境等の課題に取り組む
  入・利用する
- ✓ 商品・サービスについての知識は多

）より。独立性の検定のP値1%未満を基準に統計的に有意と思われる項目（回答者ご自身の意向に関わるも

電を利用する
ケア家電を利用する

入する
あることにこだわらない

ケア家電を利用する

食

- ✓ 栄養補助食品（固形タイプ、ドリンク、ゼリー等）の利用頻度［週1回］［週2〜3回］
- ✓ カップ麺の利用頻度［毎日］
- ✓ プリン・ゼリーの利用頻度［週1回］［週2〜3回］
- ✓ コラーゲンの利用頻度［週1回］［週2〜3回］
- ✓ ケーキ［週1回］［週2〜3回］
- ✓ プロテイン［週1回］［週2〜3回］
- ✓ キャンディ［週1回］
- ✓ ビスケット・クッキー［週2〜3回］
- ✓ 平日の食事の夜食は宅配や出前
  （現在の状況について）
- ✓ 日々の料理とは別に、趣味での料理をする（蕎麦をうつ、パンを焼く、ケーキをつくる等）

お酒

- ✓ お酒を飲む頻度は週4〜6日
  （非常に良く飲む）
- ✓ マッコリ
- ✓ ワイン
  （良く飲む）
- ✓ マッコリ
- ✓ シャンパン・スパークリングワイン
- ✓ 甲類焼酎
- ✓ 泡盛

ク）

（Web）の閲覧などのインター

利用している

理レシピなど、生活関連情報を書

）に登録し、情報共有・発信を

種類は犯罪や事故を記録するカメ

仕事

（新型コロナ感染症の影響下にあった1年前と比較して現在の働き方の変化）
- ✓ OffJT研修（実務から離れ、座学などで仕事について学ぶ研修）の充実度が非常に高くなった。
  （仕事に関する経験の有無）
- ✓ 社内公募・社内FA制度などを活用して、自分が希望する部署に異動する
- ✓ 自分のスキルや興味関心、趣味を活かした経済活動（起業に限らず、小商い、プロボノ等も含む）
- ✓ 朝型勤務をする
- ✓ 海外勤務をする

エコ

- ✓ 家庭で風力や太陽光で発電し、その電気を売却する再生可能エネルギー固定価格買取制度（FIT制度）を利用している
- ✓ 現在契約している電力会社を選んだ理由は原子力発電を利用していない電力を使用したいから
- ✓ 家庭で契約している電気料金は季節・曜日・時間帯によって割引されるプラン
  （現在の状況について）
- ✓ 普段からエコ活動の重要性をブログ等で発信する
- ✓ 日ごろから多少高くても、環境に配慮した商品を購入する

先に購入したくなる
ブログ・SNSによく書き込みを

商品・サービスを、積極的に購

5章

第6章

新たな市場を発掘できる
調査分析法

日本の観光資源に関する
マーケティングで考える

6-1 | 「仮説の探索力」を養うために

　私（小川）と共著の山本氏が共通で確信しているのは**「マーケティングにおける仮説の良し悪しを判断するのは事業者ではなく消費者である」**という考え方です。商品を企画するフェーズ、試作品を作るフェーズ、コミュニケーションを行うための広告を作るフェーズなどの各ステップでの成功確率を高めるためには、それぞれで仮説検証型のリサーチを行うのが有効です。そしてこの際、質の良い仮説を導くセンターピンは**"仮説の検証力"**でしょう。たしかな検証力があれば、適当に列挙した100個のアイデアのなかからでも質がよいものを選べるようになります。

　とはいえ"適当に列挙した仮説"が本当に適当なものでよいわけではなく、質の良い仮説を考える能力もまた重要です。この章では、質の良い仮説を見つける能力と対応する**"仮説の探索力"**をテーマとしたマーケティング・リサーチのノウハウを紹介します。

　なお、仮説するときに有効な手法には、消費者インタビューやご自宅に訪問するインタビュー、ご自宅に訪問しての行動観察などの定性調査や、検討した仮説をテキストや画像などの形で提示して受容性を分析するコンセプト調査などがあります。仮説の探索に対応するリサーチは、事業者ごとの課題や目的に応じて膨大なパターンが考えられるため、消費者調査MMMやCEPs分析やディファレンス分析のように汎用性が高い方法に落とし込むことが非常に難しいものです。

今回は少しテーマを絞り込み、テーマを「新たな市場を発掘するための調査分析法」としました。新しいサービスのアイデアの質を判断する「コンセプト調査の定量分析」を行うための大元のコンセプトを考えるために、我々(山本氏、小川)が行った定性調査(簡易的なヒアリング、観察)などのプロセスを紹介し、次に山本氏が**「顧客理解を理解する」**というテーマで解説します。調査結果も参考になると思いますが、ここでは調査設計に至る考え方とプロセスの共有に重きを置いています。これを詳細に解説することで、皆さんが実際に顧客理解を目的とした仮説や検証を行う際のヒントにしていただきたいと考えました。

　なお、本章で調査分析のテーマに設定したのは「日本の観光資源のマーケティング」です。今後、VR(仮想現実)やMR(複合現実)を体験するデバイスが普及する未来を見据えて、それらのテクノロジーと観光を掛け合わせた新しいサービスの可能性を探索しました。

6-2 | 日本の観光資源を マーケティングする意義

6-2-1 訪日外国人の旅行消費額の目標

　2024年3月末に観光庁が発表した「訪日外国人の日本国内での消費額」の推計を見ると、2023年は過去最高額の5.2兆円となりました。2019年の4.8兆円まで成長を続けていましたが、新型コロナウイルス感染症の影響によって2020年から2022年まで足踏み状態となり、ようやく復調しています。また同日に日本政府観光局が発表した2023年の訪日外国人数は2,506万人（推計値）です。これは2019年の3,188万人と比べて8割程度の水準ですが、1人あたりの旅行支出は2019年より33.8％増加した21万2千円です（**図表6-1**）。円安や物価高が1人あたりの消費額を押し上げたと考えられます。

図表6-1　年間の旅行消費額推移

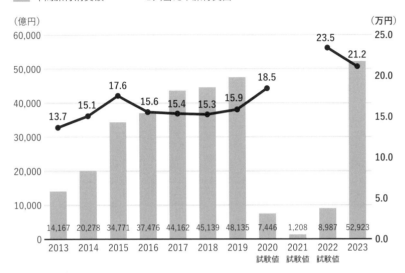

・2017年までは空港を利用する旅客を中心に調査を行っていたが、短期滞在の傾向があるクルーズ客の急増を踏まえ、2018年からこうした旅客を対象とした調査も行い、調査結果に反映したため、2018年以降と2017年以前の数値との比較には留意が必要である。
・新型コロナウイルス感染症の影響により、2020年4-6月期から2021年7-9月期は調査を中止し、2020年及び2021年年間値については、1回半期の結果を利用した試算を行った。このため、2019年以前の数値との比較には留意が必要である。
・新型コロナウイルス感染症の悪響により、2022年は1-3月期、4-6月期、7-9月期を試算値として公表した。そのため、年間の値についても試算値であることに留意が必要である。
・クルーズ調査については、2023年は7-9月期から再開したため、年間消費額に含まれる「クルーズ客」の消費額は参考値である。

参考URL
訪日外国人消費動向調査（図表6-1はP5より引用）
https://www.mlit.go.jp/kankocho/content/001734815.pdf

6
章

　なお、日本政府は2030年までに訪日外国人旅行者数6,000万人、1人あたりの消費額を平均25万円とした年間消費額15兆円の目標を立てています。財務省が2024年1月に発表した貿易統計のうち自動車の輸出金額は17兆2,654億円[※1]とお伝えすれば、これがどれだけ大きい数字かわかっていただけることでしょう。

※1　参照URLより引用　財務省貿易統計2023年（年分）2024年3月13日（確々報）
　　　https://www.customs.go.jp/toukei/shinbun/trade-st/2023/2023_118.pdf

この目標は観光産業に関わる方にだけ関係がある話ではなく、少子高齢化が進む日本の産業全体にとって重要な意味を持っています。国立社会保障・人口問題研究所の「日本の将来推計人口（令和5年推計）」によると、生産年齢人口（15歳〜64歳）の推計は2024年で7,346万人です。2030年は7,035万人と300万人超の減少が見込まれており、2040年は6,213万人とより顕著に減っています。これはつまり、日本国内に定住する人口1人あたりの年間消費額である130万円（2019年のデータ[※2]）が各エリアで急速に減少していくということです。

　これをリカバーするためにインバウンド需要は重要です。2019年における外国人旅行者1人あたりの旅行支出額は15万8千円でした。日本国内の定住人口1人あたりの年間消費額である130万円は、外国旅行者8.2人分の消費でリカバーできるわけです。また、2023年における1人あたりの旅行支出21万2千円であれば6.1人分ですし、日本政府が打ち出した2030年の目標に対応する1人あたり金額25万円として考えれば5.2人分でリカバーできます。

　訪日外国人の旅行消費額を各エリアで稼いで雇用を維持すれば、これまでと同水準またはそれ以上の地域経済と社会を存続させていくための切り札になります。また、観光産業は宿泊業、飲食業、運輸業、スポーツ・娯楽業など幅広い業種と連動しており、観光需要は観光専門の業態に限らず周辺の産業に波及します。2019年の日本の観光GDP11.2兆円の産業別構成の1位は宿泊業、次いで鉄道旅客輸送、飲食業です（**図表6-2**[※3]）。

※2　参照URLよりP4の数字を参照　「アフターコロナ時代における地域活性化と観光産業に関する検討会資料」の「資料1　観光を取り巻く現状及び課題等について」
https://www.mlit.go.jp/kankocho/seisaku_seido/kihonkeikaku/jizoku_kankochi/kankosangyokakushin/saiseishien/content/001461732.pdf

※3　参照URLより図表Ｉ－50を引用　令和5年度版　観光白書　本文（第1部　観光の動向）
https://www.mlit.go.jp/statistics/content/001630305.pdf

図表6-2 日本の観光GDPの産業別構成（2019年）

単位：10億円

産業	観光GDP	構成比
観光産業	9,079	80.8%
宿泊業	2,459	21.9%
別荘（帰属計算）	406	3.6%
飲食業	1,601	14.3%
鉄道旅客輸送	1,807	16.1%
道路旅客輸送	501	4.5%
水運	30	0.3%
航空輸送	572	5.1%
その他の運輸業	929	8.3%
スポーツ・娯楽業	774	6.9%
その他の産業	2,158	19.2%
合計	11,237	100.0%

資料：観光庁「旅行・観光サテライト勘定」(TSA：Tourism Satellite Account)

　しかし2021年はコロナ禍の影響により、訪日外国人旅行の消費が0.6兆円しかありませんでした。またこの年は、国内・国外旅行者の両者を含めた旅行消費額が10.3兆円で、観光による雇用誘発効果は92万人、波及効果を含めた雇用誘発効果は156万人[4]でした。

　2030年における訪日外国人の旅行消費額目標15兆円とした際の雇用への波及効果が1.5倍かつ雇用誘発効果を234万人としたとき、日本国内の生産年齢人口の減少に伴って観光産業全体の就業者数が減少しているでしょう。この場合、訪日観光支出がもたらす雇用への波及効果の意味はさらに大きくなります。宿泊や飲食サービス業就業者の割合が多い県では企業による税収が相対的に低く、観光関連の依存度が高い県はなおさらです。**図表6-3**は、2020年の国勢調査から県別の就業者にしめる宿泊・飲食サービス業の就業者比率が大きい上位20の県を集計したものです[5]。

6
章

※4　参照URLより参照　「旅行・観光産業の経済効果に関する調査研究」（2021年版）
https://www.mlit.go.jp/kankocho/tokei_hakusyo/keizaihakyukoka.html

※5　「国勢調査 令和2年国勢調査 就業状態等基本集計（主な内容：労働力状態，就業者の産業・職業，教育など）を参照

図表6-3

ランキング	エリア	宿泊業，飲食サービス業就業率	宿泊業，飲食サービス業就業率
	全国	2,590,881	5.17%
ランキング	エリア	宿泊業，飲食サービス業就業者数	宿泊業，飲食サービス業就業率
1	沖縄県	37,991	7.84%
2	京都府	60,952	6.58%
3	山梨県	20,109	6.13%
4	北海道	116,257	5.71%
5	石川県	27,336	5.60%
6	長野県	47,817	5.59%
7	東京都	286,335	5.45%
8	大分県	24,182	5.45%
9	大阪府	172,186	5.41%
10	長崎県	27,883	5.41%
11	神奈川県	202,431	5.40%
12	鹿児島県	33,246	5.39%
13	静岡県	84,580	5.34%
14	千葉県	135,294	5.32%
15	福岡県	102,908	5.26%
16	和歌山県	17,808	5.24%
17	高知県	12,758	5.20%
18	奈良県	25,476	5.15%
19	宮城県	48,384	5.11%
20	兵庫県	105,586	5.06%

6-2-2　小規模な観光事業者が置かれた厳しい環境

　人口減少の加速がなくても、すでに観光事業者がおかれている状況は厳しいものです。宿泊や飲食などの観光業に関連する多くの事業者は、生き残りをかけた厳しい局面にある小規模事業者がほとんどで、コロナ禍によってその問題がより顕在化する状況となりました。

　ここからは、「アフターコロナ時代における地域活性化と観光産業に関する検討会資料」内で紹介されたデータなどを用いて、宿泊業を例に解説します[※6]。宿泊業者の6割以上は資本金1千万円未満の小規模事業者[1]で、家業として経営を受け継ぐ旅館が多く、経営手法を長年の経験や勘に依存しているなど低収益な事業体質の改善が課題となっている事業者がほとんどです。労働生産性は他産業と比べて低く、業種別労働生産性（従業員一人当付加価値）は全産業の平均730万円に対して宿泊業は510万円[2]。現金給与額（2020年）は全産業330.6万円に対して宿泊業は264.3万円[3]。就業者の年齢別構成比率は60代以上の高齢者が3割を占めています[4]。また宿泊業は装置産業であるため、1棟あたりの投資金額が他産業と比べ極めて高く、また全産業のなかで借入金依存度がもっとも高くなっています[5]。

※6　参照 URL より [1] P29、[2] P40、[3] P41、[4] P43、[5] P30を参照
　　「アフターコロナ時代における地域活性化と観光産業に関する検討会資料」の「資料1　観光を取り巻く現状及び課題等について」
　　https://www.mlit.go.jp/kankocho/seisaku_seido/kihonkeikaku/jizoku_kankochi/
　　kankosangyokakushin/saiseishien/content/001461732.pdf

6
章

6-2-3 「ゴールデンルート」以外にも足を運んでいただく

　特定の地域や観光名所に過度な観光客が押し寄せることで、その地域の環境や文化に悪影響を与える「オーバーツーリズム」という現象も顕在化しています。観光シーズンのピークに特定のエリアに大量に人が押し寄せることで発生する交通渋滞やマナー違反の観光客のふるまいなど、地元の方が迷惑を被る問題です。

　主に訪日外国人向けの言葉で、日本の「ゴールデンルート」と呼ばれるものがあります。これは、東京、神奈川、静岡、愛知、京都、大阪の6つの都府県を周遊する観光ルートを指しています。このエリアは東海道新幹線で結ばれており移動がスムーズかつ、各都市内の地下鉄やバスなどの公共交通機関も発達しており、はじめて訪れる外国の方が周遊しやすく整備されたエリアです。東京には渋谷、新宿、浅草、東京スカイツリー、京都には寺院や神社、静岡には富士山の壮大な自然、千葉にはTDL、大阪にはUSJ、名古屋にはレゴランドとジブリ・パークがあります。

　しかし、15兆円の目標を達成するためにはオーバーツーリズムを避け、訪日外国人の方に日本全国に足を運んでもらうことが理想です。はじめて日本に来る場合はゴールデンルートを辿っていただくケースが多そうですが、一方でリピートを重ねるごとにゴールデンルート周辺の都市部からそれ以外のエリア（地方部）に訪問する傾向もあるようです（**図表6-4**）[7]。訪日外国人のロイヤルティを高め、日本観光のリピーターになっていただくことが重要で、ダブルジョパディの観点からは「世界を対象とした日本観光の市場浸透率の拡大」が命題となります。

※7　参照 URL P4 を参照　平成29年訪日外国人消費動向調査【トピックス分析】訪日外国人旅行者の訪日回数と消費動向の関係について
https://www.mlit.go.jp/kankocho/content/001226295.pdf

図表6-4　訪日回数別地方部と都市部の延べ訪問率（韓国）

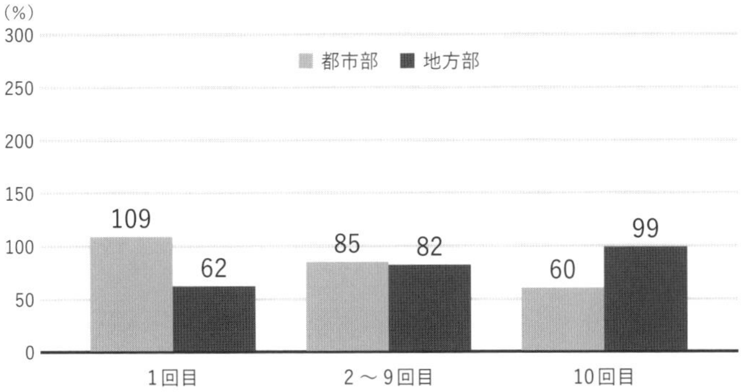

訪問率は、旅行者が各都道府県を訪れた割合。地方は、都道府県のうち、千葉県・埼玉県・東京都・神奈川県・愛知県・京都府・大阪府・兵庫県以外。

　ここまでは課題や問題点を挙げてきましたが、ここからは日本の観光資源のポジティブなトピックに注目します。

6-2-4　日本の観光資源をマーケティングするうえでのヒント

　日本人にとっては当たり前かもしれませんが、海外の方が訪れる観光地として基礎となる魅力はこの4つです。はじめの3つの要件を「高いレベル」で満たしており、四季の美しさがある国は実は多くありません。

1. 治安が良いこと
2. 水道の水を飲むことができる
3. 食事がおいしい
4. 四季がある

　レベルの目安となる参考データの1つ目は、治安の良さを示すデータです。令和5年版の犯罪白書の2016年〜2020年の先進国5か国と比較した人口10万人あたりの犯罪（殺人）の発生率は極めて低い状況です（**図表6-5**）[8]。

※8　参照 URL P27 より引用　令和5年版　犯罪白書
　　 https://www.moj.go.jp/content/001410095.pdf

図表6-5

①日本

年次	発生件数	発生率
2016年	362	0.3
2017年	306	0.2
2018年	334	0.3
2019年	319	0.3
2020年	318	0.3

②韓国

年次	発生件数	発生率
2016年	356	0.7
2017年	301	0.6
2018年	309	0.6
2019年	297	0.6
2020年	308	0.6

③フランス

年次	発生件数	発生率
2016年	779	1.2
2017年	710	1.1
2018年	696	1.1
2019年	753	1.2
2020年	692	1.1

④ドイツ

年次	発生件数	発生率
2016年	963	1.2
2017年	813	1.0
2018年	788	1.0
2019年	623	0.7
2020年	782	0.9

⑤英国

年次	発生件数	発生率
2016年	759	1.2
2017年	779	1.2
2018年	723	1.1
2019年	768	1.2
2020年	673	1.0

⑥米国

年次	発生件数	発生率
2016年	17,413	5.3
2017年	17,294	5.2
2018年	16,374	4.9
2019年	16,669	5.0
2020年	21,570	6.4

1. dataUNODC（令和5年（2023年）7月3日確認）及び国連経済社会局人口部の世界人口推計
  2022年版（World Population Prospects 2022）による。
2. 「殺人」は、dataUNODCにおける「Victims of intentional homicide」をいう。
3. 「発生率」は、前記人口推計に基づく人口（各年7月1日時点の推計値）10万人当たりの発生件
  数である。
4. 「英国」は、イングランド、ウェールズ、スコットランド及び北アイルランドをいう。

　2つ目の、水道の水をそのまま飲むことができる国は世界に9か国だけです[※9]。

　3つ目の食事のおいしさは、世界中の伝統的な料理や地元の食材、本格的なレストランなどを掲載するアメリカのメディア「Taste Atlas」が2023年12月13日に発表した「世界のベスト料理100」から、日本は1位のイタリアに次いで僅差で2位となっています。

　これらの条件に加えて、日本には四季があり、自然も豊かであるため、同じエリアでも春夏秋冬で違う体験を楽しむことができます。では、訪日外国人の方はどんな理由で日本に来ているでしょうか？

※9　参照 URL P104を参照　国土交通省『令和4年版　日本の水資源の現況』（7章）
　　 https://www.mlit.go.jp/mizukokudo/mizsei/content/001521368.pdf

図表6-6は、「DBJ・JTBFアジア・欧米豪 訪日外国人旅行者の意向調査2023年度版」の「2022年10月以降に訪日旅行した理由」[※10]より引用しました。1位は「日本食に関心があったから」、2位は「日本でのショッピングに関心があったから」、3位は「日本の自然や風景に関心があったから」、4位は「日本の温泉に関心があったから」、5位は「日本の文化・歴史に関心があったから」に続いて、6位は**「日本のファッション・ゲーム、アニメなどに関心があったから」**です。

図表6-6

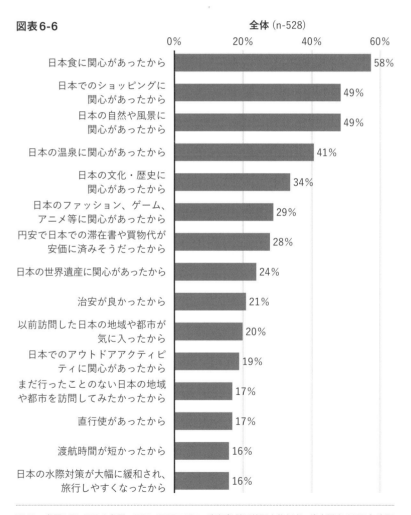

全体 (n-528)

※10　参照 URL P29 を参照　DBJ・JTBF アジア・欧米豪 訪日外国人旅行者の意向調査 2023 年度版
https://www.jtb.or.jp/wp-content/uploads/2023/10/report-DBJ-JTBF-asiaeuro-survey-2023.pdf

ファッションに関しては、ユニクロが品質の良いブランドとして認識されている国も多いと聞きます。ゲームやアニメなどのエンターテインメント・カルチャーは輸出産業としても優秀で、特にアニメは海外市場の比率が高くなっています。一般社団法人日本動画協会の「アニメ産業レポート2023」[※11]によると、2022年のアニメ産業市場2兆9,722億円のうち1兆4,592億円が海外市場です。グローバル展開されている動画プラットフォーム「Netflix」や「Disney＋」などには、日本のアニメやアニメ実写化作品が配信されています。また、家庭用ゲーム機を続々と世界に投入して普及を進めたのも日本企業ですし、2021年3月に開業したUSJの「スーパー・ニンテンドー・ワールド」は日本国内に限らず訪日外国人の方にも人気を博しています。日本製品およびコンテンツはすでに世界中に愛されていますが、より多くの方に興味をもっていただくためにできる試みはまだまだあるでしょう。

6-2-5　VRやMRなどのイマーシブ体験（没入体験）

皆さんは「イマーシブ体験（没入体験）」という言葉を聞いたことがありますでしょうか？　これは、リアリティ溢れる映像や音響などに浸る体験を指します。最近は、VR（仮想現実）やMR、人工知能、プロジェクションマッピングなどさまざまな技術の融合による、現実と非現実の境目が取り払われたようなコンテンツおよび体験が注目されています。

2023年6月、Appleがヘッドマウント型のMRデバイス「Apple Vision Pro」を発表し、2024年2月から北米で販売が開始されました。また2024年1月18日には、株式会社刀（書籍『確率思考の戦略論』著者である森岡毅氏が代表を務めています）が「イマーシブ体験」を提供するテーマパーク「イマーシブ・フォート東京」を手掛けることを発表し、同年3月1日に開業しました。このように、国内外の影響力を持つ企業がVR、MRなどの技術を中心としたイマーシブ体験に注目して可能性を予見し、活用を模索している最中です。

....

※11　参照 URL より参照　社団法人日本動画協会 Web サイト内「産業統計の調査・発表」
　　　https://aja.gr.jp/jigyou/chousa/sangyo_toukei

筆者は2013年にMicrosoftが発売したMRヘッドセット「HoloLens」の初期モデルを体験させていただく機会があり、現実世界に仮想の映像が重なる体験に未来を感じて感動したことを今でも覚えています。しかし現時点（2024年4月時点）で、Apple Vision ProやMeta社のヘッドセット型デバイス「Meta Quest 3」のように、イマーシブ体験を提供するデバイス（ここからは「イマーシブデバイス」とさせていただきます）を誰もが持っているわけではありません。それが今後、筆者のように**イマーシブデバイスに感動を覚える人が増え、スマートフォンのように市場浸透したときになにが起こるでしょうか？　潤沢な観光資源とエンターテインメント・コンテンツを有する日本の追い風にする可能性を探索します。**

6-3 | 観光×VRMR活用調査分析レポート

　本章の調査テーマは「イマーシブデバイスが普及する未来を想定した際に、日本の観光のポジティブな可能性を探索すること」です。この調査が皆さんの好奇心を刺激できれば、このテーマに興味を持っていただける方が増え、ゆくゆくは日本の観光やエンターテインメントのマーケティングの可能性を広げることになると考えています。

　図表6-7は、mif2023年度版（2023年6月調査）から集計した20～69歳のVRヘッドマウントディスプレイの保有率などを集計したものです。

図表6-7

次の商品の保有状況、購入意向についてお聞きします。　A.
あなたは次の商品を保有していますか。商品ごとにあてはまるものをそれぞれ
ひとつお答えください。（SA）　　［　VRヘッドマウントディスプレイ　］

年代性別	現在保有している	以前購入したことがあるがいまは持っていない	購入したことはないが、商品は知っている	購入したことはなく、商品も知らない
F20-29	1.9%	4.6%	38.2%	55.4%
F30-39	1.4%	1.9%	42.8%	53.9%
F40-49	1.0%	0.9%	44.3%	53.8%
F50-59	0.5%	0.5%	41.6%	57.4%
F60-69	0.6%	0.3%	33.6%	65.5%
M20-29	4.6%	9.0%	43.2%	43.2%
M30-39	4.6%	5.8%	50.4%	39.3%
M40-49	3.9%	3.3%	56.2%	36.6%
M50-59	2.3%	1.4%	61.8%	34.4%
M60-69	1.6%	1.0%	58.1%	39.3%

　現在、個人用に販売されているVRヘッドマウントディスプレイの主なユースケースはゲームです。ゲームの関与が強い世代、特に若い男性の保有率と過去の購入経験率が高くなっています。

また、mifには「遊園地・テーマパーク」などのエンターテインメントに関するサービスの利用状況を聞く設問があります。**図表6-8**は、「過去1年の遊園地・テーマパーク利用率」をVR現在保有者と非保有者で分けて各年代性別で集計したものです。

図表6-8

VR現在保有

サービス名	F20-29	F30-39	F40-49	F50-59	F60-69	M20-29	M30-39	M40-49	M50-59	M60-69
スポーツクラブ	29.2%	23.1%	14.7%	5.9%	26.7%	27.6%	33.1%	25.2%	16.0%	21.4%
保養施設・スパ	33.3%	25.6%	14.7%	11.8%	20.0%	28.5%	31.7%	13.6%	14.3%	
人間ドック	29.2%	25.6%	29.4%	23.5%	40.0%	26.0%	30.0%	38.1%	25.9%	33.3%
エステ	31.3%	30.8%	8.8%	17.6%	20.0%	30.9%	11.7%	16.5%	3.7%	2.4%
ネイルサロン・まつげエクステンション	27.1%	35.9%	17.6%	5.9%	13.3%	31.7%	17.7%	13.7%	3.7%	0.0%
国内旅行パック商品	35.4%	25.6%	26.5%	5.9%	33.3%	26.0%	34.6%	28.1%	7.4%	14.3%
海外旅行パック商品	29.2%	15.4%	8.8%	5.9%	0.0%	29.3%	21.5%	11.5%	3.7%	11.9%
遊園地・テーマパーク	39.6%	51.3%	32.4%	29.4%	20.0%	39.8%	37.7%	33.8%	24.7%	14.3%
ゲームセンター	39.6%	46.2%	32.4%	17.6%	13.3%	39.0%	40.0%	33.1%	17.3%	11.9%
パチンコ・パチスロ	29.2%	28.2%	11.8%	5.9%	6.7%	29.2%	33.1%	21.0%	23.8%	
カルチャーセンター	27.1%	20.5%	8.8%	5.9%	13.3%	23.6%	17.7%	15.8%	6.2%	9.5%
街中の店舗でのDVD・CDレンタル	33.3%	33.3%	8.8%	23.5%	6.7%	32.5%	24.6%	28.1%	16.0%	11.9%
旅行用品、ベビー用品等の各種レンタル	29.2%	20.5%	8.8%	17.6%	0.0%	26.8%	20.8%	15.1%	9.9%	7.1%
レンタカー	39.6%	25.6%	14.7%	17.6%	16.8%	35.8%	27.7%	28.8%	19.8%	16.7%
中古品買取サービス（自動車、バイクを除く）	41.7%	28.2%	8.8%	11.8%	6.7%	28.5%	30.8%	24.5%	17.3%	19.0%

VR現在非保有

サービス名	F20-29	F30-39	F40-49	F50-59	F60-69	M20-29	M30-39	M40-49	M50-59	M60-69
スポーツクラブ	6.4%	4.4%	5.5%	6.6%	10.2%	9.3%	8.9%	7.0%	6.2%	6.4%
保養施設・スパ	8.8%	8.5%	8.5%	8.3%	9.2%	10.4%	11.2%	10.0%	10.1%	9.2%
人間ドック	4.5%	8.2%	13.9%	14.3%	14.3%	5.3%	12.6%	19.7%	24.0%	21.7%
エステ	12.0%	9.1%	6.7%	6.4%	5.9%	4.7%	4.4%	1.5%	1.1%	0.6%
ネイルサロン・まつげエクステンション	24.3%	13.6%	7.9%	5.9%	2.6%	4.5%	3.1%	1.0%	0.5%	0.2%
国内旅行パック商品	8.0%	8.0%	8.2%	8.3%	12.1%	6.9%	8.0%	7.9%	7.0%	9.0%
海外旅行パック商品	3.0%	1.9%	1.2%	1.4%	1.4%	2.9%	2.9%	1.4%	1.1%	1.6%
遊園地・テーマパーク	34.4%	29.3%	20.6%	11.2%	12.5%	19.5%	22.2%	17.7%	9.3%	9.5%
ゲームセンター	32.2%	29.9%	18.1%	6.6%	3.5%	22.5%	22.5%	16.3%	13.6%	9.7%
パチンコ・パチスロ	5.6%	4.0%	4.5%	4.3%	3.4%	12.8%	17.0%	16.3%	13.6%	9.7%
カルチャーセンター	1.8%	1.8%	1.4%	1.8%	4.2%	3.4%	2.9%	2.0%	1.1%	1.8%
街中の店舗でのDVD・CDレンタル	9.3%	11.5%	9.7%	6.5%	4.0%	10.3%	11.7%	11.8%	9.3%	7.8%
旅行用品、ベビー用品等の各種レンタル	4.0%	2.8%	1.0%	0.8%	1.1%	4.4%	1.7%	1.1%	1.5%	1.6%
レンタカー	10.7%	8.2%	7.8%	8.5%	6.4%	14.1%	11.4%	10.2%	12.3%	12.3%
中古品買取サービス（自動車、バイクを除く）	9.3%	10.9%	11.4%	11.6%	10.1%	10.6%	11.8%	10.4%	10.3%	10.6%

　この集計結果を見ると、VRヘッドマウントディスプレイ保有者のほうが各種サービスの利用率が圧倒的に高い結果が出ています。しかし、VR現在保有者と非保有者の利用率の差分を「VR保有によるサービス利用率の増加効果」と判断できません。保有者の方はごくわずかしかいないため、セレクション・バイアスが働いていると考えられるからです。

　そこで確認したいのが**図表6-9**です。VRヘッドマウントディスプレイ保有者と非保有者に分けて、世帯年収4区分と各年代性別をクロス集計したものです。

図表6-9

VR現在保有

年代性別	300万円未満	300〜600万円	600〜1000万円	1000万円以上（＆わからない）
F20-29	26.0%	30.1%	17.1%	26.8%
F30-39	8.5%	26.2%	32.3%	33.1%
F40-49	15.1%	17.3%	36.7%	30.9%
F50-59	18.5%	22.2%	23.5%	35.8%
F60-69	14.3%	35.7%	19.0%	31.0%
M20-29	12.5%	22.9%	37.5%	27.1%
M30-39	12.8%	17.9%	41.0%	28.2%
M40-49	14.7%	23.5%	17.6%	44.1%
M50-59	17.6%	23.5%	29.4%	29.4%
M60-69	26.7%	20.0%	20.0%	33.3%

VR現在非保有

年代性別	300万円未満	300〜600万円	600〜1000万円	1000万円以上（＆わからない）
F20-29	30.2%	33.3%	19.9%	16.6%
F30-39	16.9%	29.8%	34.4%	18.9%
F40-49	15.8%	26.7%	35.3%	22.3%
F50-59	16.8%	22.8%	31.1%	29.3%
F60-69	23.7%	33.6%	25.7%	17.0%
M20-29	34.3%	28.5%	20.9%	16.3%
M30-39	25.1%	32.4%	27.7%	14.8%
M40-49	25.4%	30.7%	27.4%	16.5%
M50-59	28.4%	25.7%	24.9%	21.0%
M60-69	35.8%	32.6%	18.2%	13.5%

　保有者の年収が高くなっており、年収がVR保有（原因）と、各サービス利用（結果）の双方に影響する交絡となっていることが考えられます。交絡は年収に限らず、ほかにもさまざまなものが考えられます。

　図表6-8をVR現在保有者と非保有者で分けて各年代性別で集計したものを単純比較した差分には、年収などさまざまな交絡が含まれます。そのため、差分をそのまま因果効果と捉えることはできませんが、こうしたデバイスが今後普及することでエンターテインメントサービス利用に前向きになる因果効果はゼロではなく、プラスの影響があると仮説しています。そこで未来のイマーシブデバイスの浸透を見据え、ポジティブな因果効果を日本の観光マーケティングのチャンスに変える可能性を模索しようと考えたわけです。

新型コロナウイルス感染症によって逼迫した状況でも、日本各地をバーチャル旅行する取り組みが行われました。今後イマーシブデバイスが普及すれば、旅行の計画を立てるときにまずはVRやMRを使って実際の観光をイメージすることが当たり前になるかもしれません。また旅行先の各施設でも、イマーシブデバイスを活用した新しいサービスで観光地や施設をより楽しむことができるようになるかもしれません。

　今回は、VRとMRの技術と観光を掛け合わせた新しいサービスのアイデアを考え、その受容性を確認する調査を行うことにしました。その対象ですが、ここでは日本国内在住の60代男女をターゲットに設定しています。というのも、まず訪日外国人の方は侍、忍者、芸者など、時代劇のような世界観と日本のイメージを結び付けている方も多いようです。同じように日本特有の世界観やカルチャーに興味が強いのは日本在住のシニア層という点で共通すると考えました。ほかにも両者には以下のような"制約"という共通点があるでしょう。

■ 観光時の制約として考えられる共通点（例）

- **移動**
  - 訪日外国人：公共交通機関の複雑さ、乗り換えの困難さ
  - シニア：長距離移動の負担、体力的な制限
- **情報**
  - 訪日外国人：日本語や英語以外の言語での情報不足
  - シニア：スマートフォンやパソコンを使った情報収集の難しさ
- **施設・サービス**
  - 訪日外国人：多言語対応の不足、文化的なギャップ
  - シニア：バリアフリー設備の不足、高齢者向けのサービスの少なさ
- **心理的な障壁**
  - 訪日外国人：言葉の壁、不安感、孤独感
  - シニア：自信喪失、不安感、周囲への遠慮

　つまり、日本国内在住の60代男女を対象とした「VRとMRの技術と観光を掛け合わせた新しいサービス」のコンセプト受容性の調査は、インバウンド向けマーケティングのヒントにもなると考えたわけです。

6-4 | 曖昧なテーマから「問い」を探索する プロセスと考え方

　ここまで、今後の日本の観光マーケティングの重要性を認識したうえで**「60代の方が自ら楽しめる新しい観光サービスの可能性を探ろう」**程度の曖昧な目的を設定しました。そして、この次に考えたのは「調査をどのように設計するか？」でした。2023年10〜12月までの3カ月をかけて、山本氏と私で以下のプロセスを経てテーマと調査の要件を考えて定義し、その後インタビュー調査を開始しました。

1. 60代男女の「テーマパーク」に行く人と行かない人の違いをディファレンス分析で探索【23年10月初旬（小川）】
2. 60代以上が自分のためにテーマパークに行く理由をチャットインタビューで探索【23年10月前半（山本さん）】
3. 温泉テーマパークを視察　【23年10月中旬　（山本さん・小川）】
4. VR体験（お台場のVR施設）【23年11月中旬（小川）】
5. VR体験（代々木のVRレストラン）【23年11月後半（山本さん・小川）】
6. チャットインタビューで60代以上にコンセプト壁打ち　【23年12月上旬（小川）】
7. インターネット調査の配信　【23年12月後半（小川）】

　まず、私が60代男女それぞれに「テーマパークに1年以内に行った方」とそうでない方のディファレンス分析を行いました。やってみてわかりましたが、ディファレンス分析の結果からはご自身というよりお孫さんがいらっしゃることが交絡として想定される項目が目立ちました。ここで、その世代の方がご自身のためにテーマパークに行く理由があまり想像できず、ディファレンス分析の結果の考察のヒントとなる仮説を持っていない状態であることに気づきました。5章で提示したエナジードリンクのディファレンス分析結果を見て、皆さんそれぞれの考察があったのではないでしょうか？エナジードリンクを飲む理由やよく飲む人のターゲット像は、皆さんそれぞれベースとなる知識があると思います。しかし、60代の方がご自身のため

にテーマパークに行きたくなる理由については、ヒントがまったくといってい
いほどありませんでした。

　そこで、ファクトの収集にすぐ着手したほうが良いと判断しました。60
代以上の方が自らテーマパークに行く理由をゼロから探るためにチャットイ
ンタビューツール「Sprint」でのヒアリングを山本さんにお願いし、その後、
一緒に温泉テーマパークに視察旅行に行きました。現場でサービスを体験
しながら周りの様子をそれとなく観察し、考えをまとめていきます。「60代
以上の方が自ら楽しめる新しい観光サービス」を検討するためには、まず
は自分（40代の私）とは違う時間軸を過ごしてきた60代の方の考え方を
想像する必要があります。

　執筆期間中、家族と実家に帰る機会があったので両親にもヒアリングし
てみました。両親の年齢は執筆時点で80歳くらいと70代後半です。後期
高齢者、完全なシニア世代です。両親にとって、孫と過ごす時間は両親に
とってかけがえのない時間ですが、「テーマパークはもう行けない」と言っ
ていました。2人とも普段の生活には問題ありませんが、足腰を少し悪くし
ているためテーマパークを歩き回ることは現実的ではありません。余談で
すが、両親にとっては回転寿司チェーンのシステムが非常にせわしなく疲
れてしまうそうで、最近増えた飲食店のタッチパッドでの注文に苦労した話
もよく聞きます。

　一方、60代はどうでしょうか？　本書では60代も"シニア"として解説
を進めますが、実際には60代で元気に働いている方も多く、60代と両親
の世代の差は大きいと考えています。ここで筆者の昔話をしますが、任天
堂のファミリーコンピューター（以下「ファミコン」）が流行り出して、私が両
親に買ってもらった年齢は7歳でした。しかし、流行っているからといって
両親が自らゲームにハマることは一切ありませんでした。一方で、現在60
歳の方は、私がファミコンを買ったときに22歳と、ファミコンを自ら楽しん
でいそうな年齢です。ファミコンは一例ですが、60代は80代と比較して
新しいテクノロジーを活用したエンターテインメント（ここで検討するのは
イマーシブデバイスを使ったもの）に対する受容性がありそうです。

こうした思考をしながら消費者インタビューの事前準備を行っていくわけですが、なにをどのように聞いていくかを考えるためには、あらかじめ仮説をもっておく必要があります。そのためには、調査スキル以前に**マーケティングにおける「顧客理解」とはなにか、「顧客を理解した」とはどういう状態なのかを理解することが重要**です。

　多くのビジネスで「顧客理解が大事」という考えが前提になっていると思いますが、顧客理解はなぜ大事なのか、そもそもどんな状況が望ましいのか、といった認識はバラバラです。マーケティングを専門とするプロジェクトチーム内の会話でも、メンバーそれぞれの顧客理解の定義を汲み取って認識を合わせるようなことが頻発します。共著の山本さんに執筆をお願いした次の節**「顧客を理解する（概念偏）」と「顧客を理解する（メソッド編）」**を読んでいただければ、この前提知識を理解していただけるでしょう。

6-5 顧客を理解する（概念編）

6-5-1 「顧客理解」は日常的な「他者理解」の延長

　皆さんは、普段ごく当たり前に他者を理解したり理解されたりといった経験をされていると思います。家族や友人、会社の同僚などがしてほしいことを察して動き、それで喜ばれた経験やその逆の経験は誰しもおありのことでしょう。そして顧客もまた、売り手である自分にとっての他者の集合ですから、「顧客理解」は日常の「他者理解」の延長線上にあります。

　当たり前のことを言っているように思われたかもしれませんが、これが顧客理解において大切なことであり本質です。私の経験上の話になりますが、「マーケティング」「顧客理解」という文脈になると、なぜか他者理解とは関係ない"特殊なこと"と考えられてしまうことが多くなります。つまり、顧客理解は"日常から切り離された特別なマーケティングスキル"だと捉えられてしまうのです（その要因は後述します）。

　しかし、顧客理解の基本部分はあくまでも日常で誰もが行っている他者理解の延長です。少なくとも、マーケティングを考えるときにはそのほうが成果も出しやすいものです。それはなぜか？　マーケティングには、「顧客に喜んでいただいて対価を得るための仕組みづくり」という側面があるからです。日本マーケティング協会が定めた「マーケティングの定義」を見てみると、「顧客や社会とともに価値を創造し、その価値を広く浸透させることによって、ステークホルダーとの関係性を醸成し、より豊かで持続可能な社会を実現するための構想でありプロセスである。」とされています。これからマーケティングに携わる方には直感的に理解し難いかもしれないと思い、そのなかの一部の要素を抜き出した結果が**「顧客に喜んでいただいて対価を得る仕組みづくり」**であるとご理解ください。

売り手として対価を得るためには、とにかくまず「顧客に喜んでいただく」ことが必要です。皆さんはこの書籍でいろいろなことを学ばれたと思いますが、すべてはこの「顧客に喜んでいただくこと」が土台にあります。しかしマーケティングやリサーチに取り組んでいると、往々にしてその土台が忘れられてしまいます。

6-5-2　「顧客理解」にありがちな誤解

　本書のこれまでの内容をご覧いただいたとおり、マーケティングやリサーチではさまざまなデータを扱います。このデータはもちろん顧客を理解するためのものですが、裏を返せば「データさえ見ていれば顧客理解になる」という誤解を招きやすい環境でもあり、いつの間にか「顧客理解とはデータを集めること」となってしまう人がいるのです。わかりやすくするため、先述の「他者理解」に沿って考えてみましょう。

　たとえば、ペルソナやカスタマージャーニーマップ[12]を作成するために、大規模アンケートなどで大量の情報を集めるのはよいことです。しかし、集めた情報をもとに「ペルソナAさんは、朝起きたらまずTVをつけて情報番組を見ます。几帳面な性格なので朝食を決まった時間にとり、メニューは和食…」といった成果物をつくり、この段階で顧客理解ができたと思い込むことはないでしょうか。

　これが顧客理解でないことをもう少し念入りに説明したいと思います。ここで、あなたご自身の朝の行動パターンを思い返し、簡単でいいので書き出してみてください。起床時間、起きてすぐやること、朝食、SNS、洗顔など、さまざまなことが浮かぶと思います。たとえば私の場合、今日は朝6時前に起きて、うがいしてから水を一杯飲みました。柔軟体操をして、金

---

[12]　「ペルソナ」とは、架空の顧客像を詳細に設定したものを指します。象徴的な顧客の1人として年齢、性別、職業、性格、価値観、ニーズなどを想定することで、顧客の思考や行動の共通認識を持つためのものです。「カスタマージャーニーマップ」とは、顧客が商品やサービスを知るきっかけをはじめ、購入、利用、アフターサービスまでの一連の時系列の流れを可視化したものです。顧客の感情や課題を各段階で整理し、共通認識を持つことで、顧客体験の改善に役立てるものです。

魚に餌をやり、子供を車で学校に送ってから朝食として納豆ごはんを食べました。

　書き終わったら、次のことを想像してみてください。もしもほかの誰かが「あなたが今日朝起きてからの行動をすべて知っている」と言ってきたら、どう思うでしょうか？　そのとき、あなたは「この人は自分のことを理解している人だ」と思いますか？　「そうだけど、だからなに？」あるいは「ストーカー!?」としか思わないのではないでしょうか。たしかに知られているのは事実情報でフェイクではないとしても、「なぜその行動をしているか」が理解されていないと「自分のことを理解されている」とは思えません。それなのに、これと同じことをデータ分析でやってしまいがちなのです。対象者の事実情報を大量に集めながら、ただそれを並べるだけで終わってしまう。それは決して「理解」ではありません。データをたくさん集めるにはそれなりの労力がかかりますが、そのデータの山を見上げて"やった感"を味わっている状態でしかないのです。

6-5-3 　「理解された」と感じるとき

　引き続き「他者理解」に沿って考えていくと、「自分のことを理解されている」と思えるのは、**事実情報の背景やそれに伴うあなた自身の気持ちを相手が正しく想像してくれたとき**です。また、**その気持ちへ共感を示してくれたとき**でしょう。

　先ほどの私が朝起きたあとの行動を例に考えましょう。実は、私の子どもが少し前に足を怪我し、電車で通学することが難しいため、このような生活パターンとなっています。これが「事実情報の背景」です。また、子どもを車で学校まで送るのに片道30分は必要かつ、足を怪我した子どもは自力での移動速度も下がるので、遅刻しない時間に家を出るためには時間に余裕を持つ必要があります。そのために、以前より早い朝6時に起きるようになりました。加えて車を朝早くから安全に運転するために、しっかり頭と身体を目覚めさせないといけないので、起床後の水と柔軟体操は欠かせません。私の事情は概ね以上のとおりです。しかし、たとえ朝の行動パターンを聞かれても、ここまで説明しないこともあるでしょう。

私の朝のルーティンを知った人が、背景を想像しないまま「6時前に起きているんだ。へー」としか言わなかったり、まして「車で送っているなんて過保護だ。電車で通わせればいい」「そんなに朝早く起きる必要があるなら引っ越せば？」などと言ってきたら、こちらの事情（子供の足の怪我）を知ろうともしないで…と、腹立たしく思います。もちろん、その人を理解者などとは思いません。

　一方で、「6時起床はけっこう早い」「自分もそんな時期があったけど、早起きは辛かった」「毎日お子さんを送るのは大変だよね。お子さんが電車で通えない事情があるのだと思うけど」などと話してくれる人には、自分を理解してくれそうという感覚を持ちます。さらに、私の話をしっかりと聞いてくれたうえで、「自分にも似たような経験があるので大変さはわかる気がします」と私の事情や大変さを想像してくれたり、「でも、その大変さを引き受けてしまう気持ちはとってもわかります」などと共感を示してくれたりする人は私の理解者といえるでしょう。

　前者は事実だけを表層的に捉えているだけ、または自分の考えを一方的に述べているだけでしょう。しかし後者の方には、私の思いを汲み取り、尊重して捉えてくれていると感じます。私には私の事情があることを想像してくれていることが伝わるわけです。後者の方が行っているのが「想像」と「洞察」で、この**「洞察」が他者理解のコア部分を占めています。洞察を行ううえで、自分の経験の「引き出し」を使うことが重要で**、あなたが誰かを理解しようとするときにも必ずこのプロセスを踏んでいるはずです。たとえば、失恋で悲しんでいる人が目の前にいて慰めるときには、ご自身の失恋経験や大切な人との別離の記憶を思い起こし、その悲しみ、辛さにあたりをつけて接しているでしょう。「他者理解」に必要なポイントをまとめると以下の通りです。

・正確な事実情報の把握 - 事実
・相手のリアルな人物像、価値観の想像、把握 – 洞察①
・「もし自分がその立場なら」「それには覚えがある」という自分事化 – 洞察②
・「覚えがある」気持ちへの共感 - 共感

このように、単に相手の事実情報を知るだけでは「理解」足り得ないのです。もちろん、正確な事実情報の把握が大切なことはいうまでもありませんが、「理解」に達するまでにはそれだけでは不足で、少なくとも「洞察」を必要とします。なお、「共感」があればよりよいですが、「共感」は必ずしも必要ではありません。ここでいう共感は「わかる！」という全面的な共感を指しますが、その前段階の「覚えがある」という自分事化は、「自分にもそういう面がある」「わからなくはない」という感情を内包します。この部分が伝わるだけでも、相手にとっては「理解された」と感じられるものと思います。ついうっかり悪戯を働いて怒られている子供を前に「超わかる。楽しいよな！」と言わなくても、「昔は自分も悪戯をしたことがある。悪戯をしたとき、こんな気持ちだったのではないか」と伝えるだけでも理解者と思ってもらいやすいでしょう。

6-5-4　相手に喜んでもらうために必要なこと

　顧客に喜んでいただくためには、顧客がどうすれば喜ぶのかを洞察する必要があります。その人の事実情報を集めるのは前提として、なにをすれば喜んでもらえるかは仮説するしかありません。引き続き、身近な「他者理解」に立ち戻って考えてみましょう。

　あなたが、まだ交際に至っていない意中の人に誕生日プレゼントを渡すシチュエーションを想像してみてください。相手に喜んでもらうことを目的に仮説するとき、最初にやることは事実情報の収集だと思います。まずは過去のその人の行動や、どんな話をしてきたのかを思い出すことから始めるでしょう。同時並行で、その人の行動や発言を注意して見るようにもなるでしょう。加えて、信頼できる共通の知り合いに聞き込みをするなどの有力な「事実情報の収集」をする人もいると思います。

　その事実情報をもとに、その人がどんな人柄で、趣味嗜好はなにか、どんなときに喜ぶかなど、人物像や価値観を組み立てると思います。「あのときにあんなに喜んでいたのは、きっと○○だからだろう。だとしたら自分にも覚えがある」などと「洞察」を働かせ、ときには「それは超わかる…」などと「共感」することと思います。このようなプロセスを経て、「もしも自分が

相手の立場なら、□□をプレゼントすればきっと喜んでくれるに違いない」と考えるでしょう。これが**「事実」「洞察」「共感」の3点セット**で考えた仮説です。

　もしも「事実情報の収集」段階でプレゼントを選んでいたら、どうなる可能性が高いでしょうか？　たとえば、信頼できる共通の知り合いから聞いたことをそのままプレゼント選びに反映させることもあるかもしれませんが、マーケティングの実務で他者から聞いたことや事実情報をよく咀嚼せずにそのまま施策に反映すると失敗する例が多いです。**大事なのは事実情報をもとに洞察することで、その際には自分のなかに「覚えがあること」を探すことが有効です。**

　事実情報を集めるだけで組み立てた仮説と、相手について洞察を働かせ、自分にも「覚えがある」実感とともに組み立てた仮説と、どちらがよいプレゼントに結びつきやすいでしょうか？　前者であれば単純に趣味嗜好に合うか合わないかになるでしょうが、後者ならば相手にとって強烈な「意味」を持つものをプレゼントできる可能性があります。こうして、プレゼントを渡して狙い通り喜んでもらうことができれば、相手があなたに向く気持ちの変化を期待することもできるかもしれません。**マーケティングにおける顧客理解の主な目的は、こうしたポジティブな変化を起こすこと**にあります。

　もちろん、どんなに洞察を働かせても、仮説は仮説なので外れることもあります。そこで「PDCAサイクル」という考え方が機能し始めます。相手を怒らせる結果にでもならない限りは、「【Plan】仮説を立てる→【Do】プレゼントを渡す→喜ばれなかった（仮説が外れた）→【Check】どこがその要因となったのかを分析する→【Action】次のプランに活かす」といったサイクルを回して、それぞれのチャンスからポジティブな変化を起こす確率を上げていけるはずです。

6-5-5　顧客理解と顧客インサイト

　まとめると、顧客理解とは「自分のなかにリアリティある顧客の人物像を作り上げ、実感をもってそれになりきれる状態」を指します。その顧客としての人格をもってモノを見ることができる「顧客視点」で相手が喜ぶ選択を選べたときに、マーケティング施策が成功する確率が上がります。

　この顧客理解ができると、売り手としての自分の人格のほか、顧客として作り上げた仮想の人格が生まれます。この状態であれば、その2人が自分のなかで"対話"を重ねて結論を出してくれます。

自分の人格「このプレゼントはどうかな？」
相手の仮想人格「うーん、いまいち」
自分の人格「なぜ？」
相手の仮想人格「だってこれは××だから」
自分の人格「それなら、あっちをプレゼントにするのは？」
相手の仮想人格「それなら、ほしいかもしれない…」

　という対話の果てに、相手の仮想人格が喜ぶものを見出し、「これをプレゼントしよう」という仮説と、それに基づいた意思決定に辿り着きます。この過程をうまく回すと、相手への理解が磨かれていきます。対話の過程では、たくさん集めた事実情報が取捨選択され、洞察が繰り返されます。「あの場面であんなに喜んだのは、ひょっとしてこうだったからじゃないか！」などの発見もあるでしょう。それに従い、「相手の人格」のリアリティが磨かれていきます。マーケティング施策もこれと同様に、売り手としての人格と、買い手の仮想人格との対話のなかで理解が磨かれると、仮説が意思決定に繋がっていきます。

　マーケティング用語では、顧客自身も自覚していない潜在的なニーズを「顧客インサイト」と呼びます（相手に直接聞いて相手が言語化できるものは「インサイト」ではなく「ニーズ」や「ウォンツ」と呼称すべきものでしょう）。「喉が渇いたときに水が欲しい」くらいわかりやすければいいのですが、これだけモノやサービスが溢れた世の中では、顧客が「本当にほしいもの」

を自覚していないケースが多いのです。モノやサービスに出会ってから、「あ、これがほしかったんだ」と自覚するのであって、調査と題して相手がほしいものを聞き出そうとしてもわからないことが多いですし、下手な聞き方をしてしまうと相手が意図せず嘘をついてしまうこともあります。

そもそも、「インサイト」の和訳は「洞察」です。もともと顧客のなかに形づくられているものを見つけるというより、「洞察によって売り手が築いた仮想の顧客の人格のなかに見つけるもの」と考えた方が実態に近いのではないでしょうか。

インサイトについては、マーケターによく知られているマクドナルドの例があります。同社が取ったアンケートで、顧客から得た回答に「もっと健康によいものがほしい」という回答が多かったため、2006年にサラダ関連の商材を売り出したことがあります。しかし、販売が振るわず業績にも悪影響が出たため戦略の再設計に乗り出しました。その過程で顧客の洞察から「背徳感」を見出し、「お腹がすいたときにお肉をガッツリ食べたい」欲求に対応する定番商品のビッグサイズを販売し、売上を増加させ業績を回復させたというエピソードです。

調査対象者から得られた直接的な発言から「背徳感」を見出すことは難しいと思います。「背徳感」は、マーケターやリサーチャーによる洞察によって導いたものではないでしょうか？　たとえばお酒を飲んだあとにガッツリとラーメンを食べてしまい、「やってしまった…」と思いながらも、えもいわれぬ快感を味わった経験がある方は多いと思います。「お酒を飲んだあと」というシチュエーションはマクドナルドにあてはまらなくても、そのときの背徳感と快感はマクドナルドのハンバーガーの魅力と通じるものがあるのではないでしょうか。

ここで例にしたエピソードは、行動経済学をビジネスマン向けに事例を交えて解説した書籍『人は悪魔に熱狂する 悪と欲望の行動経済学』(毎日新聞出版株式会社)に詳しく書かれています。本書でアンチテーマとした「思い込み」を行動経済学の観点から紐解くことに役立ちますので、皆さんもぜひ読んでみてください。

6-5-6　顧客理解が難しい理由

　顧客理解は特段難しいものではなく、誰しもが行うことができるものです。そして、皆さんの日常生活のなかからヒントを見出すことで、その素養を養えます。しかし、ビジネスの現場で顧客理解が"日常から切り離された、難しいマーケティングの特別なスキル"と誤解されているのが現状です。それはなぜか？　私のキャリアを通して考えてみると、3つの理由が思い浮かびます。

1.取り扱うデータ量が膨大

　データからなにかを見つけ出す探索的なアプローチほど難易度は高くなります。仮説を持ったとしても、それをたしかめる目的が不明瞭であればあるほど、データと向き合う難易度は各段に上がるでしょう。また追い打ちをかけるように、マーケティング業務で取得できるデータの種類も量も増えています。仮説が希薄な状態かつデータは膨大のダブルパンチの状況だと、いつしか仮説がないまま"データ集め"に翻弄されてしまいます。

2.顧客理解の指導法に問題がある

　ビジネスパーソンは誰しも、「もっとお客様の立場になってモノを考えなければならない」と指導された経験、そして多くの方がそう指導した経験をお持ちでしょう。しかし、指導する側は実際に「顧客のことを想像する行為」を許容・推奨していますでしょうか？　たとえば、部下や後輩が顧客に関する仮説を持ってきたときに、いきなり「エビデンスは？」などと言うのは考えものです。「"客観的"なデータがないと顧客のことがまるでわからない」という態度で、洞察抜きの事実情報だけを優先してはいけません。顧客と自分で立場が違っても人間としての共通項をたくさん持っているものなので、本来は「自分の経験や感性と照らし合わせて他者理解をしていくプロセス」が重要であることを指導するべきでしょう。

3.他者の理解には苦痛が伴う

　私の個人的な考えであり、決して断言できることではありませんが、**「人間はそもそも他者理解が好きではない」**特性があるのではないかと考えています。たとえば、自分ならば絶対に買いたくないと思う商材やサービスを好んで利用する方の他者理解を本気で行うことを想像してみてください。特に顧客理解の思考に慣れていない方がこのテーマで本気で取り組もうとすると心理的な苦痛があると思います。

　これも私の経験ですが、マーケティング・リサーチの場で顧客の理解を拒む格好の言い訳として「ターゲット外」という言葉が好んで使われることがあります。本当に「ターゲット外」であることも多いですが、「この顧客を理解したくない」という本音を糊塗するためにその言葉が使われているようなケースもあります（そのため、私は「ターゲット外」という言葉を使うことにはかなり慎重な立場です）。このように、自分が理解できる、もしくは理解しやすい範疇から外れてしまうと、途端に他者を理解するのが苦痛、もしくは遠ざけてしまう特性があるのではないでしょうか。

　以上3つの理由から顧客理解が難しい状況があると考えています。裏を返せば、ビジネスパーソンとしての差別化、競争力の源泉として、顧客理解のスキルは今後も機能し続けるといえます。次の節では、どのように顧客理解力を身につけていくかについて触れますので、ご活用ください。

6-6 | 顧客を理解する（メソッド編）

顧客理解の基盤となるのは他者理解をする能力であり、相手にもよりますが普段から発揮しているものであることだとおわかりいただけたかと思います。では、眼の前にいるよく知らない相手を理解するとき、あなたはどうしますか？

おそらく会話から始めると思います。挨拶、自己紹介、好きなもの…大概はこんなところから始めるでしょうか。その過程で、人柄や大切にしている価値観などを知っていくと思います。顧客理解に関しても、基本的にはこれと変わりません。対話から始めればよいのです。

これをマーケティング・リサーチの手法として言い直すと「インタビュー」となります。「どうしたらいいかわからない…」という方に私がおすすめしたいのは、まず話を聞ける身近な方にインタビューを行うことです。このとき、普段の会話の延長ではなく、「商品やサービスについてのヒアリング」という名目で質問する内容と時間を決めて、真剣に聞くことが重要です。「すでに見知った人の情報を集めても顧客理解につながらないのでは？」と思うかもしれませんが、見知った人が相手なら質問もポンポンと浮かびやすいでしょう。また、商品やサービスについての考え方は、普段そこまで深くは聞かないのではないのでしょうか。見知った人といえど、さまざまな考え方やこだわりがあることに気づくはずです。こうしてインタビューすることに慣れていけば、よく知らない方が相手でもうまくいきやすくなるわけです。

身近な方へのインタビューの練習をしたら、そのあとはリサーチモニターや自社の顧客など、日常では自分との接点がない方にインタビューしてみましょう。ここからはインタビューを行うときの訓練の仕方を紹介しますが、やはり背景にあるのは「顧客理解の主導権は顧客側にある」という当たり前の事実です。売り手側が「理解した」と思うのではなく、顧客側が「理解された」と思うことが顧客理解なのです。他者理解に置き換えてみても、

「私は君のことを完全に理解している」などという人は薄気味悪いのと同じ、ということを念頭に置いて読んでみてください。

6-6-1 自分自身の感覚を言語化して相手にぶつけてみる

最初に、ほかの誰よりもわかっているであろう自分自身のことをどれだけ言語化できるかトライしてみましょう。マーケティングに必要なのは顧客に喜んでいただくことなので、自分自身がすごく喜んだこと、好きなこと、ポジティブな方向に強く感情が動いたことを事例にすると良いでしょう。たとえばテーマパークに行ったときの感想です。ただし、ポジティブな意見のうちよくお聞きする「とても楽しかった！」という言葉の「楽しい」は包含する意味が多様すぎるので、自分の内面を深堀しながら、その言葉の背景にある意味を捉えていくことが必要になります。5W1Hを使って具体的なシチュエーションを思い起こし、「たとえば、どんなことが楽しかったのですか？」と、そのときの感情を言語化して確認しながら聞いていく引き出しを作っていきましょう。

たとえば筆者の場合、高校の卒業旅行で友人とテーマパークに行ったときの「楽しさ」の中身を深堀して考えてみます。そのときの体験を思い出すと、特に印象的だったことは、絶叫型のアトラクションで友人とキャーキャー騒いでいたときのことでした。かけがえのない時間を感じて、とても「癒された」感覚があったことを思い出しました。こうした事象に対して、次はなぜ癒されたのかを深堀して考えます。

「癒された」感覚は自分ひとりでの体験では得られないもので、感情を分かち合う見知った仲間がいたからということを改めて理解します。ほかにも癒された理由を考えてみると、大学受験の苦しいプロセスが背景としてあったことが大きいと思います。そのストレスからの開放を象徴する卒業旅行での体験ということで、絶叫マシンで頭が真っ白になるような体験を仲間と共有して笑い飛ばせたことで「癒された」のです。

自分の中にある日々の行動や心の動きの理由を言語化することで、自分が行う行動のプロセスを理由づけし言語化する「引き出し」を増やしていくことが重要です。この取り組みで大切なのは、言葉の「腹落ち」感と向き合うことです。「腹落ち」とは、大雑把すぎてしっくり来ない「曖昧な言葉」の意味を分解して別の言葉を探すプロセスを繰り返すことでしっくりくる言葉を見つけることです。こうした言語化の訓練を日々の習慣として行うためには、以下2点の訓練が効果的です。

■ 日記を書く

　その日にあったことを書き留める過程で、上記の「腹落ち感」を意識してみてください。記憶が新しいうちに取り組めるので、しっくりくる言葉も見つけやすいでしょう。偉そうな言い方になりますが、日々自分が感じている気持ちがいかに定義しにくい曖昧なものなのかに気づくだけでも、マーケティングに取り組むうえでは相当なアドバンテージになります。

■ 本を読む

　他者理解、顧客理解には語彙と人生経験は多ければ多いほど有利です。後者の人生経験を直接増やすにはちょっと時間も機会も足りないかもしれませんが、本を読むことで擬似的に経験できます。登場人物の心情を学び、洞察しながら語彙を増やせる読書は、顧客理解に取り組むあなたに多くのものをもたらしてくれるでしょう。

6-6-2　自分の「引き出し」と相手の話を紐付ける

　インタビューで対話を重ねていくと、その人の人物像や価値観は話している間になんとなく掴めてくると思います。ここで**相手と共感し、相手と相互にわかりあっている状況に近づけていくことも重要なテクニック**です。

　マーケティング・リサーチにおけるインタビューの前提は、ビジネスで日々顔を合わせる学校や職場の仲間のように特定の目的意識や共通点をもったコミュニティに属する方に限定とした対象者、いわゆる"ホーム"の会話ではありません。つまり、自分の日常では会話をする機会が少ない多様な方との対話という、アウェーな環境が前提ということです。インタビュ

ーで相手の行動に対応する感想や気持ちを聞けたとき、**ご自身に「覚えがある」ことと関連づけて理解します。**たとえば、自分が本気で恋をして失恋した経験がないとした場合、本気で失恋した相手の心情を慮るのは基本的には難しいことだと思いますが、諦めてはいけません。未経験のことでも、近しい経験を探して人間は想像し共感することができます。そのものズバリの経験がなくとも、似た経験をあてはめて考えてみるのです。たとえ失恋の経験がなくとも、大切な人との別離の経験があれば、その辛さを想像する手掛かりにはなるでしょう。

　ここでのキーワードは「抽象化」です。たとえば、お酒を飲めない人がお酒の楽しみ方を理解することは難しいと思いますが、抽象化して近しい経験と紐づけることで理解の手がかりを掴むことができます。お酒の代表的な特徴は以下の通りでしょう。

・飲むと酔い、快感を伴う
・常習性がある
・過剰に飲み過ぎると気持ち悪くなる

　この3つを満たすほかのものはないか、と考えたり、それぞれ別の例にあてはめてみるとよいでしょう。ここで3つを満たすものとしてパッと思い浮かぶのはカフェイン入りドリンクです。コーヒーや5章でCEPsを分析したエナジードリンクにも該当するものがあります。得られる快感の種類は若干違いますが、お酒を飲まない人がお酒を理解する手掛かりにはなると思います。

　また飲み物ではありませんが、ギャンブルもあてはまりそうです。やっている間は夢中になりますし、賭けに勝ったときの記憶は強烈な快感と常習性をもたらします。加えて、身の丈を超えてやり続けると破滅することもあり得ます。このように、抽象化の範囲は同じ商品カテゴリーに限定するものではありません。自分に経験がない行動に対応する気持ちをご自身に「覚えがある」ことと関連づけて理解するトライを繰り返すことで洞察力は磨かれていきます。

インタビューの対話で、自分がまったく経験のないことでも、それと近しい内容を引っ張り出してきて、「たとえばこのようなことですか？」とインタビューの相手に聞いてみましょう。洞察と言語化がうまくいっていれば、相手は身を乗り出すように「そうそう、そういうことだよ！」と嬉しそうに言ってくれるはずです。うまくいかなかった場合は、洞察をやり直しましょう。

6-6-3 　複数の顧客すべてにあてはまる点を見出す

　顧客は一人ひとり違うので、それぞれに完全に対応したマーケティングを行うことは困難です。したがって、それらの顧客すべてにあてはまる点を探して「顧客セグメント」を作っていきます。それまでにさまざまな顧客に対して「自分も経験したことがある」という感覚を掴んできたと思いますので、次に「ひとことで言うと、こういうこと」を見つけましょう。ここでは、誕生日を例に考えてみます。「自らが運営する施設をターゲットの誕生日に利用してもらうためのヒント」を探すインタビューを想定してください。ここで、3人のインタビュー対象者からそれぞれ「自分も経験したことがある」体験を聞けたとします。

- 誕生日の特別感を味わいたい
- 誕生日にしかできない贅沢感を味わいたい
- まわりの人からちやほやされ優越感を味わいたい

　この3つすべてにあてはまることはなにかを探します。特別感、贅沢感、優越感をすべて内包するような言葉です。さまざまな正解があると思いますが、ここでは「主役感」という言葉をあてはめたいと思います。自分が生まれた特別な日に主役として扱われたいという気持ちです。この「主役感」は売り手である自分が、さまざまな「自分も経験したことがある」から見出した洞察です。インサイトと呼べるほどのものかはわかりませんが、少なくともそれに近づいたものではあるでしょう。

　ここで、特別感、贅沢感、優越感について触れた顧客を「主役感セグメント」と分類します。インタビューから得られた情報から抽象化して「主役感」とまとめた帰納的なプロセスを辿れば、ここで設定した「主役感」とは

どういうことか、具体的に説明することができます。あらかじめ「主役感」というコンセプトを設定し、たしかであるか検証して行きついたプロセスでも同様です。

　実務では、インタビューなど主に定性調査から探索した仮説を抽象化し、抽象化した仮説をアイデアのテキストやコンセプトボード[※13]などに具体化します。これをインターネットアンケート調査で定量的に検証し、その仮説（≒アイデア）の強さを数値で検証して仮説を磨くことこそが、我々の実務上の基本プロセスです。そうしたプロセスなくして、関係者の中で声が大きい方がエビデンスなくコンセプトを具現化する場合にはさまざまなリスクが伴います。

6-6-4　調査設計前に行ったインタビューや観察

　定量アンケートは「なにを目的として分析するのか」を明確にしないと役に立ちませんし、入手できる情報は質問した範囲にとどまります。また、入手した情報をする際は顧客に関する事前知識と仮説が必要です。たとえば、回答者の利用経験があるサービスについて聴取した「非常に満足／満足／どちらでもない／不満／非常に不満」の5段階の満足度から得ることができた「非常に満足」などの項目が、顧客にとってどういう意味を持つかという解釈が重要です。

　ここで話を戻すと、「観光×VRMR活用調査分析レポート」の目的は「VRやMRなどを体験できるデバイスが普及することによる、日本の観光ビジネスへのポジティブな影響」の探索です。事前のmif分析から、60代のVRの現在保有率は女性が0.6％、男性が1.6％と、現時点ではほとんど馴染みがないことがわかっています。それらが浸透するなかで見えてくる可

※13　コンセプトボードは、調査で消費者に新しいアイデアを説明するために、商品やサービスのコンセプトを視覚的に表現したものです。写真、イラスト、文章、キーワードなどをコラージュすることで、コンセプトを具体的に伝え、共有するために作成するものです。もっとも工数をかければ、新しいアイデアを動画で表現しても、それはコンセプトボードと言えます。現実的に多いものは、パワーポイントなどのプレゼンテーションソフトの1枚のスライドで表現できるような内容を作成して、調査対象者にぶつけることが多くなります。

能性を探るために、どんな調査を設計すべきか。これを検討するためのヒントとして、インタビューや観察のプロセスを行い定性情報からヒントを得ながら、仮説を抽象化して捉えることを行いました。

6-7 | 調査票を作るために行ったプロセス

　「観光×VRMR活用調査分析」の設計にあたって、まずはチャットインタビューツール「Sprint」を活用し、60代以上の方に対象を絞ってテーマパークに行く理由を探索しました。もっとも気をつけたのは「ご自身のためにテーマパークに行くこと」について聴取することです。特にお孫さんがいる方ですと、お孫さんを主役として3世代でテーマパークを楽しまれている方が多くいらっしゃいます。それが主な動機になっている方が多いため、ご自身のことを聞いていても、対象者の方がお孫さんとの関わりをお話しする流れとなりますが、それは今回のリサーチの趣旨に合いません。あくまでもご自身が主役で、ご自身が楽しまれた体験を聞き出さなくてはいきません。

　Sprintが便利なのは、インタビューの対象者を絞れることです。性別・年齢や居住地などのベーシックな項目に加え、対象者を募集するときにフリーワードで「このような方を募集しています」と書いておくことで、モニターの方のコメント内容から対象者を選ぶことができます。たとえば「家族の付き添いなどではなく、あなたご自身がテーマパークが好きで、行く意思決定をされる方」という条件でコメントを入れて募集を行い、上限5分間で回答を待ちます。このあと、集まってきた回答コメントとユーザーの属性情報を確認します（**図表6-10**）。

図表6-10

　任意のモニターの方を選んでインタビューをオファーし、1分以内に先方が承諾するとリアルタイムで30分のインタビューを行えます。インタビュー時にどんな速度でどんな文字が入力されたか、または入力はされたが文字が消されて書き直されたかまでインタラクティブに記録され、それを確認することができます（**図表6-11**）。

図表6-11

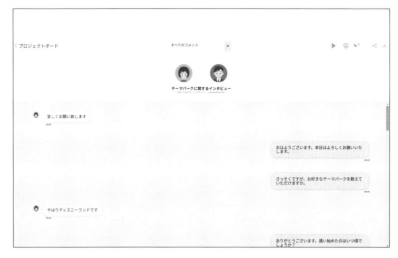

Excel形式でインタビューの記録をアウトプットすることも可能です。「観光×VRMR活用調査分析」の設計のために行ったSprintインタビューの詳細は特典で共有します。

Column リアルタイムインタビューサービス「Sprint」とは？

Sprintは、迅速で効率的なオンライン質的調査サービスです。インタビュアーと参加者を最短5分でマッチングし、30分のリアルタイムインタビュー（ビデオとチャットに対応）を実施します。1日でインタビュー実施から分析まで網羅できるほか、手頃な月額料金で無制限のインタビューが可能かつ、質的フィードバックに基づいてインタビュー対象者を選択できます。また、アンケート調査サービス「Fastask」と連携することで、アンケート回答者に対して直接インタビューを実施できます。

主な機能

選べるインタビュー方法	チャットインタビューとビデオインタビュー双方に対応
スピーディな実施	最短5分で対象者とのマッチングを行い、リアルタイムインタビューを30分間実施できます。
自由度の高い対象者選択	年代、居住地域、職業などの属性でスクリーニング対象を選定可能。さらに特定の質問に対応するモニターそれぞれのコメントから対象者を選ぶことが可能。

参考URL
「Sprint」Webサイト　https://chat-interview.com/
「Fastask」Webサイト　https://www.fast-ask.com/

今回は特にテーマパークについて聴取をしていますが、スクリーニング時の募集コメントにも注意しました。「テーマパーク」とだけ書くと、日本の市場では圧倒的な市場浸透率を誇るTDLまたはTDS、USJを想起される方が多く、ほかの行楽地や施設が想起されません。また「テーマパーク」という言葉の持つ意味合いが人によっては限定的ということに途中で気づいたため、インタビューの回ごとにスクリーニングの文言を変えました。

インタビュー1回目〜4回目
「家族の付き添いなどではなく、あなたご自身がテーマパークが好きで、行く意思決定をされる方」

インタビュー5回目〜10回目
「テーマパークや温泉型テーマパーク、テーマパークのような動植物園や運動公園、博物館など、**昔は好きではなかったが**、最近になってご家族抜きにご自身が楽しめる、大人同士でも楽しめるなどと思われた経験を語れる方」

　4回目までのインタビューを行ったことで、お年を召されてから行楽を好きになられた方のほうがシニア独特の楽しみ方を聞ける感触を持てました。そのため5回目以降は**「昔は好きではなかったが」**以下の内容を入れています。Sprintはインタビューを行う回ごとに柔軟にスクリーニング条件を変えられますし、インタビューを行うための準備をしたり身構えたりする感覚がありません。実際に想定するユーザーに近い方をリアルタイムに探して「まず話を聞いてみる」マインドで躊躇なくアクションできます。こうしてインタビューを繰り返しているうちに、興味深いお言葉をいただくことができました。

　メインとなる質問は「20年前や30年前と比べて、あなたの旅行の楽しみ方はどのように変わりましたか？」という趣旨です。シニアの方に共通する「抽象化した要求」を仮説するために特に参考となった、5〜7回目のインタビューで得られた意見を抜粋して原文のまま記載します。

■インタビュー5回目
- （著者注：福岡のマリンワールド、福岡県太宰府市の九州国立博物館に）久々に電車に乗って行きたくなりました。マリンワールドはラッコに会いたくて、太宰府は天満宮他散策しながらゆっくり楽しめるので
- ゆっくり観ることができてこれまで知らなかった事に気づかされました。
- ゆっくり自分のペースで楽しみたいと思うようになりました。温泉も大好きなので　湯布院や嬉野や武雄やよく行きます。でもゆっくり温泉と食事を楽しむ癒しを求めてですかねえ

■ インタビュー6回目

- 姫川温泉でも白馬村オリンピックのジャンプ台のある場合にはテーマパークと言うよりは日帰りの温泉もたくさんありまた周りの山の景色は素晴らしい春夏秋冬と景色が全て違うからまたそれも楽しい。湯につかりながらの景色がすばらしい
- 温泉に入っている時は長生きしそうして良かったなと言う気持ちが強いですねよく言う命の選択（著者注：正しくは「洗濯」）ですね。ジェットコースターに乗る時は健康に悪い影響はないかとかそのような心配事が最近は多いです。
- 今まで過ごしてきた人生を振り返って色々と思い出にふけっているこれもまた楽しい
- そしてまた恋ところに気をと言う（著者注：「こういうところに来ようという」かと思われます）希望を持つことこれもまた良し

■ インタビュー7回目

- 長野県の蓼科 白樺公園 まる温泉は近くに 蓼科温泉があり 周りには パターゴルフ。 美術館の　鑑賞 ちょっとした自然が楽しめる 自然散策 コースなどがある
- ゆっくりと体が休めることができ、日頃の疲れが取れるような気持ちになり 施設の中で　楽しい ショーがあれば なおいいと思う
- 健康で長く生きてきて良かったな という気持ち。 これからも もっと このようなのんびりした時間を持ったらいいな

　温泉に言及されることが多く、「ゆっくりのんびりしたい」というニーズが強いようでした。この内容は予想通りでしたが、具体的にどういったことかを洞察したところ、「ゆっくりのんびり」の背景に潜む共通項を考えて導き出したキーワードは**「浸る（ひたる）」**でした。

　「ゆっくりのんびり」とは、温泉に浸かったり美術鑑賞したりするときに時間をかけてリラックスする状態です。大事なのは、この「ゆっくりのんびり」しながら「歩んできた人生を良いものと振り返っている」と想定できることで、これは「いろいろあったけれど、よい人生を送れているなあ、幸せだなあ」という気持ちをしみじみと味わうことです。皆さんにも覚えがあるの

ではないでしょうか？　それをひと言で表したものが「浸る」です。「他年代と比べて、シニアの方は旅行先で『浸る』ことに主眼を置いた楽しみ方を志向しているのでは」という仮説を考えました。

　Sprintのインタビューからこうした仮説を考えたうえで、共著の小川さんと一緒に1泊2日（2023年10月の金曜日から土曜日）で、ある温泉テーマパークを体験してみました。シニアの顧客を観察することで、上記の仮説の確認と、新たな仮説の構築を目的としています。残念ながら、そのテーマパークはシニア同士の顧客をあまり見つけることはできず、意外にも若い女性の方が多かったです。シニアとみられるお客様は3世代での来場でお孫さんのお相手をされている方が多く、「浸る」の仮説の確認という意味では不発でした。

　しかし、新たな仮説の構築に関しては面白い気づきがありました。その施設には、夕食以降の時間帯に人気のショーがあるのですが、ショーの観客には明らかにシニア層が多いのです。ここでは、昼間に温泉テーマパークではあまり見かけられなかったシニア同士のお客様が多くみられました。思えば、シニア層はディズニーランドでも夜のパレードを比較的好んでいたような気がします。もしかすると、シニア層はその行楽地に昔からある「お約束コンテンツ」をより好む傾向があるのでは、などと考えながらそのショーを見つつ、周りのお客様の様子もそれとなく観察していました。思い返すと、「シニアはお約束コンテンツを好む」ことにいろいろ思い当たるところがあります。確証バイアス[14]かもしれませんが、いったん仮説として保持しておくことにし、最終的に以下のメモにまとめて小川さんに共有しました。

6章

※14　確証バイアスとは、自分にとって都合のよい情報ばかりを集めてしまい、反対の情報は無視してしまう心理現象です。日本語では「確証偏見」とも呼ばれます。

インタビューと観察から得られたファクト

- 激しいものより落ち着いて楽しめるものが好き
- 遊園地型テーマパークより植物園や普通の公園、温泉などを好む
- テーマパークではアトラクションよりショーが好き
- 特に女性は夜のパレードやイルミネーションが好き
- 温泉テーマパークショーでは祖父母世代が目立った

仮説（事実情報を咀嚼した洞察と共感）

- 非日常感は好むが、その非日常感はTDLやTDSが醸し出すものとは異なるのではないか？
- 非日常感とは我を忘れるものでなく、じっくりと噛み締められるものが好みではないか？
- 噛み締めるとは「味わっているときの快感をその場で意識して満足感に浸る」こと。快感を快感として長く味わうことが好きなのではないか？
- 浸るときには、過去の人生を振り返り、いい人生だったなと思っているのではないか？
- 昔からの「お約束」「定番」へのニーズが他年代に比較して強いのではないか？
- 世の中にある「お約束」「定番」は、過去に味わえなかったもの（憧れ）や、味わったときの人生が想起されるため、快感として味わうことと親和性が強いのではないか？

抽象化

- 旅行やおでかけは「時間に追われない」「ひとつのものをゆっくり楽しむ」「心の向くまま選べる」ことの重要度が高い。ただし自分が主導権を持っていることが前提（反対概念は「限られた時間でできるだけたくさんのものを楽しむ」「興奮・スリルを味わう」）
- 何かに「浸る」ことが好き（反対概念は「我を忘れて楽しむ」）
- 馴染みのあるものを楽しみたい（反対概念は「今まで世の中になかったような新しいものを楽しみたい」）

6-8 | アイデアを考えるプロセス

　ここからは、ふたたび小川が執筆します。山本さんが導いてくれた仮説をヒントに、いくつかの新しいアイデアをコンセプトとしてぶつけて可能性を探る、定量調査行うことまでは考えていました。コンセプト調査設計の前提としては、3章で紹介した顧客理解MMMに使用していた15歳〜69歳の約6.3万人の調査をスクリーニングとして活用し、旅行にアクティブな方を対象とすることです。ただし、どんなアイデアをぶつけてどのように聞くかはこれから考える必要がありました。

6-8-1　あらかじめ調査で想定されていたハードルと対応策

　今は多くの方が当たり前に持っているスマートフォンの体験価値を作った元祖はiPhoneですが、iPhoneが発売される前に観光×スマートフォンの体験を問う調査は非常に難易度が高いものです。今回の場合も、まだ普及していないVRやMRがもたらす体験を、調査で少なからず疑似体験し想像していただく必要があります。

6-8-2　VRのエンターテインメントを体験

　調査のコンセプト受容アイデアを考える時点で、VRヘッドセットを使ったエンターテインメント体験は未経験だったため、VRエンターテインメント施設「TYFFONIUM」を体験したあと、山本さんと一緒に「TREE by NAKED yoyogi park」に行きました。

　TYFFONIUMはVRとAR（拡張現実）技術を融合させたイマーシブコンテンツが複数体験できる施設で、私は「かいじゅうのすみかVR」と「フラクタス」という2つのコンテンツを体験しました。TREE by NAKED yoyogi parkは、食とアートが融合した体験型レストランです。プロジェクションマッピングや照明、音響などの技術を駆使して、五感を刺激するような空間

演出が楽しむことができます。ネタバレを避けるため詳しい描写と感想を控えますが、どちらも没入できる素敵な体験でした。前者はVRの世界とシンクロして風が吹いたり振動が起きたりすることで、異世界に飛び込んだ感覚を味わえます。後者は山本さんと行きましたが、食とアートの融合で、まったく体験したことがない食事時間でした。VRヘッドセットをお客様に着用してもらい、その案内をするオペレーションは大変だと思いますが、今後、地方の観光施設でもVRレストランは応用できる場面が多いと考えていました。

参考URL 「TYFFONIUM」Webサイト
https://www.tyffonium.com/
「代々木"TREE by NAKED yoyogi park"」Webサイト
https://tree.naked.works/yoyogi/

　食事の体験をテクノロジーで変革することは地方の観光資源の強化につながるだけでなく、今後、高齢化によって加速する「孤食」の問題の解決のヒントにもなると思います。孤食は「家族が不在の食卓で、望んでいないのに一人で食事をすること」を指します。緊急事態宣言の際に「オンライン飲み」が流行りましたが、イマーシブデバイスが発展・普及すると、各自がイマーシブデバイスを装着して一緒に食事をするような体験がスタンダードになるかもしれません。

6-8-3　アイデアを作って壁打ち

　VR施設の体験をヒントにいくつか草案を考えて、Sprintで60代以上の方を対象にチャットインタビューでアイデアをぶつける壁打ちを行いました。参照させていただいたのは、TREE by NAKED yoyogi parkのアートディナーコースのプロモーション映像と、MRを活用した未来をイメージしたコンセプト映像です（調査時点では公開されていましたが2024年4月時点では非公開）。定量調査ではこれらの映像を見てもらい、VRによる食の体験やMRの観光を疑似的にイメージしてもらってから、アイデアのテキストを読んでもらって利用意向を聴取しようと考えていました。チャットインタビューは10名行っており、ここでは関東にお住まいの60代後半女性のユーザー様とのインタビュー内容を紹介します。

■ **Sprintチャットインタビュースクリーニングコメント**

主に国内の観光についてヒアリングをさせてくださいませ。

【事前ご質問】 ご自身が直近で訪れた国内の旅行先と、その地を選んだ
理由を教えてください。

■ **スクリーニング回答**

北海道　余市　お気に入りのオーベルジュがあるので

小川　今回は「日本が2030年に訪日観光需要15兆円にするために、全国
くまなく（京都などに偏らず）集客する」ための、最新テクノロジー×観光
活用のアイデアについてお聞かせさせてくださいませ。よろしくお願いしま
す。

モニター様　はい

小川　まず、VRについてお聞かせくださいませ。VRグラスをかけて、な
んらかのコンテンツを体験したご経験はございますか？

モニター様　ありません

小川　ありがとうございます。事前質問でお聞きした北海道余市の旅行先
は、定期的に行かれるのでしょうか？ 「お気に入りのオーベルジュがある
ので」とお聞きしていましたが、モニター様にとっての余市での旅行につい
て詳しく教えていただけますでしょうか？

モニター様　余市に限らず、旅行はおいしいものを求めています。特に、
そこでしか食べられないものは得難い経験です。また、シェフの資質も大
きな要素です。余市は今、素晴らしいワイナリーができたり、果物の農園
も充実しています。すぐそこで採れた魚介を使った料理を出す凄腕シェフ
のオーベルジュは予約至難ですが、行く価値のある場所です。

小川　次は、あらかじめ用意していた質問をさせてくださいませ。以下、代々木にあるTREEというVRレストランの紹介映像をご覧ください。その後、ご質問させていただきますので、ご覧いただいたあとで視聴完了した旨をコメントいただきたくお願いします。

参照映像　アートディナーコース「Kaleidoscope of LIFE」| TREE by NAKED yoyogi park
https://www.youtube.com/watch?v=jHyc7DkQTBI

モニター様　視聴しました。

小川　ありがとうございます。今、ご覧いただきました映像のように、VRを使った新たな体験創出で、「食」をVR体験で変えていけないかと考えております。以下、A案B案C案のうち、モニター様にとって一番魅力的なVR体験はどちらになりますか？

・A案「世界の名観光地の車窓から見える景色を楽しむVR食堂列車」
VR＋プロジェクトマッピングを使い、窓から見える光景は海外の有名な電車の景色。そこで味わえる料理も、世界の名物料理。　※ご自身が行きたい海外旅行先でのVR体験とお考えください。

・B案「気球で楽しむその土地の料理。天空レストランVR体験」
雄大な自然を見ながら、料理が食べられる天空レストラン体験。VRで再現された気球から見下ろす雄大な景色のなか、その土地固有のおいしいごはんを味わう。サーブする人が眼下に広がる景色のガイドもしてくれる。※ご自身が行きたい日本国内旅行先でのVR体験とお考えください。

・C案「マグロの一本釣り＆船上料理VR体験」
マグロの一本釣り、クルージングフィッシングをVRで体験。釣るマグロはバーチャルでも、釣ったマグロはプロの板前さんが船上で調理してくれた料理！　※ご自身が行きたい日本国内旅行先でのVR体験とお考えください。

モニター様　この中ですと、B案ですが、私なら、奈良で、平安貴族の屋敷で、平安時代に食べられていた宮廷料理を味わう、などのほうが魅力的です。

小川　素晴らしいアイデアをありがとうございます。モニター様は旅行や食にお詳しそうなので、事前の用意した流れにないことも伺えたら有り難いです。食事は本格的でおいしいものという前提で、VRで組み合わせる体験としてどんなものが魅力でしょうか？（A案B案C案に限らずで）お考えいただき、教えていただけないでしょうか？　VRレストランは日本では普及していないようですが、今後伸びしろがあるかと思い、事業アイデアを考えております。厚かましくお考えをいただくようなご質問で恐縮です。

モニター様　インバウンドを考えるのであれば、伊賀のレストランが、VRで忍者屋敷になり、そこでサプライズがありながらの食事とか、無限に考えられます。しかし、なんといっても、食事が本当に時代考証に基づき、なおかつおいしいことが第1です。

小川　ありがとうございます。ものすごく、参考になります。現在、国内で60代の方（今回、インタビュー対象とさせていただいた方）のご意見をいただいております。モニター様ご自身が魅力に感じる、VRレストラン体験や、体験テーマなどいただけますでしょうか？　※料理はおいしいという前提になりますが、「VRをどんなストーリーや世界観で作るか」という参考とさせていただきます。

モニター様　千利休がもてなす茶会席。魯山人と語れるオリジナル料理。

小川　ありがとうございます！　参考とさせていただきます！　次は、MRの観光活用アイデアをお聞きします。以下、MR観光のコンセプト映像を1分ほどご覧いただけますと幸いです。視聴が終わりましたら、コメントくださいませ。　※映像は長いので1分ほどの閲覧で大丈夫でございます。

参照映像　2024年4月時点で非公開（ヘッドセットを着けて浅草を観光。現実世界に観光ガイド情報やナビゲートしてくれるキャラクターが登場するコンセプチュアルな映像）

モニター様　拝見しました。

小川　次は、3案のうち、MRの観光活用アイデアです。どれが一番魅力的か教えていただけますでしょうか？　※以下3案すべて、ご自身が行きたい日本国内旅行先でのMR体験とお考えください。

・D案「お気に入りの景色でバーチャルフィッティング」
観光地ならではご自身のバーチャル3Dモデルフィッティング。バーチャルフィッティングスタジオであなたの体と顔を完全スキャン。3Dモデリング＆フィッティングされた自分が観光地を歩く姿をMRで見ることができる。

・E案「MRガイド＆お店のおすすめ情報ナビ」
訪れたリゾートでMRグラスを使って歩くと、その街の景色をガイドがナビゲート。さらに気になるお店のうち、MR情報が記録されているお店では、お店の方のおすすめコメントをMR映像として見ることができる。

・F案「思い出3Dスキャン」
ご家族やご友人と訪問した観光地で、映えスポットならぬ3Dスキャンブースがある。動く立体3Dモデルで録画される。再訪したとき、MRグラスを装着して当時のブースで記録した映像、3Dモデルで観光地の景色のなかに存在させるMR体験。

モニター様　E

小川　ありがとうございます。Eが魅力に思った理由や、こんな情報がMRグラスで見れるとうれしい！　など教えていただけないでしょうか？

モニター様　お店の人のおすすめポイントに興味があります。特に、その土地でしか食べられない食材や料理、作り方など

小川　ありがとうございます。旅行のガイドブックを見ても、すべて紹介されている場所に行けないので、E案は今いる場所の情報が、いちいちお店に入って聞かずとも見れたら便利という発想でした！　D案、F案はいかが

でしょうか？　まったく興味がないというフィードバックも貴重な情報となるため、お聞かせくださいませ。

モニター様　Dは、それほど興味を惹かれません。これなら、リアルでやりたいです。Fは、面白そうですが、もう少し具体例があるとわかりやすいです。

小川　ありがとうございます!!!　最後のご質問となります。たとえば余市が数10億円かけて、以下を本当に導入するとします。その場合、一番先に実現したほしいアイデアは以下のうちどれになるでしょうか？　また、選んでいただいた案を、余市ではこんな取り組みをしてほしいといったアイデアがあれば教えてください。

- A案「世界の名観光地の車窓から見える景色を楽しむVR食堂列車」
- B案「気球で楽しむその土地の料理。天空レストランVR体験」
- C案「マグロの一本釣り＆船上料理VR体験」
- D案「お気に入りの景色でバーチャルフィッティング」
- E案「MRガイド＆お店のおすすめ情報ナビ」
- F案「思い出3Dスキャン」

モニター様　E案

私　ありがとうございます！　以上でインタビューを終了させていただきます。貴重なお話ありがとうございました

　この方との対話を機に、それまで想定していなかった「VRを使ったレストラン体験で過去にタイムスリップする」というアイデアをいただくことができました。この方は冒頭のヒアリングで「VRグラスを体験したことがない」とおっしゃっていましたが、2種のYouTubeの映像を見ていただくことでアイデアの中身を想像したうえで回答いただけました。

このようにマーケティングの顧客行動を仮説する際、まず聞いてみるくらいの気持ちでSprintを使い、壁打ち相手をリアルタイムに探して即興のチャットインタビューを行うのが有効です。1つのテーマで10人くらいに聞くことが多いのですが、回を増すごとにコツを掴んでいき、5人目〜10人目位でインタビューフローを確立できるケースが多々あります。特典ではほかの方のインタビューもまとめていますが、内容を見ていただければ、私が思いつきではじめたインタビューが初回から回を重ねるごとにブラッシュアップされていく様子がわかっていただけるかもしれません。なお、質問時にはパソコンのメモソフトに聞きたいことを書いて、コピー＆ペーストとタイピングでチャットを行っています。また、インタビューを行うなかでこれを更新しながら利用しています。

6-9 | 7つのアイデアの受容性から可能性を探索

　このあとの定量調査では、YouTube動画「アートディナーコース『Kaleidoscope of LIFE』| TREE by NAKED yoyogi park」をご覧いただいた感想を選択する設問のあとに質問を追加しました。タイムスリップのアイデアを加えた4つのVRレストラン案に対して「（想定外のことがない限り）必ず体験したい／非常に体験したい／やや体験したい／どちらともいえない／あまり体験したくない／体験したくない」6つの選択肢から体験の意向を聞く設問です。また、浅草の現実空間に観光ガイドの情報が浮かび上がるMR体験が描かれたYouTube動画をご覧いただいて感想を選択する設問のあとに「3つのMR活用アイデアを体験したいか？」も聞いています。

4つのVRレストランアイデア

Q.10-1【世界の名観光地の車窓から見える景色を楽しむ『VR食堂列車』】
VR＋プロジェクトマッピングで、窓から見える光景は世界の電車の景色。料理も各国のもの（行きたい国を選択可能）

Q.10-2【気球で楽しむその土地の料理『天空レストランVR』】
VRで再現された気球から見下ろす雄大な景色のなかで、その土地固有の食事を味わう。サーブする方が眼下に広がる景色をガイド。

Q.10-3【マグロの一本釣り＆船上料理VR体験】
マグロの一本釣り、クルージングフィッシングをVRで体験。釣るマグロはバーチャルでも、食べるマグロはプロの板前が調理する本物。

Q.10-4【タイムスリップVRレストラン】
観光地の歴史と料理を楽しむ。平安時代、江戸時代、明治時代など、その観光地の様子をVR体験しながら、当時のご馳走を味わえる。

6
章

3つのMR活用アイデア

Q.13-1【お気に入りの景色でバーチャルフィッティング】

VRフィッティングスタジオであなたの体と顔を完全スキャン。お気に入りの洋服を着た3Dモデルの自分が観光地を歩く姿をMRグラスで見ることができる。

Q.13-2【MRガイド＆お店のおすすめ情報ナビ】

観光地でMRグラスを使って歩くと、その街の景色をガイドがナビゲート。気になるスポットのうち、MR情報が記録されているお店では、お店ごとのおすすめ映像を見ることができる。

Q.13-3【思い出3Dスキャン】

ご家族やご友人と訪問した観光地にある映えスポットならぬ3Dスキャンブース。3Dモデルを作成でき、再訪時にMRグラスを装着すると、当時のご自身と同伴者が実際の景色に登場する。

　皆さんは7つのアイデアのうち、どの案が60代の方のウケが良いと思われますか？　ちなみに山本さんと私の推しは、MR活用アイデア3案目の【思い出3Dスキャン】です。この案は、チャットインタビューと温泉テーマパーク施策を経て山本さんが導いてくれた「浸る」に対応するものです。「家族旅行に行ったときに3Dで保存した内容をMRグラスで追体験できるとしたら」「娘たちが結婚するときにそれを見たら」と想像すると、グッときてしまいます。なお、これは山本さんと話しているなかで思いついた「普通に旅行に行けるところをVRやMRで再現しても魅力に欠けるのでは？」「VRやMRでしかできないことをやるほうが魅力的な提案になりそう」という仮説にも基づいています。

　なお、【MRガイド】は、調査時点で公開されていた「MRで観光を楽しむコンセプト映像」が実現できたら、という考えから設定したものです。タイムスリップは前述のインタビューでモニターの方から教えていただいたアイデアです。他の案については以下の考えから設定しました。

【世界の名観光地の車窓から見える景色を楽しむ『VR食堂列車』】

60代以上の世代にとって「列車」は特別な思いがあるほか、世界の電車の「車窓」から見える景色をテーマにしたTV番組が過去にあったことを思い出した。

【気球で楽しむその土地の料理『天空レストランVR』】

執筆中に発表された沖縄の新しいテーマパーク「JUNGLIA」のイメージ映像で、気球でシャンパンで乾杯する姿が描かれており、そこから着想を得た。

参考URL
沖縄北部テーマパーク「JUNGLIA」イメージ映像」(沖縄タイムス公式動画チャンネルより)
https://www.youtube.com/watch?v=13WL2A7QrUA&t=28s

【マグロの一本釣り＆船上料理VR体験】

かつて巨大なカジキマグロなど大物狙いの釣りに挑む日本の名俳優のTV番組があったことや、マグロ漁師を追跡したTVのドキュメンタリー番組から着想を得た。

【お気に入りの景色でバーチャルフィッティング】

市場浸透率の高いバーチャルフィッティングサービスが執筆時点では見当たらないですが、今後VR・MRデバイスが普及することでスタンダードなものが生まれるのではないか、という期待から。

6
章

6-9-1 標本サイズ

先述の定量調査ですが、1年間の旅行利用額3万円以上の方を対象として、60代男女の標本サイズは各250に設定。比較用として、20～50代男女は各120の合計1,460を標本サイズとして設定しました。

なお、『サンプルサイズの決め方』(株式会社朝倉書店)という書籍があるように、本来は標本サイズの設計はそれだけで1冊の書籍になる重厚な知識です。基本的な考え方やリサーチに必要な統計や因果推論などの基礎知識を学ぶ場合は、書籍『マーケティング・リサーチ入門』(株式会社有斐閣)がおすすめです。

3章で紹介した消費者調査MMMでは、傾向スコアによって年代性別ごとにそれぞれ介入群40を基準として設計しているため、標本サイズが多くなっています。たとえば、施策や要因の接触率が1%の場合、必要な標本サイズは4,000(年齢10歳刻み性別)です。ここでの基準は母集団に対して、興味のある回答者の出現率を10%とした場合の許容誤差を5%としたときの必要標本サイズ138を基準に考えたオーソドックスなものです。20～50歳は比較用として120人にしています。出現率を基準とする標本サイズの設定を簡易的に検討するには、参考URLの計算ツールを活用するとよいでしょう。

参考URL
Freeasy「サンプル数の決め方｜アンケートで信頼できる回答数とは？」
https://freeasy24.research-plus.net/blog/c14

6-9-2 　調査票

　以下が実際に設定した16問の調査です。VRやMRの関与がない人に対して、アイデアの受容性を確認するために設定したメイン質問（追って解説します）と、追加で傾向を探索するために追加したサブ質問が混在しています。

■ 1問目　マトリクス設問（単一回答）

【質問文】

ご自身のお仕事観についてお聞きします。それぞれご回答ください。

・現在、お仕事をされていない方は「就業していた当時のお考え」としてご回答ください

・お仕事をされた経験はないが、今後の就業意向がある方は回答いただける範囲でご回答ください。

・お仕事をされた経験も今後の就業以降もない、またはそれ以外の理由で回答できない項目は「回答できない」を選択ください。

【選択肢】

非常にあてはまる／あてはまる／ややあてはまる／どちらともいえない／あまりあてはまらない／あてはまらない

【項目】

・ご自身や家族との時間を優先できる仕事を選ぶ

・終業後に予定があっても、急な仕事が入れば残業する

・仕事が終わらなければ自宅に持ち帰って仕事をする

・仕事の報酬はお金だけでなく、満足感や充実感である

・社会貢献できる仕事を選ぶ

・外国語を使って仕事をする

・会社に対して忠誠心をもって仕事をする

・会社の中での地位の向上（出世）を重視する

・性別にとらわれることなく仕事をする

・始業時間よりも余裕を持って出社する

・有給休暇はきちんと取得する

- 条件の良い会社があれば転職する
- 正社員で働くことにこだわらない
- 仕事であまりストレスを抱えないようにコントロールできる

■ 2問目　マトリクス設問（単一回答）

【質問文】

余暇の過ごし方について、あなたご自身にあてはまるか？　それぞれお答えください。

【選択肢】

非常にあてはまる／あてはまる／ややあてはまる／どちらともいえない／あまりあてはまらない／あてはまらない

【項目】
- 余暇はのんびり家の中で過ごす
- 余暇は近所で過ごす
- 余暇は街に外出する
- 余暇は自然のある場所に外出する
- 余暇はスポーツで体を動かす
- 余暇でよく行う趣味がある
- 余暇は地域活動や社会活動をする
- 余暇は勉強をする

■ 3問目（フリーアンサー）

【質問文】

余暇の過ごし方「余暇でよく行う趣味がある」「非常にあてはまる」「あてはまる」とご回答いただいた方にお聞きします。

[ご質問]余暇でよく行う趣味はどんな内容か、具体的にお聞かせください。

【フリーアンサー記入】
- 「余暇でよく行う趣味」はどんな内容か？

■4問目（単一選択）

あなたご自身が最後に日本国内で1泊以上の旅行に行かれたのはいつです
か？（帰省なども含めてお答えください）

【選択肢】
- 1カ月未満
- 1カ月～3カ月未満
- 3カ月～6カ月未満
- 6カ月～1年未満
- 1年～2年未満
- 2年～3年未満
- 3年以上前または行ったことがない

■5問目（フリーアンサー）

【質問文】
日本国内でご自身が行く場所としてもっとも魅力的な観光地とその理由を
お聞かせください。（対象観光地が帰省先と一致しても問題ございません）

【フリーアンサー記入】
- 観光地名
- その観光地がご自身にとってもっとも魅力的な理由

■6問目　マトリクス設問（単一回答）

次の用語についてご存じであるか？　お聞きします。それぞれご回答くだ
さい。

【選択肢】
非常によく知っている／よく知っている／なんとなく知っている／どちらとも
いえない／知らない

【項目】
- VR（バーチャルリアリティ）
- MR（ミックスドリアリティ）

■ 7問目（単一回答）

前の設問で、VRを知っているとご回答いただいた方にお聞きします。VR
のコンテンツをご自身が体験したご経験はありますか？

【選択肢】

経験がある／経験がない

■ 8問目（フリーアンサー）

【質問文】

前の設問でVRコンテンツを体験されたことがある方にお聞きします。体験
されたコンテンツは具体的にどんな内容でしたか？　体験したご感想もお
聞かせください。

【フリーアンサー記入】

・VR体験されたコンテンツの内容

・体験されたご感想

■ 9問目（単一回答）

【質問文】

VR（バーチャルリアルティ）に関して、リンク先のYouTube映像をご覧いた
だきご回答ください。

【YouTube映像】 ※CMが再生された場合はスキップなどしていただき、
以下タイトルの動画をご覧ください。（1分の映像です）

[ご質問]（映像をご覧いただいたうえで）紹介されていた体験に魅力を感じ
ますか？

アートディナーコース「Kaleidoscope of LIFE」
TREE by NAKED yoyogi park
https://youtu.be/jHyc7DkQTBI?si=jhbcM2JxYRH9ffnQ

【選択肢】

非常に魅力的／やや魅力的／どちらともいえない／あまり魅力を感じない
／全く魅力を感じない

■10問目　マトリクス設問（単一回答）

【質問文】

以前の設問でお聞きした（ご自身にとって）もっとも魅力的な観光地に、選択項目と示す4種類の「VRレストラン」があったとした場合の利用意向をお聞かせください。

【選択肢】

- （想定外のことがない限り）必ず体験したい
- 非常に体験したい
- やや体験したい
- どちらともいえない
- あまり体験したくない
- 体験したくない

【項目】

4つのVRレストランアイデア

■11問目（フリーアンサー）

【質問文】

前の設問で、4つのアイデアのいずれかを「（想定外のことがない限り）必ず体験したい」または「非常に体験したい」と回答いただいた方にお聞きします。ご自身が自由にVRレストランを作って楽しむとしたら、どんなVRレストランを利用したいですか？　自由なアイデアをお聞かせいただけますと幸いです。

【フリーアンサー記入】

- どんなVRレストランを利用したいか？

■12問目（単一回答）

【質問文】

MRに関して、リンク先の観光MRをイメージした映像をご覧いただきご回答ください。映像は1分までご覧いただければ大丈夫です。　※MRはVRとは違い、現実世界の景色に仮想の映像を投影する体験です。

[ご質問]（映像をご覧いただいたうえで）紹介されていた体験に魅力を感じますか？

【YouTube映像】※CMが再生された場合はスキップなどしていただき、以下タイトルの動画をご覧ください。
（動画は2024年4月時点で非公開）

【選択肢】
非常に魅力的／やや魅力的／どちらともいえない／あまり魅力を感じない／全く魅力を感じない

■ 13問目　マトリクス設問（単一回答）
【質問文】
以前の設問でお聞きした（ご自身にとって）もっとも魅力的な観光地に、MRを使った体験施設があった場合（3つの案）それぞれに対しての利用意向をお聞かせください。

【選択肢】
- （想定外のことがない限り）必ず体験したい
- 非常に体験したい
- やや体験したい
- どちらともいえない
- あまり体験したくない
- 体験したくない

【項目】
3つのMR活用アイデア

■ 14問目（フリーアンサー）
【質問文】
前の設問で3つのアイデアのいずれかを（想定外のことがない限り）必ず体験したい」または「非常に体験したい」と回答頂いた方にお聞きします。
[ご質問]ご自身がお好きな魅力的な観光地にVRやMR技術を使ったサー

ビスを実現できるとした場合、どんなサービスがあるとご自身にとって嬉しいですか？

【フリーアンサー記入】
- お気に入りの観光地でどんなサービス体験（VRやMR技術を使ったもの）が実現すると嬉しいか？

■15問目（順位選択）
これまでお聞きした合計7のアイデアで、ご自身が魅力を感じるものはどれですか？
1位から3位までご回答ください。

【項目】
7つのアイデア（VRレストラン4案＋MR活用3案）

■16問目（単一回答）
お付き合いいただきありがとうございました。最後の設問となります。これまでVRやMRの映像（YouTube）を見ていただき、観光サービスの新しいアイデアについてお考えいただきました。そのプロセスを経て今後、国内の観光地にVRやMRを用いた新しいサービスが導入された場合の利用意向をお聞かせください。

【選択肢】
- （想定外のことがない限り）必ず体験したい
- 非常に体験したい
- やや体験したい
- どちらともいえない
- あまり体験したくない
- 体験したくない

6-9-3 メイン質問

　VRやMRの関与がない人に対して、アイデアの受容性を確認するために設定した質問は以下の5問です。

■5問目（フリーアンサー）
【質問文】
日本国内でご自身が行く場所としてもっとも魅力的な観光地とその理由をお聞かせください。（対象観光地が帰省先と一致しても問題ございません）

■9問目（単一回答）
【質問文】
VR（バーチャルリアルティ）に関して、リンク先のYouTube映像をご覧いただきご回答ください。
【YouTube映像】※CMが再生された場合はスキップなどしていただき、以下タイトルの動画をご覧ください。（1分の映像です）
[ご質問]（映像をご覧いただいたうえで）紹介されていた体験に魅力を感じますか？

■10問目　マトリクス設問（単一回答）
【質問文】
以前の設問でお聞きした（ご自身にとって）もっとも魅力的な観光地に、選択項目と示す4種類の「VRレストラン」があったとした場合の利用意向をお聞かせください。

■12問目（単一回答）
【質問文】
MRに関して、リンク先の観光MRをイメージした映像をご覧いただきご回答ください。映像は1分までご覧いただければ大丈夫です。　※MRはVRとは違い、現実世界の景色に仮想の映像を投影する体験です。
[ご質問]（映像をご覧いただいたうえで）紹介されていた体験に魅力を感じますか？

■13問目　マトリクス設問（単一回答）

【質問文】

以前の設問でお聞きした（ご自身にとって）もっとも魅力的な観光地に、MR を使った体験施設があった場合（3つの案）

それぞれに対しての利用意向をお聞かせください。

　今回の調査のスクリーニング条件は、1年間のご自身で使う旅行の金額が3万円以上の方です。5問目の「もっとも魅力的な観光地」は対象者全員が答えられる内容なので、このフリーアンサー記入がいい加減な人はエラー対象です（ほかのフリーアンサー設問もエラー判別に使用しました）。これを先に聞いて、モニターの方が答えた「ご自身にとって魅力的な観光地に、このアイデアがあったとしたら」という前提で、今回の調査でメインの分析対象となるVRアイデア4案とMRアイデア3案の体験意向を聴取します。5問目は少しでも自分事化して7案のアイデアに向き合っていただくためのものです。7案のアイデアのテキストをそのまま聞いても、ほとんどの回答者にVRやMRの体験の前提知識がない想定なので、9問目と12問目は、その前提知識としていただくために動画を見ていただく設問を入れています。

6
章

6-10 | 分析結果

　今回の調査ではリーセンシーデータも入れているため、ガンマ・ポアソン・リーセンシー・モデルや多変量解析などさまざまな分析を行えます。それぞれのアイデアに前向きな方にアイデアを聞いた、フリーアンサーの結果も面白いものでした。特典では、ローデータを加工してVBAで任意の軸でクロスをかけて年代性別で傾向の違いを見ることができるExcelを共有します。

　ここでは、私がもっとも結果に興味があった5問の分析結果を共有します。まずはQ6のVRとMRの認知と、Q7のVRのコンテンツの経験率です。3章の顧客理解MMMで紹介した傾向スコアのうち、ATE[15]を用いることで、今回行った本調査（スクリーニングで年間3万円以上）をスクリーニング全体の対象者に調査した場合の結果を推定できます（**図表6-12**）。

※15　ATEは、集団全体において介入を受けた場合と受けなかった場合の結果の平均の差から効果を推定する方法です。ATEは「仮にターゲット全体に施策の影響があった場合の平均的な効果を推定する」際に用いるウェイト値です。介入をアンケートの回答とすることで、介入群の結果の平均を傾向スコアの逆数（1／傾向スコア）でウェイトをかけて集団全体の結果の平均を推定します。

図表6-12

	【ATE補正なし】			【ATE補正あり】		
年代性別	Q. 6-1 VR（バーチャルリアリティ）非常によく知っている&よく知っている	Q. 6-2 MR（ミックスドリアリティ）非常によく知っている&よく知っている	Q7 VRのコンテンツをご自身が体験したご経験がある	Q. 6-1 VR（バーチャルリアリティ）非常によく知っている&よく知っている	Q. 6-2 MR（ミックスドリアリティ）非常によく知っている&よく知っている	Q7 VRのコンテンツをご自身が体験したご経験がある
F20	29.25%	9.43%	26.42%	27.39%	10.86%	24.89%
F30	32.43%	10.81%	27.03%	21.20%	5.75%	21.42%
F40	26.89%	6.72%	31.09%	17.46%	2.34%	23.71%
F50	22.41%	6.03%	22.41%	15.92%	4.06%	13.30%
F60	21.81%	4.94%	14.81%	17.47%	1.51%	10.21%
M20	40.00%	24.00%	33.00%	39.86%	11.92%	25.58%
M30	39.09%	21.82%	39.09%	23.82%	9.68%	27.73%
M40	37.61%	19.66%	37.61%	24.72%	10.20%	19.31%
M50	49.56%	12.39%	39.82%	48.68%	2.74%	33.84%
M60	36.93%	6.22%	35.27%	34.28%	0.98%	26.78%

　傾向スコアの分析では、消費者調査MMMご説明時の共変量と同様に、Freeasy基本属性に加えてスクリーニング調査の結果を集計しました。1年間の旅行利用額「5万円〜10万円/10万円〜20万円/20万円以上」の変数と、TDLとUSJとpark1からpark5までの7つのテーマパークまたはその他のテーマパークのリーセンシーデータから、なんらかのテーマパークに行ったリーセンシーデータ「3カ月未満/3カ月〜6カ月未満/6カ月〜1年未満」を共変量として設定しました。

　本調査は1年間の利用額3万円以上の方を対象に配信し、調査タイトルは「日本国内観光における新サービスの利用に関するアンケート」としています。そのため、テーマに興味が強い人の回答にさらに偏っていることが考えられます。ここでのATEの推定では、共変量として設定した基本属性と旅行利用額となんらかのテーマパークの1年以内の利用が、スクリーニング回答者（世代全体）だった場合の推定結果です。たとえば、本調査での「MRを非常によく知っている&知っている人」の割合は60代男性で6.22%ですが、年代全体に調査した場合の推定値は0.98%です。

この方法は、自社顧客のアンケート回答者がロイヤルティの高いほうに偏る傾向（私の経験だと、回答者は非回答者の2倍以上LTVが高いことが一般的）を補正することにも活用できます。ATEを用いることで、一部の方に聞いたアンケートを「もし全体に対して行っていたら」という仮定での推定結果を導けるのです。

　次は、Q10、Q13、Q16それぞれの体験に関する意向が「（想定外のことがない限り）必ず体験したい」＆「非常に体験したい」と回答した方の割合を集計したものと、ATEによる補正で全体の回答を推定した2種類です（**図表6-13**）。

図表6-13①

（想定外のことがない限り）必ず体験したい＆非常に体験したい

年代性別	Q.10-1 【世界の名観光地の車窓から見える景色を楽しむ『VR食堂列車』】	Q.10-2 【気球で楽しむその土地の料理『天空レストランVR』】	Q.10-3 【マグロの一本釣り＆船上料理VR体験】	Q.10-4 【タイムスリップVRレストラン】	Q.13-1 【お気に入りの景色でバーチャルフィッティング】	Q.13-2 【MRガイド＆お店のおすすめ情報ナビ】	Q.13-3 【思い出3Dスキャン】	Q16今後、国内の観光地にVRやMRを用いた新しいサービスが導入された場合の利用意向
F20	21.70%	18.87%	15.09%	18.87%	21.70%	17.92%	20.75%	19.81%
F30	23.42%	25.23%	15.32%	17.12%	14.41%	21.62%	16.22%	15.32%
F40	25.21%	24.37%	15.97%	23.53%	13.45%	22.69%	13.45%	19.33%
F50	23.28%	23.28%	14.66%	25.00%	9.48%	14.66%	14.66%	17.24%
F60	28.40%	24.69%	11.52%	19.75%	11.52%	18.11%	16.05%	16.46%
M20	25.00%	27.00%	22.00%	28.00%	28.00%	21.00%	27.00%	26.00%
M30	23.64%	27.27%	20.91%	22.73%	18.18%	17.27%	23.64%	19.09%
M40	23.93%	25.64%	18.80%	29.06%	18.80%	22.22%	17.95%	22.22%
M50	30.09%	29.20%	28.32%	22.12%	18.58%	23.01%	20.35%	27.43%
M60	24.90%	22.41%	17.01%	24.07%	13.28%	18.26%	15.77%	19.09%

図表6-13②

【ATE補正あり】（想定外のことがない限り）必ず体験したい＆非常に体験したい

年代性別	Q.10-1 【世界の名観光地の車窓から見える景色を楽しむ『VR食堂列車』】	Q.10-2 【気球で楽しむその土地の料理『天空レストランVR』】	Q.10-3 【マグロの一本釣り＆船上料理VR体験】	Q.10-4 【タイムスリップVRレストラン】	Q.13-1 【お気に入りの景色でバーチャルフィッティング】	Q.13-2 【MRガイド＆お店のおすすめ情報ナビ】	Q.13-3 【思い出3Dスキャン】	Q16今後、国内の観光地にVRやMRを用いた新しいサービスが導入された場合の利用意向
F20	21.80%	15.36%	10.84%	16.23%	19.14%	19.44%	14.38%	16.45%
F30	14.22%	16.61%	11.13%	9.60%	6.53%	12.27%	9.17%	8.49%
F40	18.30%	19.91%	9.35%	19.65%	9.31%	15.86%	8.11%	12.97%
F50	17.94%	18.18%	10.12%	20.64%	10.81%	11.67%	11.48%	14.90%
F60	29.13%	24.82%	12.16%	15.49%	9.85%	18.87%	12.79%	15.38%
M20	15.52%	17.49%	17.09%	24.20%	28.12%	16.99%	24.71%	23.78%
M30	19.03%	22.68%	8.72%	18.34%	11.25%	13.71%	17.14%	13.48%
M40	12.77%	14.09%	10.37%	16.25%	9.69%	12.66%	10.78%	14.31%
M50	22.35%	21.58%	18.86%	16.46%	10.98%	19.03%	14.46%	18.38%
M60	21.08%	21.42%	12.36%	21.34%	7.37%	12.73%	8.67%	18.29%

　推しとして考えていた「思い出3Dスキャン」は60代男性が15.77%（補正なし）と8.67%（ATE補正あり）、60代女性は16.05%（補正なし）と12.79%（ATE補正あり）と、他の案と比較して受容性が高い結果とはなりませんでした。一方、比較用として設定していた20代男性では27.00%（補正なし）と24.71%（ATE補正あり）となっており、世代全体でも受容性が高い可能性があります。「バーチャルフィッティング」も同様で、28.00%（補正なし）と28.12%（ATE補正）と、世代全体でも受容性が高い可能性があります。

　傾向スコアは、3章の消費者調査MMMで解説したような効果の推定をたしかなものにするだけでなく、セレクション・バイアスによるミスリードを回避し、たしかな結果を読み解くことにも有用です。スクリーニング調査で選定した対象者から回答を得た際、本調査の標本に対応する母集団ではなく、スクリーニング調査の標本と対応する母集団である市場全体[16]の回答率を推定できます。

※16　本書で紹介した調査は基本属性の業種「調査業・シンクタンク」を除外しており、厳密には市場全体ではありません。

6 章

ここで紹介したインターネット調査の偏りを補正して、母集団全体と推定するため、ATE活用も含めた実装方法を特典の講義でフォローします。本格的に傾向スコア分析を活用したい方は、オンラインで利用できる有料セミナー「SPSSではじめる傾向スコア分析」も参考になると思います。

・SPSSではじめる傾向スコア分析入門
https://smart-analytics.jp/events_and_seminars/ps-training-2022/

Column 「SPSSではじめる傾向スコア分析」とは？

　スマート・アナリティクス株式会社は、データ分析ソフトウェアの開発・販売・サポートを行う会社です。統計解析ソフトウェア「SPSS Statistics」やデータマイニングソフト「SPSS Modeler」などの製品をはじめ、Salesforce CRM Analyticsや人工知能、統計解析、データマイニング、テキストマイニング製品の提供から、各種製品トレーニング、データ活用ワークショップやデータ分析アドバイスまでデータをより良くビジネスに活用するためのサービスを提供しています。

　同社はデータ分析に関するトレーニングやセミナーも開催しており、その1つが「SPSSではじめる傾向スコア分析」です。

参考URL　スマート・アナリティクス株式会社　Webサイト
https://smart-analytics.jp/

6-11 | 2名にZoomインタビューを実施

Q9でアートディナーコース「Kaleidoscope of LIFE」の映像を見て、その体験について「非常に魅力的」と回答した60代男性12名と女性15名を対象に、Freeasyのインタビューリクルート用のアンケートを配信[17]し、アポを取りZoomでインタビューさせていただきました。なお、インタビュアーはメインで山本さんにお願いし、私も一緒に参加しています。

対象者が少ないため、アポが成立しても興味深い示唆が得られる可能性は低いと考えて、山本さんとだめもとで2名だけチャレンジした内容です。結果、山本さんと私双方にとって興味深い内容となったので全文起こし（2名で約3.5万文字）を特典にします。

なお、山本さんに本書執筆に参加いただいた経緯ですが、山本さんが開催していたストリートアカデミーの講義に私が参加させていただいたことがあります。その内容に感銘し、以降アドバイザーとして私のプロジェクトに参加いただけたことがきっかけで、執筆に参加いただくに至っています。「顧客理解を理解する（概念編）」「顧客理解を理解する（メソッド編）」で解説いただいた内容を皆さんが実際に行う際、山本さんとモニターの方のインタビューのやりとりを見ていただくことがヒントになると思います。

参考URL
ストリートアカデミー講師ページ山本寛
https://www.street-academy.com/steachers/488030

また、どのようにしてアポをとるか、会話を行う際にどんなことに気をつけるか、今回のインタビューにおける我々の反省についても特典の講義で共有します。

---

[17] Freeasyでインタビューリクルートを行うためには、アイブリッジ社による審査と事業者登録などの所定の手続きが必要となります。

紙面の制約から、ここでは概要（インタビュー対象者とインタビュー内容）のみ紹介します。

6-11-1　インタビュー対象者

2024年3月某日（休日）1日で、2名のアポイントを取ることができました。対象者は以下のお2人で、各60分インタビューしています。インタビューの内容は多数決的な定量での検証ではありませんが、お2人それぞれ価値の感じ方が対照的で非常に興味深い内容でした。

対象者①：60代前半女性1名　佐藤様（仮名）

最近仕事を引退し、旅行三昧。HISのオンライン旅行体験、体験し放題サービスを利用。7つ案のうちもっとも好きなアイデアはタイムスリップ。理由はもっとも見たこともない世界で体験してみたいから。一番ピンとこなかったアイデアは思い出3Dスキャン。理由はすでに類似するサービスで思いあたるものがあるため目新しさを感じないから。観光×VRMRに求めるものは「驚き」。

対象者②：60代前半男性1名　鈴木様（仮名）

仕事や旅行でヨーロッパに行くことも多く、年に数回は国内や海外に旅行。7つの案のうちもっとも好きなアイデアは思い出3Dスキャン。理由は、「かつて家族といったイタリア旅行を追体験できそう」「孫の成長記録も楽しみ」というもの。もっともピンとこなかったアイデアはタイムスリップ。理由は、昔のご飯はまずいから。観光×VRMRに求めるものは「ストーリー」。

なお、オンラインインタビューでは個人情報に触れない範囲の会話に限定するなど、諸々の配慮が必要です。今回は本書への掲載を前提とした許諾を取っており、こうした許諾の取り方やアポイントのやり方も役立つと思います。皆さんにも活かしていただくために特典の講義で補足します。

6-11-2　インタビュー内容

自己紹介

- お住まいや家族構成、趣味や最近のマイブーム

　　→アイスブレイク。自分のしゃべりたいことをしゃべっていただくこと

　　→興味を持ってお聞きする

旅行実態の把握

- 最近行った旅行の体験と、そのなかでもっとも楽しかった場所

　　→旅行の頻度や行き先など、経験値の把握

　　→楽しい思い出を語っていただくことから、断片的な価値観の把握

- 20代や30代のときに行った旅行との比較

　　→シニアになってからの独特の楽しみ方を把握

　　→シニアになると「浸る」ことが旅行の目的になるのでは、という仮説①
　　　の確認

VR・MRの経験

- VR・MRの認識と経験
- VR・MR独特の経験

　　→特に印象に残った経験の把握

　　→旅行で普通に楽しめるものはVR・MRで再現しても魅力に欠けるの
　　　では、という仮説②の確認

7つのVR・MR体験アイデア評価

- もっとも印象に残るもの、あるいはポジティブなものとその理由
- もっとも印象に残らないもの、あるいはネガティブなものとその理由
- それ以外の5つについて、評価の順番とその理由

　　→仮説①②の最終確認

6
章

生成AIで描いたイメージビジュアルを加えた
Zoom投影用のコンセプトボード

VR＋プロジェクトマッピングで窓から見える光景は世界の電車の景色。料理も各国のもの（行きたい国を選択可能）

VRで再現された気球から見下ろす雄大な景色のなかで、その土地固有の食事を味わう。サーブする方が眼下に広がる景色をガイド。

マグロの一本釣り、クルージングフィッシングをVRで体験。釣るマグロはバーチャルでも、食べるマグロはプロの板前が調理する本物。

VRフィッティングスタジオであなたの体と顔を完全スキャン。MRグラスを使うことで、お気に入りの洋服を着た自分の3Dモデルが観光地を歩く姿を見られる。

観光地でMRグラスを使って歩くと、その街の景色をガイドがナビゲート。気になるスポットのうち、MR情報が記録されているお店では、お店ごとのおすすめ映像を見られる。

観光地の歴史と料理を楽しむ。平安時代、江戸時代、明治時代など、その観光地の様子をVR体験しながら、当時のご馳走を味わえる。

ご家族やご友人と訪問した観光地にある3Dスキャンブース。再訪時にMRグラスを装着すると、当時のご自身と同伴者が実際の景色に登場する。

6-12 │ 「やってみる」が勝ち!

　おそらく、読者の皆さんはインタビュー経験のない方が多いと思います。しかし"マーケティング"と名がつく職業にこだわらず、理解すべき「お客様」がいるビジネスを手掛けている場合は、なんらかの方法で機会を作ってご自身でインタビューをやってみるのがおすすめです。

　かくいう私も、インタビューを始めたのは2021年なので3年強しか経験していませんし、始めたときは山本さんにアドバイスをもらっていました。いくつかのプロジェクトで数十名行う頃には、自分なりのやり方が確立していたので、最近ではビジネスパーソンにインタビューの方法を教えるプロジェクトも行うようになりました。

　マーケティング・リサーチのインタビューにおける用語に「ラポール形成」という言葉があり、これはインタビュー対象者との信頼関係を築くことを指します。なにやら恰好良い言葉ですが、私はこう考えています。そもそも初対面の方とそんな簡単に信頼関係なんて築けないという前提で自ら期待値を上げないようにして、話をしてくれたらラッキーくらいで考えること。ハードルを自ら上げることでプレッシャーをかけず、リラックスして気楽に相手の方と向き合います。所詮は人と人との対話で、意識すべきは「相手の話に興味をもって耳を傾けること」の1点です。毎回聞ける話は血肉になると考えているので、インタビューの相手のお話はマーケティングのヒントに直接結びつかないことであっても新しい発見と感じることも多く、毎回興味深くお話をお聞きしています。そのスタンスは相手に伝わるので、皆さんもこの点は特に意識してみてください。

　なお、インタビューの準備段階でまずお聞きする質問は「マイブーム」で、今回のインタビューでも冒頭に入っています。ご自身のマイブームはどなたもお持ちですし、積極的に聞いてくれる相手がいれば喜んでお話しいただける内容ですので、まず最初に「相手の話に興味をもって耳を傾けている

こと」が相手の方に伝わるように実践しています。

　また、プロジェクトのインタビューでは「人間を見に行く（その方のお人柄を洞察するヒントを得る）」質問をふんだんに入れることが多いです。「人間を見に行く質問」を入れすぎると個人特定に近づきやすくなるため、今回は書籍での掲載を前提とすることからインタビュー内容から外していますが、たとえば以下のような質問をしています。

人間を見に行く
- 平日の朝起きてから夜寝るまでのルーティン（特に寝る前のリラックスタイムでなにをしているか？）
- お気に入りの休日の過ごし方
- 上記に関連して、メディア視聴やエンタメの趣味嗜好など

　マーケティングの専門的な知識経験を持つ方がいない組織でいきなりインタビューを始めると、自社のブランドのことばかりを聞いてしまいがちです。しかしそればかり聞いても、そのお客様とブランドの行動の理由を結び付ける意味を洞察しにくいのです。これまで何度も取り上げた「顧客重複の法則」を受け入れて、カテゴリー理解と人間理解を土台にすることが重要です。ブランドにまつわる行動の理由に、カテゴリー関与とその方の特性の背景情報とセットになることで解像度が上がります。

　マーケティング業務において、皆さんがなんらかの消費者リサーチのテーマが与えられたのであれば、それはチャンスと捉えて積極的に身近な人のインタビューから始めてみましょう。また、皆さんが所属する組織の方も立派な消費者ですから、社内で対象者を募ってインタビューを行うこともできますし、最近はFreeasyやSprintのような便利なツールのおかげで一般の方にインタビューするハードルは下がっています。相手の考えを洞察しながら対話を重ねる訓練によって、データを読み解く際の仮説の解像度も各段に上がっていくので、まずは「やってみる」ことが大事です。

6-13 | 多様な「考え方」に触れる

　山本さんが解説してくれたように、顧客理解のスキルはさまざまな考え方や行動特性を想像する訓練の量にかかっています。そのため、話をたくさん聞いて引き出しを増やしていきましょう。

　私たちは同じ会社や同じ業界、SNSでつながっている人など、自分が居心地の良い状況を選んで日常生活を送っています。各SNSのアルゴリズムも"あなたの興味に近いもの"とコンピュータが判断したものが並んでいます。このような状況ゆえに、日々意識してアウェーな環境に行くことも引き出しを増やすのに役立つでしょう。会社の同じチームより、チーム外、同じ会社より違う会社、同業他社より業界外のビジネスパーソン。ビジネスパーソンよりも…と、きりがありませんが、日常で接する可能性が少ない方と意図して関わること、意識してアウェーに飛び込むことで引き出しがどんどん増えていきます。

　頭でっかちにならず、アウェーでの対話から引き出しを作る経験を繰り返すことが顧客理解のいちばんの素養になると思います。本書最後のコラムで紹介するのは、私が2020年夏から参加している「普段会わない人と会い、普段聞かない話を聞いて、普段考えないことを考える」をテーマにした紹介制ビジネスサロンです。

6章

Column 足立光の無双塾とは？

「足立光の無双塾」は、ビジネスの第一線で活躍するゲストのトークや塾生との交流を通し、マーケターとしての知識やノウハウ、思考法を養い、マーケティング脳を鍛えることができる紹介制ビジネスサロンです。第一線で活躍する足立光さんから学ぶことができて成功につながるいろいろなヒントを得ることができます。「普段会わない人と会い、普段聞かない話を聞いて、普段考えないことを考える。」をコンセプトとした月1〜2回のイベントがオフライン・オンライン同時に開催されており、足立さんの人脈から来ていただくゲストは非常に多様です。私も毎回参加するたびに「無知の知」を得ています。

足立光氏（略歴）2024年4月時点

株式会社ファミリーマート エグゼクティブ・ディレクター、
CMO（兼）マーケティング本部長、CCRO（兼）デジタル事業本部長

1968年生まれ。P&G、ブーズ・アレン・ハミルトン、ローランドベルガーを経て、ドイツのヘンケルグループに属するシュワルツコフヘンケルに転身。2005年には同社社長に就任。赤字続きだった業績を急速に回復した実績が評価され、2007年よりヘンケルジャパン取締役シュワルツコフプロフェッショナル事業本部長を兼務し、2011年からはヘンケルのコスメティック事業の北東・東南アジア全体を統括。その後、ワールド執行役員国際本部長、日本マクドナルド上席執行役員マーケティング本部長、ナイアンティック アジアパシフィック プロダクトマーケティング シニアディレクターとして活躍し、2020年10月よりファミリーマートに参画。株式会社I-neの社外取締役、ノバセル株式会社の社外取締役、スマートニュース株式会社や生活協同組合コープさっぽろなどのマーケティング・アドバイザーも兼任。著書に『圧倒的な成果を生み出す「劇薬」の仕事術』、『「300億円」赤字だったマックを六本木のバーの店長がV字回復させた秘密』。共著に、『世界的優良企業の実例に学ぶ「あなたの知らない」マーケティング大原則』『アフターコロナのマーケティング戦略 最重要ポイント40』。訳書に『P&Gウェイ』『マーケティング・ゲーム』など。オンラインサロン「無双塾」主宰。

参考URL

「足立光の無双塾」Webサイト　https://salon-de-ray.agenda-note.com/

巻末インタビュー

新たな社会基盤の構築や、卓越したテクノロジーの社会実装、日本の観光資源のマーケティング、マーケティング・サイエンスの浸透。未来を創るために突き進むビジネスパーソンの視野と視座、思考法とは？　これまで私（小川）が関わりを持たせていただき、ビジョン・ドリブンで学ばせていただくことが多い9名にお話しをお聞きしました。ここまで紹介してきたエビデンスの作り方や考え方など、各種ノウハウの活かし方のヒントとなれば幸いです。

インタビュイー

● 楽天グループ株式会社　松村亮氏
● 株式会社NTTデータ　花谷昌弘氏
● 株式会社ネクイノ　大倉司氏
● nat株式会社　若狭僚介氏
● 株式会社HONE　桜井貴斗氏／ネットイヤーグループ株式会社　日下陽介氏
● 株式会社プリファード・ロボティクス　寺田耕志氏／
　　株式会社レアゾン・ホールディングス　大泉共弘氏
● Meta日本法人 Facebook Japan　中村淳一氏

※肩書及び内容は取材日時点のものです。

楽天グループ株式会社 **松村 亮** 氏

楽天グループ株式会社　常務執行役員
コマース＆マーケティングカンパニー シニアヴァイスプレジデント
※肩書及び内容は取材日2024年3月1日時点のものです。

インタビュー企画概要

マーケティング業界で「リテールメディア」が注目されています。リテールメディアとは、小売業企業が自ら運営するECサイトやアプリ、店舗のデジタルサイネージなどを活用した広告媒体です。小売業者が保有する顧客行動データに基づいて広告配信を行うため、より精度の高いターゲティングが可能となります。さらに広告媒体としてだけでなく、広告主企業が求める顧客理解やコミュニケーション戦略の検討や需要予測に使われるなど、より発展的な活用に期待されています。

日本のリテールメディアをけん引する企業のひとつが楽天グループです。「楽天市場」をはじめとした70以上のサービスを通じて蓄積したデータを活用し、2023年の広告事業の売上は2,000億円を超えています。ここでは、楽天の広告サービスにおいて中心であるEC関連の広告事業を統括されている松村氏に、同社のリテールメディアの特徴やマーケティング活用方法、同社のデータ活用、さらには将来を見据えた視野についてお話を聞きました。

松村氏　楽天経済圏の会員数は1億以上、アクティブユーザーは月4000万を超えていて、常にそのデータを補足できている状況です。楽天グループはもともとECから始まり、旅行など予約系のサービスを充実させてから、金融、モバイルにまで発展してきたため、膨大なユーザーがどんなコンテンツを見ているか、なにを購入しているのか、（金融の決済データもあるので）オンラインに限らずオフラインで何を買っているか、（モバイルもあるので）どこにいるのかなど、多種多様な行動を捉えることができます。ユーザーのプライバシーを守るための適切な個人情報管理が前提になるので、許諾の取得と正しい情報管理を行ったうえで、前述のユーザー行動の全方位的なデータを

ファーストパーティデータ[※1]として活用することができます。

小川　ファーストパーティデータを活用することで、どのようなメリットがあるのでしょう？

松村氏　このデータをマーケティングに活かすことで、今までにない効率やスケールを実現できると考えています。ひとことで言えば、認知から購買までを一方向に落とし込んでいく既存のファネル別のマーケティングモデルをアップデートする考えで取り組んでいます。たとえば、一般的なメーカーにおけるオーソドックスなビジネスプロセスでは、まず商品を作って、ユーザーに認知

してもらうためにTVCMなどのマス広告を展開し、想起されやすい状況を目指し、同時にそれを小売店舗にリベート[※2]を払い、ユーザーに買われやすい売り場、目に届きやすい場所(棚)の確保に取り組むことで、ファネルの上から下(認知から購買)まで片道で落とし込むモデルです。

しかし、ここには大きく2つの課題があります。1つは、ファネルの上と下をユーザー軸で紐づけることができないため、実際に認知した顧客のうち誰がいつどこで購入に至ったのかわからない点です。もう1つは、基本的には縦方向に終始するため、認知チャネルや販売チャネルを横断した顧客の動きがわからないという点です。

一方、楽天ではユーザー行動の全方位的なデータを活用することで、これらの課題を解決することが可能です。まず、ブランドを認知したユーザーのうち誰がいつ購入したかがわかるだけでなく、過去の購買経験から新ブランドの購入可能性の高いユーザーをコホートにすることで、ブランド認知の広告もユーザーベースで効率的なターゲティングが可能になります。実際、認知ファネルに対応する広告の使い方も、数10%の視聴率がある番組にユーザーが集中して、そこだけをカバーすれば済む時代ではなくなりました。ユーザーとのタッチポイントはオンラインとオフラインの膨大なメディアに分散しています。分散はしていますが特にオンラインメディアはビヘイビア[※3]データと紐づきやすいため、それぞれのタッチポイントでユーザーの趣味嗜好等に応じた効率的なコミュニケーションを行うことができます。もうひとつは、ECやオフラインペイメントのデータベースをもとにオンラインとオフラインの購入履歴を追うことで、ブランド認知をしたユーザーがどこで購入検討に至ったか、そして実際に購入したかを全方位で追うことができます。そし

※1 ファーストパーティデータとは、企業が自社で直接収集したサイト閲覧や購買履歴などの各種顧客データを指します。サードパーティデータとは、企業が自社以外から収集した同様のデータを指します。プライバシー保護の意識の高まりから、データの使用用途を具体的に規定した上で適切な方法でユーザーから同意を得ることが求められています。特定の企業が第三者とユーザーのデータを利活用できない様にする法整備などの仕組みが各国で進んでいます。その流れから「Cookie制限」も進んでおり、サードパーティCookieの利用が制限されています。サードパーティCookieは、ユーザーの行動を複数のウェブサイト横断的に追跡するために利用されてきましたが、この制限によって、企業側がサードパーティデータを収集することが難化しています。特定の企業が第三者とユーザーにとって不本意な形で使われることを制限しつつ、適切な活用によるイノベーションを阻害しないよう、バランスをとるための法整備などの仕組みを整えることがグローバルでの課題となっています。

※2 リベートとは、売り手から買い手に支払う謝礼金のことです。ビジネスにおいて「リベート」という言葉を使う際は、「支払い金額から一部を支払者に返金する」「売上を割り戻しする」といったシーンを意味します。ここで例示されたメーカーと小売り企業の関係では、小売店(流通業者)の取引高に応じて、メーカーが代金の一部を払い戻すという状況を指します。

※3 マーケティング用語として使われている、ここでの「ビヘイビア」は顧客の行動を指します。楽天経済圏で得ることが多用なデータは「ビヘイビアデータ」といえます。

て、それらのユーザービヘイビアをもとに、より確度の高いCRMにつなげていくことが出来るようになります。

このように楽天経済圏のビヘイビアデータを活用することで、従来型の縦方向のファネルで上から下に落とし込んでいくモデルの精緻化に加えて横の広がりのあるデータを活用し、オンライン・オフラインの販売チャネルを超えた統合マーケティングを行うことができます。それが既存のマーケティングモデルのアップデートです。こうした考え方をベースに取り組んできた各種施策が形になってきたことで、弊社の広告事業の売上は昨年（2023年）に2,000億円を超えました。

小川　楽天経済圏データを活用したマーケティングのPDCAは主にどんなパターンが多いのでしょうか？

松村氏　主に2種類です。まず1つ目は従来からある、「楽天市場」で出店するようなブランドを育成していくパターンです。そうしたブランドは当初認知度がないため、検索サイトよりも購買に近い「楽天市場」内の検索に対応する広告で、ニーズが合致するユーザーとのマッチングを行います。まずはこれをしっかり行うことで、商品のレビューがたくさん書かれたり、瞬間的に「楽天市場」内でランキング1位を獲得したりできるようになり、これらは店舗様にとっての資産となっていきます。当初はトランザクションの獲得に注力しますが、ブランドの信頼性すなわちクレディビリティー（"credibility"）に対応するレビューが蓄積されること、その資産を活かしながらコミュニケーションを強化してさらにブランドをスケールさせるのが典型的なやり方です。

もう1つのパターンは、認知度の高いナショナルブランドやグローバルブランドに楽天経済圏を活用してもらうマーケティングです。新商品などをローンチする段階でのコミュニケーションなど、ファネルの上流となる認知を獲得するためのコミュニケーションに楽天経済圏のリーチ力を生かしています。マスメディアとは違い、認知を獲得したユーザーがどういう人たちで、どのようなプロセスで購買に至るのかトレースすることができます。ローンチ前の商品企画段階から立ててきたブランドごとの仮説があると思いますが、楽天経済圏のチャネルでビヘイビアデータや属性に合わせたターゲティングを使って広告を行うことで、どんな人にはどんな反応があったかという解像度が高いデータをファクトとして得ることができるため、ターゲットのイメージの明確化など、楽天経済圏のチャネル以外のコミュニケーション戦略に活かしています。

また、上流から下流までのファネルに対応するビヘイビアデータを補足することができるため、大規模なリーチでコミュニケーションを行ったうえで、どういう人達が反応してくれて、購買に至ったのか、どういう人達が反応してくれなかったのか、そうしたことがファクトとしてわかり、そこから得た示唆をコミュニケーション戦略全体に活かせます。

PDCAはこの2種類がオーソドックスですが、もう1つ"ビジネスモデル"に近いものもあります。たとえば、ファッションのようにシーズナリティによって売れ行きが左右されるブランドは商品に賞味期限があるため、過剰に作るとロスが増えてしまいます。そのため、製造も含めて短期間でどれだけ最適なPDCAを回すことができるかが勝負になります。楽天経済圏のチャネルを使ってよく行われているのは、はじめにスモールロットで作って予約販売を行う方法です。これにより、予約数から商品SKUごとの売れ行きを予測することが可能になり、販売可能性の高い商品だけ追加ロットを発注します。どの商品が売れ筋かを裏側で判断しながら、適切な製造量を見極めてスピーディにPDCAを回すことができるわけです。

楽天経済圏のビヘイビアデータがあるために、どの商品がどんな人に売れそうか、反応がよさそうか、といった解像度でファクトとしてわかることで、テストマーケティングからほかの販売チャネルも含めた製造意思決定にまで反映させているケースです。

小川 TVCMにおいては、コストが相対的に高い関東エリアで放映する前に地方でいくつかのエリアでテストするのがセオリーでした。最近では、地方エリアの地上波を投下する前に、インターネット動画広告のPDCAでABテストをすることも増えています。楽天経済圏の縦横のデータ活用はコミュニケーションの範疇にとどまらず、どんな人が買ったか、売れそうか、反応がよさそうかを知ることができる巨大な実験場と

いう印象で、楽天経済圏以外の広告と販売チャネルでの戦略に反映しているところに驚きました。活用可能なビヘイビアデータを想像すると、そのスケールに圧倒されます。このようなデータの活用を今後も推進するにあたって、マーケティングから少し拡張した社会課題解決の視点での可能性を教えていただけますか？

松村氏 「集中」から「分散」または「疎」へ、という大きな文脈での社会構造の変化を前向きに起こしていくことに貢献できる可能性があると考えています。過去1000年を超える人類の社会形成のプロセスでは、常に「集中」と「効率化」が大きなテーマになっていたと思います。もっともわかりやすいのは都市です。可能な限り同じ場所に人を集め、そこに鉄道を作ったり、ゴミを回収する仕組みを作ったりと、人と機能を集中させることで効率的に必要な社会インフラを整備してきたわけです。ビッグデータ（消費行動分析データ）やAIなどのテクノロジーが進化してきたことで、従来のような密度で集中させずに、場合によっては疎の状態であっても全体的に効率を担保できる状況が構築しやすくなっていると考えています。

たとえば、日本がこれから直面する社会課題に人口減少があり、今後はさらに過疎化する地域が増えていくと思います。人がほとんど住んでいない地域に電車や電気などインフラを整備し維持するのは効率的でなくなるため、全体としての効率を維持するためには都市に移り住んでもらうことが

わかりやすいアプローチです。しかし実際には、都市部の不動産価格や住み慣れた地域から離れる心理的なストレスを考えると、それほど単純な問題ではありません。しかし、ビヘイビアデータを適切に活用し、どのエリアにどんな人がいて、どんな行動をしているかがわかれば、そのような状況でも全体の効率をある程度維持できる打ち手を検討可能ではないかと思います。ただ物質的な制約はあるので、一人ひとりに最適な物資を届けるのはコストが合わなくなることもあるでしょう。しかし住んでいる人を妥当な単位でグループ化して、そのグループに合わせて物資を供給する仕組みを構築することで、過疎地域にも必要な環境を提供でき、育った故郷を離れていただかずに済むかもしれません。現在行っている楽天経済圏のビヘイビアデータ活用によるマーケティングのアップデートは、10年20年先を見据えた社会の疎や分散への対応への貢献へもつながっていくと思います。

小川　宇宙事業に関わる知人から、楽天モバイル社が米 AST SpaceMobile 社と共同で、衛星と携帯電話を直接通信するサービスを2026年内に日本国内で提供する計画を発表したと聞きました。また、iPhone の電波が届かない場所でも衛星と直接通信することで、登山中などの遭難時に使える緊急SOSという機能が北米や西欧などで展開されていることも聞きました。貴社

が未来を見据えて衛星と通信の活用を手掛けられることにわくわくしていますが、可能な範囲でこの計画について教えていただけないでしょうか？

松村氏　基地局を立てて行う通信と比較すると、衛星との通信で使用できる帯域は大きくはないのですが、「楽天モバイル」が採用した方式は衛生と端末が直接通信する方式なので、世界中どこでも100％つながる状況を作り出せます。当然、山間部でもつながります。これまで楽天が保有するデータはECや旅行や金融などから得られるトランザクションベースのものが主でしたが、そこにモバイルが加わることでトランザクションが起こらないタイミングも含めた24時間365日のデータが補足できるようになっていくと思います。ビッグデータ（消費行動分析データ）の中身を分解していく際に、広さと深さの両面があるということです。「楽天市場」以外のお店も含めて、どこでなにを買ったか、どこに旅行に行こうと思っていたか、なにに興味を持ったか、など各種のトランザクションは主に深さに対応するデータです。一方、トランザクションが起きた瞬間しかデータがないので、ユーザーが残りの時間にどんな行動をしているかはわかりません。しかし、衛星で常時つながった状態で取得するモバイルデータは、広さをカバーしてトランザクションを補足するような情報になっていくと思います。先ほどお

参考サイト
楽天モバイル、AST SpaceMobileとの衛星と携帯の直接通信による国内サービスを2026年内に提供を目指す計画を発表
https://corp.mobile.rakuten.co.jp/news/press/2024/0216_01/

話したマーケティング目線での活用も、10年20年後の社会の形への対応も、プライバシーの保護やデータ使用の透明性などの前提をすべてクリアしたうえで、ユーザーのみなさんが便利だと思える体験につなげることが大前提ですが、衛星モバイル通信によって便利な体験づくりの可能性がさらに広がると思います。

小川 書籍の本編では「日本の観光資源におけるマーケティング」をテーマに設定したパートがあり、そのなかで2030年のインバウンド需要15兆円に向けた話題にも触れています。こうしたインバウンドと関連する、楽天のデータ活用の可能性についてお話しいただけないでしょうか?

松村氏 これから加速する人口減少に伴い、豊富な観光資源は国として外貨を稼ぐ手段として重要かつ大きなアセットのひとつです。その可能性をさらに解き放つためには、ポテンシャルの高い光るアセットはなんなのかをもっと可視化していくことが重要になると思います。そして、そこにも楽天経済圏のデータが活用できると思います。15兆円という大きな数字の実現を考えると、現時点で特に人気が集中しているエリアだけでは、算数的に賄えないと思います。従って、現状で外国人から人気のエリアのランキングにとどまらず、日本全国の観光地それぞれに人が訪れる状況を構築し、よりテールヘビーな状況を作り上げることが求められると思います。実際、主要な観光スポットや都市部では訪日外国人の方を見かける機会も増えました。しかし15兆円を実現するとなると、初めての訪日で回りやすいゴールデンルートだけでなく、リピートの訪日で地方エリアにまで足を運んでいただくことが重要だと考えています。海外の富裕層の方ほど、観光ニーズが集中して一般化したものより地方の「ここぞ」という観光スポットでの体験を求めると思います。「地方できらりと光る観光資源でいかにして効率を担保するか」を分析するために「楽天トラベル」から得られるトランザクションが活用できるのは当然として、モバイルデータから得られる「いつどこにいるか」がわかるデータなども活用して、日本全体のデータを捉えたうえで、観光資産のポテンシャルを可視化しておくことが大事だと思います。

そして可視化の先には、ポテンシャルのあるエリアの魅力を磨いていかなければなりません。そのためには集客プロモーションだけではなく、宿泊やモビリティなどの一連の仕組みをインストールしていくことでエコシステムを構築するのが重要だと思います。また実際にこれらを形にしていくうえで、楽天が保有するインフラを活用できる場面も多いと考えています。たとえば、弊社では配送ドローンなどの自動配送ロボットも手掛けています。ゴールデンルート以外のエリアの観光資源の魅力を磨いて訪日外国人の方に全国くまなく訪れていただくために、エリア間の集客格差を平準化して、ビヘイビアデータと自動配送ロボットを掛け合わせて新しいサービスや価値を提供できる可能性は多いにあると思います。

インタビュー

小川 オーバーツーリズム回避の視点からも非常に有意義なことだと思います。このような広い視野を持つ松村さんですが、楽天で今の仕事をされるようになったきっかけやこれまでのキャリアについて教えていただけますか？

松村氏 楽天に入社したのは10年ほど前になります。それ以前は、大学卒業後にエンジニア職を数年ほど経験したあとに外資系の戦略コンサルに転職し、当初は東京オフィスで働いていました。その後、留学を経てロンドンオフィスで働くようになりました。さまざまな業種にプロフェッショナルアドバイザリー[※4]として関わってきましたが、キャリアが進むにつれてインダストリーの志向が強くなってきました。事業会社のなかで自ら意思決定してビジネスを回し、結果に責任を負いたいと考え、ロンドンにいながらいくつか機会を探していたところに、たまたま「楽天の社長室」という話を伺ったことがきっかけです。楽天のさまざまな方々と話すなかで、従来仕事をしてきたプロフェッショナルファームのカルチャーとは大分異なると思いましたが、「逆張り」でチャレンジする価値が大きいと考えて飛び込みました。

飛び込んだ理由の大きなものは主に2つです。1点目は成長性です。楽天は継続的に成長を続けており、自分がこれまで育ってきた世界と価値観とは異なる部分が多かったので、自分が知らない、経験したことがないものが得られるのではないかと期待し、体験してみたくなりました。2点目はダイバーシティの高さです。楽天には新卒プロパーで叩き上げみたいな方もいれば、アカデミーバックグラウンドがすごく強い方もいれば、コンサルやシンクタンク出身の方、事業会社でやってきた方など、多様なバックグランドの方がいます。

それまで自分が育ってきたプロフェッショナルファームでは、バックグラウンドが多様でもカルチャーはモノカルチャー[※5]です。外資の戦略コンサルにはそれぞれ「〇〇ウェイ」みたいなものがあり、仕事の仕方や考え方はそれに沿って行うことを徹底させられます。しかし楽天はバックグラウンドだけでなく、カルチャーもさまざまでした。マルチカルチャーのなかで、ひとつの目的に向かって喧々諤々(けんけんがくがく)しながら熱量をもってやっていく環境に魅力を感じました。そうした理由を背景に、実際にそこで働いて自分が感じたものがどう機能しているのか経験してみたい衝動を抑えられなかったという感じです。

小川 楽天のECや関連する広告事業を統括される松村さんがどんなキャリアでど

※4 アドバイザリーとインダストリーは、戦略コンサルティングにおけるサービス内容を示す用語ですが、それぞれ異なる意味合いと専門性を持っています。アドバイザリーは、特定の業界や専門領域に特化せず、幅広い経営課題に対して客観的な視点からアドバイスを提供するサービスです。一方、インダストリーは、特定の業界に特化した専門知識と経験に基づいて、その業界特有の課題解決を支援するサービスです。

※5 モノカルチャーとは、同質な価値観や文化を持つ人材で構成された組織を指します。

んな考えをお持ちで現在に至ったかのお話は大変興味深いものでした。特に若い読者の方は非常に勉強になると思います。最後にお聞きしますが、これからのマーケターにはなにが求められるでしょうか？

松村氏 「従来の」マーケターはこれから不要になると思います。今後もテクノロジーの進化は続き、現時点でもこれだけ多様なデータがあり生成AIなどのテクノロジーも普及しています。今後は、ターゲティングしてプロモーションするだけあれば機械で十分になっていくと思います。前述した「従来の」とは、その範疇のマーケティングです。そこには明るい未来はないと思います。

一方で、さまざまな方がおっしゃっているとおり、これから先に価値が出てくるものは創造性です。分解すると2つにわけることができて、1つはクリエイティブです。この領域に人間が介在する価値は今後も大きいと思います。そして2つ目は、狭義のマーケティングを超え、ビジネスの仕組みやバリューチェーン全体を巻き込んで、データやインサイトを活用して既存のモデルを

アップデートする創造力です。たとえばファッションの例では、先ほどお話した小ロットのSKUの予約数テストから、多品種でヒットの見込みがあるものだけを縦に積んで回すようなPDCAです。ファッションの製造小売ではZARAやSHEINなどがそうしたモデルを回しており、商品やクリエイティブだけでなくビジネスモデル自体を進化させていると思います。そうした領域まで踏み込んで新しい仕組みを創造することができれば、マーケティングは今後も非常に価値が高い仕事であり続けると思います。逆にそれが出来なければ、価値は低減していくと思います。

小川 楽天経済圏データを活用したマーケティングのアップデート、10年20年先を見据えた社会のアップデート、そしてマーケティング業務のアップデートについて、今後持っておくべき視座や視野となる貴重なヒントをいただくことができて大変勉強になりました。貴重なお話をありがとうございました。

終

インタビュー

株式会社NTTデータ 花谷 昌弘 氏

株式会社NTTデータ
ソーシャルデザイン推進室 部長
※肩書及び内容は取材日2024年2月14日時点のものです。

インタビュー企画概要

NTTデータは日本電信電話公社のデータ通信本部を源流とし、1988年にNTTデータ通信株式会社として設立した国内最大手のITサービス事業者です。これまでの歴史のなかで、社会のインフラとなるシステムを数多く構築し、社会保障・税務、金融、医療領域やマイナンバー関連のソリューションなど、国民生活を支えるシステムの構築実績が豊富です。花谷氏は1996年にNTTデータ通信株式会社(当時)に入社後2002年までは主にシンガポール、マレーシアでの海外事業に携わり、2009年から同社内のマイナンバー導入時の新規ビジネス創発を主導。2016年からは、個人情報の流通を促進するパーソナルデータビジネス、ブロックチェーンビジネスに従事し、新しいビジネスを創発するラボの立ち上げを行っています。総務省の「情報信託機能の認定スキームの在り方に関する検討会」の構成員やパーソナルデータを活用した新たなサービスの検討に取り組む「MesInfos Japan(メザンフォ ジャパン)」というコンソーシアムの設立など、花谷氏が手がける取り組みは特定の企業が自社の顧客データをどのように活用するかといった範疇にとどまらず、パーソナルデータ活用によって社会をどのように良くしていくことができるのか、日本社会全体としてのパーソナルデータ活用はどのように在るべきか、といった視点で進められています。たとえば複数の組織を横断したデータを活用する「情報銀行」や、複数企業間で適切な形でパーソナルデータを共有し利活用するための新たなガイドライン作りもそういった取り組みのひとつです。

現在も、様々な業界から参加した企業とパーソナルデータを活用した新たなサービスの検討に取り組まれています。私(小川)もかつて、花谷氏が主導する取り組みに参加し学ばせていただいたことがあります。企業がパーソナルデータを活用することで便利な仕組みやサービスを生み出すイノベーションが期待されていますが、同時に適切な活用を定義し、それを維持するための社会の仕組みや法整備も求められています。そうした整備は簡単にできるものではないため、急激なテクノロジーの進化に追いつきません。イノベーションを続けるためには、新しい社会的な意識や動向を見定めながら、変化に合わせた整備が必要です。マーケティング従事者が考えるべきは「Cookie規制への対応」といった目先のことだけでは不十分かもしれません。Cookie規制の背景にあるパーソナルデータ活用の世界的な潮流を捉えて今後を予見し、日本で確立されていくパーソナルデータ活用のガイドラインはどうなっていくのか、そのような視点を持って考えていくことが必要ではないでしょうか。この分野で豊富な知見と経験をもつ花谷氏のお考えをお聞きしました。

小川　まずはNTTデータでパーソナルデータ流通を手掛けるようになった経緯をお聞かせください。

花谷氏　2022年に、社会課題解決をテーマとしたビジネス創出に取り組む業界横断・全社横断組織であるソーシャルデザイン推進室に異動しました。それ以前は、当社の金融領域でパーソナルデータを扱う情報銀行のビジネス検討に関わっていました。その当時、娘の世代のためにできることはないか考えることがありました。NTTデータは社会のインフラを作ることが得意な会社なので、娘や孫の世代のためにできることがあるとしたら、よりよい社会インフラを作ってあげることだと考えました。こうして、新しい社会インフラ、パーソナルデータ流通に関わるようになったわけです。日本において、これからの人口減少は止めることができません。そのような社会になっても、今のような豊かさを維持するためにはアクションが必要です。人が少なくなっても今の豊かさ、QOL（クオリティ・オブ・ライフ）を維持するためには、世の中に発生し得るさまざまな無駄を排除していかなければならないと考えたのです。たとえば、人があまり乗っていないのに電車やバスが走っていることもあれば、洋服や食べ物が大量に捨てられることもあります。そうした無駄を改めて、効率化できる仕組みを作ることが豊かさの維持につながると考えています。そのためにはデータを活用することが必要で、そのなかでも特に重要なデータがパーソナルデータです。というわけで、適切な本人同意を取ったうえでパーソナルデータを流通し、人口が減っても、今と同じ豊かさを維持した効率的なサービスに活用されるためのプラットフォームを作っていきたいと考えたのです。

小川　2013年から取り組まれたマイナンバー導入後の新規ビジネス創発はどのようなものだったのでしょうか。

花谷氏　当時、銀行や証券会社などの金融機関がマイナンバーを集めることに積極的に取り組まれていましたが、法律の定めによってそのままビジネスに使うことができませんでした。今後マイナンバー制度が変更されて、民間でもマイナンバーを活用できるようになったとき、どのようなビジネスが考えられるのかを各金融機関が検討していました。この動きに対応するべく、NTTデータの金融分野のなかにワーキンググループを立ち上げ推進してきました。そのワーキンググループでは、マイナンバーを民間企業が使えるようになればユーザーIDの統合が図れるようになり、個人に関するデータの利活用が促進されていくだろうと考えました。そのため、個人に関するデータすなわちパーソナルータが流通し、活用される世界を予見する取り組みを行っていました。

小川　マイナンバーに関する検討も、パーソナルデータ流通の取り組みにつながっていたのですね。では、「MesInfos Japan」の設立に向けた経緯はどのようなことがあったのでしょうか。

花谷氏　パーソナルデータの活用がビジネスを変えていくとき、実際に世の中はどう動いていくのだろうと考えるようになり、2016年に海外視察に行きました。当時ヨーロッパでは2018年に施行されるGDPR（EU一般データ保護規則）について対策を考える取り組みが盛んに行われており、そのなかでも特に積極的な活動をしていたフランス、フィンランド、エストニアを回りました。そのときに「MyData Global」の活動を知りました。これは「個人がパーソナルデータを自分自身のために使い、自分の意思で安全に共有できるようにする」という個人中心のデータ活用の考え方を世界に発信していく国際的なNGO組織です。2018年10月11日にグローバルな法人組織として設立されましたが、組織化以前の2016年から毎年ヘルシンキで国際的なカンファレンスが開催されており、2016年9月に開催されたカンファレンスに参加しました。

こうした取り組みのなかでも、企業によるパーソナルデータ活用に特に積極的な国がフランスでした。パリにFING（Foundation Internet Nouvelle Generation）という非営利団体があり、民間企業とパーソナルデータ関連スタートアップ企業とともにイノベーション活動推進を目的としたプロジェクトを実施していました。このFINGが主体となって、GDPRが入った後の世界に向けて2012年から2018年にかけて行われた実証実験が「MesInfos（メザンフォ）」です。

この実証実験の参加者は、損害保険会社、通信会社、電力会社等が保有する自分の

パーソナルデータ（保険契約データ、通信履歴、電力使用データなど）をPDS（パーソナルデータストア。ここでは「Cozy Cloud」というクラウドサービス）に蓄積します。そして、それらのパーソナルデータを参加企業に提供することで、自分自身にパーソナライズされたサービスを受けられるものでした。これまでのように自社が保有するデータでのみでなく、PDSに蓄積された他社が保有していたパーソナルデータを統合して分析することで、その結果から深く顧客を理解し、新たなサービスに活かすことが模索されました。個人にとっても、データポータビリティの権利を行使するにあたり、1企業ごとに別々の仕組みを利用するよりも、1つの仕組みで自身のパーソナルデータを集約して参照できるほうがありがたいと思います。こうした取り組みからどのようなビジネスが生まれるのか、どのような課題があるのかを見出すために、NTTデータは2017年からフランス国外の企業として唯一この実証実験に参画しました。

小川　ご著書『情報銀行のすべて』に書かれていたことですね。「MesInfos Japan」でも同様の検討をされていると思いますが、重要な課題にはどのようなものがあるでしょうか。

花谷氏　いちばんの課題は当時も今も変わらず、「個人情報は（企業ではなく）個人のものである」という意識を企業が持つことができるか、という点に尽きると思います。ヨーロッパは2018年からGDPRが施行されたため、各企業はやむなくパーソナル

データを個人に返しました。日本にはまだそこまでの法律はなく、そもそも2020年に改正（2022年施行）される以前の個人情報保護法は個人情報の活用を推進するものではなく、個人からデータを預かる場合は漏洩などがないようにしっかりと安全に管理することが重視されていました。その後、日本でもGAFAなどの巨大なデジタルプラットフォーマーの動きをふまえて、パーソナルデータの利活用を推進する必要性が出てきたため、匿名加工などで個人を識別できない状態にすることでパーソナルデータを活用できるようにするなど、企業にとって個人情報の活用の幅が広がる内容に改正されたという経緯があります。こうした流れのなかで、日本企業もどのようにパーソナルデータを活用すればいいのか、どのような新しいビジネスが考えられるのかについて検討する必要が出てきました。

そのような企業のニーズに対して、お金のデータ流通や行政側のシステムの開発・運用など社会基盤としてのデータ流通システムを数多く手掛けてきたNTTデータもまた、パーソナルデータを活用する場合の基盤づくりについて検討する必要が出てきました。いずれ、日本でもパーソナルデータを流通させる時代が来るときに、これまでのノウハウを活用してNTTデータがその基盤作りを支援できるようになりたい。こうした事情をふまえて、2020年にMesInfos Japanを立ち上げました。

小川 さまざまな企業が扱うパーソナルデータが連携し、適切に活用されることで暮らしが便利になる社会を実現する。これが軸となり、その実現に向けて活動されていることが改めて理解できました。では、中長期ではどのような活動をお考えでしょうか。

花谷氏 このビジネスを考えるにあたって、3年ごとに3つのフェーズに分けて構想しました。フェーズ1は、海外視察以降の2016年から2018年で、日本独自のパーソナルデータ利活用の仕組みとなる情報銀行に注目し、金融機関が実際に情報銀行ビジネスを立ち上げる際の支援を行いました。

次のフェーズ2の2019年〜2021年までは、NTTデータとしてのパーソナルデータ関連のインフラ作りとして「BizMINT（ビズミント）」と「Consent Wallet（コンセントウォレット）」というサービスを立ち上げました（実際には、コロナの影響によりConsent Walletは2022年にリリース）。個人データを流通するには同意が必要で、Consent Walletはその同意を管理するツールです。流通するための仕組みと同意を取る仕組み、この2つがないとパーソナルデータ流通ができないことから2つのサービスを作りました。

そしてフェーズ3は、パーソナルデータ流通のためのインフラ作りに着手するフェーズです。もともと2022年〜2024年からの3年間だったものを2023年〜2025年に見直しており、こうした仕組みをより多くの企業に使っていただき、社会のインフラにしていくことを目指しています。これから取

り組む新たなMesInfos Japanは、NTTデータを含む7〜8社が集まり、ある製造業が持つパーソナルデータとほかの企業が持つパーソナルデータなどを掛け合わせて、パーソナルデータ利活用のユースケースづくりを行います。NTTデータは各ユースケースに共通する課題かつ解決すべき価値が高い領域を見定めながら、課題解決に役立つサービスの提供につなげていきます。

小川 いよいよMesInfos Japanの本格始動ですね。先ほど重要な課題として、「『データは個人のもの』という意識への変革に対応して、具体的に企業がどれだけ動けるか」という話がありましたが、それ以外に企業が特にクリアすべき課題はありますか。

花谷氏 多くの企業がパーソナルデータの活用をしたいと考えてはいます。しかし、実際にパーソナルデータを活用しようと思うと、二の足を踏んでしまうことがほとんどです。その理由として、ファーストペンギンになることのリスクがあるのではないか、という仮説を持っています。かつての東日本旅客鉄道株式会社（以下「JR東日本」）やカルチュア・コンビニエンス・クラブ株式会社（以下「CCC」）の事例[※1]があったように、適法として行われた取り組みであったとしても、消費者の理解が得られなければ過剰に反応されてしまいます。便利なサービ

スを提供することが目的であり、そのために適切なデータ管理や運用を行っていることをきちんと理解してもらったうえで、社会的に受け入れてもらうことは簡単ではありません。

企業の多くは、個人データの活用に関して突出して目立つことで炎上するリスクを感じているように思います。先にお話ししたように、NTTデータは各企業が1社で行うよりも複数企業や社会として共通で使えるインフラを作ることが得意です。まだ詳しくは申し上げられませんが、パーソナルデータの活用を社会的に受け入れてもらうためのガイドラインに相当するものを、今後作っていきたいと考えています。

※1　2013年7月、JR東日本が、Suicaデータを日立製作所に提供しようとしたところ、多くの利用者から個人情報保護やプライバシー保護、消費者意識への配慮に欠いた行為であるとの批判や不安視する声があがった。当時の適法内でパーソナルデータの匿名加工を行うなど、利用者のパーソナルデータ保護等の対応をとりながら批判を受けた。2019年にはCCCがTカードの個人情報を利活用するサービスとして、裁判所の令状がなくとも捜査関係事項照会書に応じて情報提供を行っていたことが炎上につながった。氏名や電話番号を含む会員情報購入履歴やレンタルビデオのタイトルなどは、個人情報保護法では法令に則った第三者への情報提供が認められているため、刑事訴訟法に沿った手続きである「捜査事項照会」に応じることは違法ではないが、利用者の心理的な抵抗感が炎上を引き起こした。

参考URL
引越しに伴う行政・民間手続きをオンラインで一括して行うことができるサービスを提供開始
https://www.nttdata.com/global/ja/news/release/2023/102600/

小川　マーケティング従事者のほとんどが、自社顧客のパーソナルデータ活用に限定して思考されているものと考えられますが、それだけでは惜しいと思っています。マーケティング従事者は仮説力や検証力など優れた方が多いと思っており、特にこれからを担う若い読者の皆さんに共有すべく花谷さんのお話を聞かせていただきました。花谷さんの取り組みに、若手のマーケティング従事者のスキルを役立てるとした場合はどのようなことに期待しますか？

花谷氏　これまでの多くの企業の取り組みでもそうでしたが、集めたパーソナルデータをどのようにサービスに活かすかといった、活用の仕方を考える力は若い方のほうが得意だと思います。ビジネスやサービスを生み出すための活用もあるでしょうし、さまざまな仮説の検証のための活用もあるでしょう。まさに「エビデンス・ベースド・マーケティング」としてデータで意思決定を行いながら、データを活用した新たなサービスのアイデアを積極的に出していただきたいと思います。そうした状況になれば、私たちもパーソナルデータの集め甲斐があります。集めたパーソナルデータを有効に活用できることで、さらにパーソナルデータが集まってくる相乗効果になるのではないでしょうか。これはパーソナルデータを提供する消費者も同様で、「私のデータはどんな風に使われて、どんなメリットがあるのか？」をすごく知りたいわけです。

健康に関するデータを例にすると、スマートウォッチや電子体重計などで毎日体温や体重や脈拍などの変化のデータを取得できるようになりました。いざ体調が悪くなったときに医師がそのデータを参考に診察をする、アドバイスをしてくれるとなれば、大変有用であると同時に集めることに意味があります。自身の体調の変化を示す貴重なデータがあるにもかかわらず、連携しにくい今の状況はもったいないですよね。こうした仕組みを作ることができれば、今後は診察もオンラインで完結するかもしれません。あるいは診察すら行かずに、薬局にヘルスデータを連携して必要な市販薬を勧めてもらい、配達を依頼できるようになるかもしれません。これからの新しいサービスは、マス向けのものは流行らないのではないかと考えています。パーソナルデータが流通することで、いかにして個々のニーズに対応する商品やサービスを提供できるかが勝負になると思います。どこのどのような人にニーズがあるか、パーソナルデータ流通によってそれを把握できる状況が実現できれば、たとえばマクドナルドのような外食チェーンが昔流行った商品をリバイバルして展開することを考えたときに、当時その商品をたくさん食べていた人がいま多くいるエリア限定で行ったほうが、全国規模で展開するよりもブランドと消費者双方にとって望ましい形になるかもしれません。

小川　まさに次世代のサービスデザインですね。GAFAのような巨大プラットフォーマーでも、各プラットフォームが保有するデータは限定的です。多くの企業との関わりを含めたパーソナルデータが集約されて横串で活用される仕組みができれば、個の

ニーズに即した革新的なサービスが提供できるかもしれません。なお、本書では「日本の観光」をテーマにした調査分析を紹介しているのですが、観光領域でのパーソナルデータを活用したサービスデザインについてお考えをお聞かせいただけないでしょうか？

花谷氏　観光業界は今後も人手不足が懸念されています。たとえば旅館であれば、それぞれ板前さんがいて、旅館オリジナルの食事があってお客様に合わせたおもてなしが提供されていました。ところが現在は板前さんの数が減り、各旅館で板前さんの雇用を維持することも厳しくなっており、作った食事を運ぶ仲居さんの数も減っているそうです。小規模な宿泊施設では同じ観光エリア内で連携して、食事提供については近隣の旅館や飲食店に依頼するケースが増えているといいます。そうなった場合、たとえば「このお客様はどこの旅館に宿泊している方」「このお客様はアレルギーをお持ち」「このお客様は夕食では日本酒をお飲みになる」などのパーソナルデータを同じ観光エリアの旅館や飲食店で共有したほうが快適なおもてなしを提供できます。どこの旅館に宿泊しているかがわかるので、旅館でまとめてお支払いもできるでしょう。しかし、日本の観光産業を支える事業者の多くは小規模事業者で、パーソナルデータを管理運用するノウハウをお持ちでない事業者が多いと思います。そうした事業者でも使いやすいパーソナルデータ管理のプラットフォームを実現することも課題になっていくと考えています。

小川　総務省の「情報信託機能の社会実装に向けた調査研究」の一環として大日本印刷社とJTB社が参加した実証実験で、日常よりも旅行先での行動情報のほうが情報提供のハードルが低かったという調査結果があることを思い出しました。観光の人手不足をパーソナルデータの力で補う、新たなおもてなしの仕組みができれば日本の観光産業にはまだ伸びしろがありそうです。やはり、ひとつの企業のデータだけで実現するパーソナルデータ活用のサービスには限界があると思っています。一方で複数の企業や組織のデータを連携し、社会として実装するパーソナルデータ活用によるサービスデザインが実現できれば、花谷さんがおっしゃっていた「今の社会の豊かさを維持するための無駄を減らすこと」につながるのではないかと思います。パーソナルデータを活用して、いかにして今より素敵な社会を作っていくのか、私もマーケティングのスキルを活かせるよう勉強させていただいた視野を忘れないようにします。本日は大変貴重なお話をありがとうございました。

終

参考記事
個人データ活用の許容度は日常生活より観光の方が高い―大日本印刷とJTB
https://japan.zdnet.com/article/35119654/

株式会社ネクイノ **大倉 司** 氏

株式会社ネクイノ 事業推進本部
スマルナチーム マネージャー
※肩書及び内容は取材日2024年2月23日時点のものです。

インタビュー企画概要

ネクイノ社は医師や薬剤師、弁護士など、医療及び関連法規分野に知見を持つ人材が集まり、2016年6月に創業された会社です。ICTを活用したオンライン診察をはじめ、健康管理支援、未病対策など、一人ひとりのライフスタイルや健康状態に合わせて選択活用できる医療環境を生み出しています。「世界中の医療空間と体験をRe▷designする」メディカルコミュニケーションカンパニーを掲げ、テクノロジーと対話の力で世の中の視点を上げ、イノベーションの社会実装を推進しています。2018年6月、婦人科領域に特化したオンライン診察プラットフォーム「スマルナ」をリリースし、2020年には企業向け福利厚生サービス「スマルナ for Biz」、2023年よりアスリートを支援する「スマルナ for Sports」の提供を開始しています。オフラインの医療体験の場として大阪・心斎橋のユース世代向け相談施設「スマルナステーション」の運営や婦人科クリニックのプロデュースも行っています。
筆者は「スマルナ」のマーケティングチームリーダー大倉さんのチームでアナリストとして参加しています。そこで、医療DXの分野でかなり先の未来を見据えたチャレンジを推進する企業が考えていることや、そこでマーケターとしては働く氏のマインドセットを知りました。大倉氏のようにマーケティングを統括する立場にある方が、普段どのようなことを意識して業務に取り組んでいるのかをお聞きすることで、皆様もヒントを得られるのではないでしょうか。

小川 まずは大倉さんのキャリアについてお聞かせください。

大倉氏 2004年に新卒でWeb制作会社に入社しました。このときはWebの黎明期でCSSができたくらいの時代で、当時は技術も盤石化されていないなかで色々なWebサイトを作っていました。Flash[※1]とかも使っていたなぁ、くらいの時代でした。

小川 なつかしいですね。この書籍は未来を担う若い方に向けて書くので、Adobe Flashの注釈を入れておきます（笑）。

※1　Adobe Flash（旧称：Macromedia Flash）は、ベクターグラフィックとアニメーションを組み合わせたコンテンツを作成・配信するためのツールとして、2000年代に広く利用されていました。2010年代以降、HTML5などの新しい技術が登場し、Flashの機能が代替できるようになったこと、セキュリティ上の脆弱性が指摘されたことなどにより徐々に衰退しました。Adobeは2020年末をもってFlash Playerのサポートを終了し、Flashコンテンツは閲覧できなくなりました。

大倉氏 ですよね。そのあと2007年に博報堂に入社しました。入社してから15年間営業部門で、数十種類のクライアントと業種を担当してきました。デジタル制作が得意だったので対応する部署への移動を希望したこともありましたが、今思うと結果的には営業でよかったと思うことがたくさんあります。やはり、クライアントと直接向き合えることは大きいです。特に博報堂の場合は初期から最後の工程まで営業が関わるので、競合オリエンからプレゼン、アウトプット、たとえばODM（アウトドアメディア）の掲出確認にまですべて関わることができます。実施後に成果はどうだったという内容までクライアントと話すことは営業にしかできないのでよかったと思っています。

小川 その後2023年からネクイノさんに移られたのですよね。

大倉氏 はい。2023年からネクイノに入って、スマルナというサービスのマーケティングチームを統括しています。オンライン診療はまだまだ黎明期のため、世の中のインサイトを捉えながら推進しています。ネクイノのビジネスでは行政の規制がありますので、それを考慮し、クリアしていきながら、具体的にどうやってコミュニケーションすべきか日々試行錯誤しています。

小川 大倉さんはTVCMなどの大規模なマーケティング・コミュニケーションにもデジタルの実務にも詳しく、上流から下流までの工程を全般的に理解されている稀有なマーケティング責任者の方だと思います。

改めて、スマルナはどんなサービスなのか、お聞かせいただけますか？

大倉氏 スマホでどこからでも医師に相談・診察・処方までできる、オンライン・ピル処方サービスです。オンライン上で医師がユーザーそれぞれに合ったピルを提案します。ピルの処方以外にも、助産師や薬剤師が相談を受け付けるスマルナ医療相談室を運営しています。現在は10代〜30代の女性を中心にご利用いただいており、アプリのダウンロード数は累計100万件を超えています。

小川 ネクイノさんはなぜスマルナを手掛けられたのでしょう。社会的な背景も含めて教えていただけないでしょうか？

大倉氏 社会的背景ですが、日本は専門医志向が強く、いまでもピルの処方は婦人科がメインです。でも、婦人科は“産みたい人”と“産みたくない人”が混在しているなど、医療のゴールに対するベクトルの向きが異なるので、婦人科の待合室という空間に心理的なハードルを感じる人も少なくありません。加えて産婦人科医の減少が加速し、住んでいる地域によっては通院するためにかなりの移動を強いられます。特に避妊や生理に関しては需要と供給がアンバランスで、本来ならばプライマリケア（初期の身近な医療）で済む部分にも貴重な専門医のリソースが割かれています。そのギャップを埋めるためにテクノロジーを活用し、ユーザーの利便性を高めるサービスとして機能させています。たとえば、日

本ではピルは処方薬なので病院に辿り着けない人は入手できませんし、婦人科は妊娠したときに行くものだという固定概念があり、気軽にアクセスしづらいという方が多いです。また、病院は体に不調があったら行くものだと捉えている方も多く、かかりつけ医を持っている方が少ない現状があります。日本は産婦人科専門医も少ないため、医師側のリソースが限られているという現状もあります。そこで、医療のなかでも課題があり橋が架かっていない婦人科領域において、現役世代の方に向けて医療を身近かつ継続的にアクセスできるよう、婦人科のハードルを下げる役割を担うサービスとしてスマルナを開発しました。

小川 スマルナのようにデジタルテクノロジーを用いた新しい医療サービスを構築する段階では、法律面での規制など多くの課題があったかと思います。サービス構築段階での配慮や工夫を教えていただけますか？

大倉氏 まず仕組みとして我々は医療機関ではないため、外部の医師に協力を仰ぎ、医師とユーザー様をつなぐプラットフォームの役割を担っています。そのため、サービス上で、ユーザーはオンライン上で問診を受け、医師の診察へ進みます。医師の判断によりピルを処方された場合は、医療機関から即日発送される仕組みです。この仕組みを成立させるために、調剤薬局を経営していたメンバーや薬剤師、MR（医薬情報担当者）など、医療用医薬品に関する専門的な知見を持ったメンバーが集まってお

り、スマルナのビジネスモデルを設計するうえで重要な鍵となっています。医療サービスを展開するほかの企業は医療側から変えようとするビジネスモデルが多いですが、スマルナは患者へのアプローチに重きを置いています。スマルナにアクセスすることでユーザーのヘルスリテラシーが高まる構造を作るべく、助産師や薬剤師が常駐する医療相談室を設け、医療従事者と気軽にコミュニケーションが取れるようにしています。

ユーザー自らが行動変容するインセンティブを設計することで、新しい体験やパーソナルな医療体験の提供を目指し、より多くの方々のQOLの向上に貢献していくことを目標に置き、日々サービス改善に励んでいます。産婦人科専門医には分娩対応や不妊治療、手術などにより注力してもらえるようにと考えています。そのため、必ずしも内診の必要がないピルの処方においてはオンラインを活用し、またその知見を連携するほかの医師に共有してもらうことで、数限られた産婦人科医のリソースを活用しながらも医療の質を担保できるため、医師にとっても患者にとってもコミュニケーションが最適化されることを想定しています。

小川 ネクイノのみなさんは、未来を切り開く、医療空間と体験を再定義する、そうしたビジョンに惹かれて集まったことをお仕事しながら感じています。ネクイノが目指す医療DXの未来とはどういったものでしょうか？

大倉氏　未来を考えるうえで、「予防医療」というテーマを重視しています。公的保険制度の枠組みには健康を維持し続けた人に対するインセンティブはなく、予防の意識を持ちにくいです。しかし、女性特有の疾患には早期発見や早期介入で予防できる病気が少なくありません。そのため、2018年に代表の石井が「病気にならないためのアクションにインセンティブを提供する仕組みを今後10年でつくりたい」と構想しています。具体的には、健康に関する情報を一元管理するパーソナルヘルスレコード（PHR）の仕組みを活用して、生活者にどう還元していくか、ということを本気で考えていくフェーズに入ってきたと思います。会社のミッションに掲げたのは「世界中の医療空間と体験を再定義する」。発展が見込まれる人工知能やバーチャル技術などを駆使して、医療の課題をどうやって解決していくのか、人々がより豊かになるためにはどういう仕組みを作るべきなのか、病気になる前の予防やプライマリーケアに力を入れ、誰もが健康を謳歌できる世界をつくること。そして、そのために医療サイドや患者、双方にとって負担なく最適な形で医療に橋が架けられるよう、医療のあり方を再定義しようという考えがあります。

この医療DXの足掛かりとしたのがスマルナです。医療DXを進めるうえでも、まず世の中になにかを提案しようと考え、最初に始めたのがピル処方のオンライン診療サービスです。"予防的アプローチ"とテクノロジーを活用した"リソースの再配分"が非常に重要だと考えるなかで着目したのが、女性の健康として大きな課題のひとつである生理痛などのPMS、将来的な不妊などの予防や予期せぬ妊娠などの解決にもつながる低用量ピルでした。まずはスマルナを通して、この領域の課題解決に向けて事業を進めています。小川さんに事前にご紹介していましたが、スマルナは2018年に「10年後の医療の未来はこうなる」というコンセプトムービーを作っています。これはある種MR（複合現実）ともいえますし、我々が目指す世界の実現であり、考え方を表現しています。

小川　病気になってから対処する医療ではなく、そもそも病気にならないがための医療という、医療の在り方の再定義が根底にあるのですね。映像でも適切なデータとテクノロジーが活用されていますが、ロボット社会のような無機質さはなく、便利さと温かさが両立する素敵な社会が描かれています。素敵なビジョンが表現された映像ですよね。今回の書籍では、人口減少する日本において重要な役割を担うインバウンド、日本の観光資源のマーケティングを調査分析のテーマにしていますが、このテーマに関わりはあるでしょうか？

大倉氏　前職で、日本の観光を伸ばす業務を担当していたことがあります。いわゆる

参考動画
10年後の医療の未来「ネクイノ Future Vision Movie」
https://www.youtube.com/watch?v=CdHM5QwbN4k

商材＝日本、というマーケティングで、競合は海外の別の観光地、と非常に面白い仕事でした。そのとき日本全国でロケを行い動画も撮影し編集することを何度も行いました。日本の良さを肌で感じつつ「この観光地、こうすればもっと売れる気がする！」と考えることも多く、観光は大好きなテーマです。

また2010年頃の話ですが、韓国市場向けの訪日コミュニケーションアプリを開発したことがあります。今の技術ではさほど難しいことではないと思いますが、当時、看板を写真で撮影すると翻訳してくれる機能や、GPSによってその場所についてのWikipediaの記事が出てくるMR観光的なガイド機能、カメラでイメージ検索することを可能にした日本語辞書、為替機能計算、写真アップロード、Live天気情報まで実装しました。

小川 2010年頃にそこまでの機能が豊富なアプリを開発していたことが驚愕です。旅行体験のDXにも関わられていたのですね。

大倉氏 当時から旅行体験のDXの話題はありましたが、VRでは観光地の魅力は感じられないと思っていました。あくまでバーチャルな空間に入り込むだけで、リアルにその観光の「場」の空気を感じられることはできないからです。Apple Vision Proのような製品の登場で、人々が構想していたことがいよいよ現実になったと感じています。2009年に公開された映画「サマーウォー

ズ」では、身体の状態をインターネット上の仮想空間で管理し、遠隔診療が行われている未来が描かれていました。弊社のコンセプト映像でもMRが描かれていますが、MRデバイスが普及することで空想が現実になる日が早まるかもしれません。

小川 スマルナと観光との接点はありますか？

大倉氏 スマルナユーザーとコミュニケーションをとるなかで、「観光（旅行）」に関する声をたくさんいただいています。これは「リアル旅行」という観点です。「友達や家族、パートナーと予定していた旅行の日、もしかしたら生理と被ってしまうかもしれない。せっかく楽しみにしていたのに…」という方がたくさんいらっしゃいました。長くピルを服用しているユーザーからは、「生理日が予測しやすくなったおかげで旅行の予定を立てやすくなった。スマルナに出会えてよかった！」という声も多くいただいているので、手前味噌で恐縮ですが、ピルを服用するという選択肢を多くの方に知ってもらえることで、より皆様の生活を豊かにできるお手伝いができるのではないかなと思っています。

小川 今回はビジネスパーソンに届けるための、ビジネスやマーケティングの視座と視野のヒントをいただく企画ですが、スマルナは働く女性をサポートするブランドで、パーパスもしっかりしたものがあります。ブランドへの共感から、女性の読者の方とスマルナの出会いにつながればうれしい限り

です。

また大倉さんはマーケティング・コミュニケーション全般の実務に詳しく、社員、エージェンシーなどのパートナー、チーム全体それぞれに対して適切に配慮してマネジメントしている印象が非常に強いです。これからマーケティング責任者のポジションを目指す若いビジネスパーソンの方が大倉さんから学べることは多いと考えています。大倉さんの立場でマーケティング業務に取り組むうえで必要な「仮説力」のヒントをいただきたく思います。その点で普段から気をつけていることや心がけていることはありますか？

大倉氏 僕の場合、ビジネス＝マーケティング関連の業務が大半ですが、そのなかでもっとも根っこになるマーケティング戦略を立案するときに、異常なほど多くのデータに囲まれます。市場での普及率、浸透率、ユーザーの趣味嗜好、日常の行動、態度変容の起点、競合のエリア別施策などなど、メッシュの切り方も多種多様、重要度もピンキリです。さらに、社内メンバー、ターゲットに属性が近い人、外部コンサルや広告会社、いろんな意見を聞きながら検討していくと、もはやパニックになりそうです。このときに僕が大事にしているプロセスは2つです。1つ目は「自身の経験談や聞いた話も含めて、抽象的に解釈すること」で、2つ目は「ざっくりアタリをつける」ことです。

1つ目ですが、いろいろな人の意見もいろいろなデータも、どう解釈するかが重要だ

と思っています。たとえばブランドの認知が増えているのは一見よいとは思えますが、意味のない"名前だけの認知"が増えることが良くない場合があったりします。そこでブランド認知に関するデータを見るときには少し俯瞰して見て、抽象的＝本質を捉えるということで、どこに話の軸があるのか、大事なポイントがあるのかを見つけるように心がけています。ただ、これは「言うは易く行うは難し」で、ときにズレた視点で考え始めてしまうことが多々あるのは気をつけたい部分ですね。

そこで2つ目の「ざっくりアタリをつける」ことを早々の段階で行います。ざっくりつけたアタリがあることによって、「抽象的に解釈したことがずれていないか？」「多くの数や指標がありすぎないか？」「関係者の多様な意見からなにを参照するか？」これらの視点で、アタリからのズレを確認しながら整理していきます。個人的には、STP理論を前提にしながらも、顧客視点をもっとも大事にしています。博報堂でもパートナー主義、生活者発想というDNAを埋め込まれたので、あくまで顧客がどう見るかを大事にしています。ダブルジョパディの法則とかは「そりゃそうだよね」の域を越えないとは思っていました。戦略を構築していき、最終的に大事なことは、データで証明されていることに加えてどれだけ納得感あるかだと思っています。

プロセスでいうと、
1. 想像・妄想してざっくりアタリをつける。
2. いろんなデータや話を聞き、ざっくりアタ

リとのずれを確認する。

3. ざっくりアタリを「仮説（仮）」にする。
4. 「仮説（仮）」が正しいかをエビデンスを探す。
5. エビデンスがあれば、仮説として置く。
6. どうやって検証できるかを検討する。
7. 実施して検証する。

こんな流れです。こうして列挙すると長い気もしますが、実際はショートカットできるので、プロジェクトを複数同時にも進められます。

小川 マーケティング業務を進めるうえで必要な「検証力」についてはいかがでしょうか？

大倉氏 ここで、事前のプロセスでやっていた「ざっくりアタリ」「仮説（仮）」「仮説」が役立ってくるかなと思っています。基本的には「仮説が正しかったか？」を中心にみていくのですが、その中で「ざっくりアタリ」「仮説（仮）」が仮説と違っていた場合、「あー、こっちも結構正解だったかも」みたいなことに気付けたりもします。そうでもしないことには、得られるデータが超大量にあるなかで本当の正解に永遠にたどり着けず、細かい改善施策だけ繰り返すことになってしまう気がします。細かい改善施策もそれはそれでとても大事なのですが。つまるところ「検証力」を突き詰めると、検証＝検証すべき仮説をどれだけ多く言語化しておくことができているか、ではないでしょうか？

小川 よい検証はよい仮説がないとできな

いですよね。なにを検証すべきなのか、目的と要件を整理し、明確に定義できていないといけません。主に分析を仕事にしているので非常に耳が痛い部分でもあり、気が引き締まります。

大倉氏 ちなみに僕は子供のミニバスのコーチをやっているのですが、子どもたちを勝たせるのは本当に難しいです。そのなかでも、できるだけこのプロセスを大事にしています。たとえばミニバスで勝つためには、「大人と同じ戦略じゃだめ。速攻がいい気がする」とアタリをつけて、チームメンバーの脚力はどうか？　レイアップの成功率は？　勝った試合の傾向は？　スリーメンが大事そうか？　と考えていきます。このあたりの思考がすべて、「速攻が良い気がする」というざっくりアタリからのズレを見ていく作業をしています。マーケティング活動と同じで、子どもたちへの指導も思ったとおり上手くいきません。むしろ子どもたちのほうがコントロールするのは無理です。思ったとおりの施策実行をするためのポイントについては、また小川さんと議論したいところです。

小川 ありがとうございます。大事な仮説を考えていく部分は今後も意識しなくてはいけないと思います。マーケターは「コミュニケーションの実務を担う人」に留まらず、今後の日本を作っていくために、未来の社会を作る人を目指すべきではないかと思っています。最後に、新しいテクノロジーを社会実装していくことについての意義とお考えをお聞きできますか？

インタビュー

大倉氏　私たちは車や電車、飛行機など
を日常的に使うことができますが、宇宙用
ロケットの場合はそうはいかないですよね。
月に行けるロケットの開発というのは大き
な技術革新であることは間違いないです
が、こうした技術を社会実装することで初
めてイノベーションになると考えています。
また、最先端の技術を入れすぎないことを
意識しています。たとえば胃カメラなど、日
本からは世界最高水準の技術が生まれて
いるのですが、一歩引いて見ると医療領域
全体が社会から遅れているところがあるの
です。医療の世界にクラウドという概念が
入ってきたのも世の中からは10年くらい遅
れていましたし、電子決済、電子マネーな
どもいまだ導入されていない機関も多いで
す。こうしたフィールドにおいて、いきなり
AIやブロックチェーンなどの技術を導入し
ようとするとアレルギー反応が起きやすい
です。だからこそ、すでに社会実装されて
いる技術をカスタムし、サービス化していく
ことがイノベーションへの近道だと思ってい
ます。

書籍の本編にある「マーケティング」「エビ
デンス」という観点でいうと、マーケの世界
も新しい技術がある意味社会実装されてき
たと思います。僕の出身であるWeb業界
でいうと、HTMLをゼロから書いたりCSS
が登場したときに探り探り検証を繰り返し
たりしていましたが、今や「ノーコード」とい
う言葉が生まれ、知識がなくても誰でもサ
イトを編集してA/Bテストなんかもできるよ
うになっています。

TVCMのバイイングや放送時間のプラニン
グにおいても、「主婦ターゲットなら全時間
帯」「若者は深夜帯かな」みたいな世界か
ら、出稿した時間から10分以内にサイトに
アクセスした数から効果を検証できる数字
が多くなったと思います。僕はWeb屋さん
からスタートしたので、広告会社でマスを
扱うようになり、数字を見ることができない
/測れないことに非常に困惑しました。一
方で、逆に数字が見ることができない場合
の戦い方を身に付けることができました。
たとえばPre Post（プレポスト）定量調査で
の検証などです。TVCMなどのマス広告
の効果も、

・ユーザーアンケートによる定量評価
・SNSやお客様からのお問い合わせによる
　定性評価
・そしてアクチュアル（実数。決済数、WEB
　サイト訪問数、検索数等）の評価

など、さまざまな角度で見ることができる様
になりました。これらすべてのデータを俯瞰
してどう見るか、ここがAIにはできないマー
ケターの腕の見せどころだと思っています。
MMMもそのひとつです。Robynにとにか
くデータを突っ込めばよいというものではな
く、どう見るかが重要だと思っています。新
しい技術が社会実装されたあとに、また人
間が介在し、新しい技術を開発する発想
が生まれ、技術革新され、精度が上がって
いきます。我々が生きている間にこのサイ
クルをあと何周経験できるかわかりません
が、このサイクルの中で人間がどのように
介在するかを考えることが技術やイノベー

ションを作り続ける秘訣なんじゃないかと、勝手ながら考えています。

小川 10年前のありえない空想が現実になることが珍しくない時代に仕事をしていく際、勉強することが多くて大変だなどとネガティブに考えるのは簡単ですが、おっしゃったような「サイクルをあと何周経験できるか」とポジティブに捉えたほうが前向きにこれからを楽しむことができそうです。貴重なお話をありがとうございました。

終

インタビュー

nat株式会社 **若狭 僚介** 氏

nat 株式会社
営業統括部 部長
※肩書及び内容は取材日2024年2月14日時点のものです。

インタビュー企画概要

nat社が2022年1月にリリースした「Scanat」は、iPhoneやiPadで簡単に3D空間計測と3Dモデル作成ができるアプリで、建築、リフォーム、不動産、測量、建設など様々な業界で活用されています。消費者のご自宅を訪問する「ホームビジット」調査での活用も期待されており、調査の中では人的な工数がかかる調査で大量のデータ取得は難しい調査手法でしたが、対象者とマーケター双方が情報を共有できる新たな環境を構築しつつあります。そんなnat社が目指すのは、「誰もが簡単に使える空間インフラを作り、日本発の世界スタンダードを作る」こと。6章でテーマにした日本の観光産業への適用やリサーチの変革への可能性を視野に、nat社で営業・マーケティングを統括している若狭氏(大手調査会社への所属時、私の前著『Excelでできるデータドリブン・マーケティング』のコラム掲載でお世話になりました)に、「Scanat」の可能性や今後の展望についてお話をお聞きしました。なお、このインタビューは最新のリサーチ手法もテーマになるため共著の山本さんにも参加していただいています。

小川 若狭さんがnat社に入り、「Scanat」を手掛けるようになった経緯をご自身のキャリアを交えてお聞かせください。

若狭氏 大学では社会情報系の学部で統計学を専攻していて、卒論は黎明期のクラウドファンディングを研究するなど、当時から少し変わったことにチャレンジしていました。新卒で入社したのは大手調査会社で、担当した領域は日本国内の広告コミュニケーションを主として、あとは海外調査を担当しました。主にアジア進出を考える日本企業に定量定性含めた調査サービスを提供していました。大学時代からNPOに関わり、アフリカやアジアに出向くことも多く、文化人類学的な観点から生活様式の違いを研究するフィールドワークを行うこともあり、その経験から調査が面白いと感じたことが同社への入社につながっています。

同社ではホームビジット調査にもかかわり、360度カメラを使用したオンラインでのホームビジット調査など、当時の新しい調査手法に関わる機会もあったのですが、偶然にも友人が関連する事業でもっと簡単にそうしたことを行えるサービスを立ち上げる予定があると聞いており、それが「Scanat」でした。2022年1月のサービス開始当初にアドバイザーとして関わり、2022年の7月からnat社にジョインしました。

小川　Scanatのサービスの概要と主にどんなテーマで活用されているかお聞かせください。

若狭氏　Scanatは主に建設・土木の業界で活用されているサービスです。2020年における建設業の就業者数は492万人で、ピーク時の1997年の685万人と比較して約28％減少しています。さらに2040年には287万人まで減る試算もあります。それに対して建設投資額は右肩上がりの状況を続けており、需要に対して慢性的な人手不足になっています。そうした状況のなか、デジタルやテクノロジーを活用した業務の効率化や変革が求められる状況になっています。2023年からオンライン上で工程管理をするBIM/CIM（ビムシム）[※1]の原則適用が開始されたほか、2024年4月からは働き方改革法[※2]の適用が開始されていま

※1　BIM/CIM（ビムシム）はBuilding /Construction Information Modeling,Management（2018年度から国土交通省での表記）の略語であり、計画、調査、設計段階から3次元モデルを導入することにより、その後の施工、維持管理の各段階においても3次元モデルを連携・発展させて事業全体にわたる関係者間の情報共有を容易にし、一連の建設生産・管理システムの効率化・高度化を図ることをいいます。（日本建設情報技術センターWebサイトhttps://www.jcitc.or.jp/bimcim/cim/より引用）

※2　2019年4月に施行された働き方改革関連法について、建設業界の猶予措置は2024年3月末に期限を迎えます。これが「2024年問題」で、その期限を過ぎると時間外労働の上限を超えて違法な労働をさせている企業は懲役刑や罰金刑が科せられます。しかし、現実は多くの企業で明確な対応がされていない、間に合っていない状況です。

す。2025年からは検査や点検、調査、巡視・見張などの業務に対して、原則、人が現地に赴き、実際の目で現場の状況を確認することが求められていたアナログ規制の緩和が段階的に進むとされています。

しかし現状でも建設の現場の業務はアナログ中心の状況があり、メジャー、紙、ペン、電話、FAXなど欠かせない状況です。建設DXの対象となる市場は60兆円という推計もあります。たとえば個人宅のリフォームの場面で必要な採寸と記録業務を見ると、職人の方が2〜3名で現場に出向いて、メジャーやレーザーで寸法を測って記録し、そのうえで紙の図面に寸法を書き、レンジフードなどの機器の型番まで記載するなど、1件採寸するのに1〜2時間はかかります。さらに移動時間もかかります。地方になると片道1時間またはそれ以上になることも珍しくない状況です。さらに図面に起こす作業にも2〜3日かかったりします。課題を解決するために世界で初めてミリ単位での計測を可能にした3Dスキャンアプリが Scanatです[※3]。

小川　どんな風に活用できるのかを教えてください。

若狭氏　スキャンモードのデモを用意しているので、こちらを見ていただくとイメージしやすいかと思います。

インタビュー

※3　2023年9月時点のApp Storeにおけるすべての3Dスキャニングアプリとして、nat社調べ。

参考URL
3Dスキャンのご紹介 (iPad Ver)
https://www.youtube.com/watch?v=OQD6ehAPXG4

「Scanat」を開き、スマートフォンで動画を撮るイメージで、カメラが捉えた映像のなかに出現する赤い点に合わせてカメラを動かし、黒い部分を減らしながらスキャン済みの映像部分を増やして取り込んでいきます。専門的な知識はまったくいらないので、LiDARセンサ搭載のiPhoneまたはiPadさえあれば、空間の映像を直感的な操作によって3Dで取り込むことができます。さらに取り込んだ3Dスキャンから図面を起こすことでき、取り込んだモデルを自分以外の方と共有して活用できます。これまで1件採寸するのに1～2時間と移動時間がかかり、図面に起こす2～3日ほどかかっていた作業を大幅に短縮することにつながり、見積もりも効率的に精度が高いものが出せるようになります。前述した建設現場における生産性の向上につながるのはもちろん、「Scanat」で正確な数値を測ることで、これまで施工に必要のない建材も余分に発注し、建材廃棄が残ることはよく起きていました。しかし正確な量の発注を行うことで無駄な建築資材を廃棄することがなくなり、SDGsに貢献できると考えています。

小川　リサーチでの活用についてはいかがでしょうか？

若狭氏　調査会社でも、消費財や食品などを中心に自宅でブランドの商品がどのような扱われ方をしているかを知るためのホームビジット調査を国内外で行っていま

した。建設の採寸と同様、モニターの方のご自宅に2～3人で訪問し、写真撮影やインタビューなどを半日がかりで行うという非常に工数のかかる調査でした。モニターの方も他人を自宅に招くので、負荷の大きい調査だと思います。コロナによって、オンラインでホームビジット調査を行う取り組みも行われるようになってきましたが、調査を行う企業のニーズとして、ホームビジットは定性調査の性質のものとはわかってはいるが、より多くサンプルを集めて定量的に活用したいというものがありました。

調査会社の立場でも他社のツールで3Dスキャン機能を用いたホームビジットを行っていましたが、より手軽にできるものを探しているなかで「Scanat」の技術が出てきたわけです。マーケティング事業者側はリアルな生活シーンの様子を知りたいとはいっても、調査員が何人か訪問する以上は、モニターの住居は来客時の状況にセッティングされます。しかし「Scanat」ではモニター自身が撮影を行って3Dモデル化したものを提供することから、調査協力のハードルも下がりますし、来客対応まで想定した片付けではなく日常に近い状況を撮影してくれるかもしれません。そのため、よりリアルな生活者の状況を3Dで大量にデータとして取得しやすい環境になりました。消費財や食品メーカーなどは、自社の商品がどのように活用され、家のなかでどのように配置されているかなどのデータを定量的に扱うものとして取得できるかもしれません。データを画像解析して、映り込んだ商品の品番などの情報を自動取得する技術の開発にも取り組んでいきたいと思っています。

小川　では、「Scanat」を観光で活用できる可能性はあるでしょうか？

若狭氏　「Scanat」はスキャンして取り込んだ3D空間を保存する機能に加えて、不動産業界で行われる内見を3D上で実現するウォークスルーという技術があります。自分があたかもその3D空間を歩くような疑似体験ができるコンテンツも作成できるので、観光地や宿泊施設や飲食施設のなかを歩くような疑似体験コンテンツでの活用もできると思います。

また集客に役立つコンテンツとしての活用以外にも、地方の古い施設や寺院を改修してホテルにするプロジェクトの実績があります。古くて部屋や構造が複雑な施設の採寸は非常に手間がかかりますが、採寸と図面作成を3Dスキャンで行うことで、人的な作業の接触による破損を回避できます。ある温泉地で廃業した由緒ある旅館を解体する際、解体図面を作るための3Dスキャンと、現存していた状況の3D映像保存を両立するためのユースケースもあります。観光産業にまつわる建設やリフォースにおける採寸等の機能に利用することで、取得した3D映像をコンテンツとしても活用という両立が考えられると思います。

小川　Apple Vison ProなどのMRまたはVR技術との融合についてはいかがでしょうか？

若狭氏　東洋経済ONLINEで弊社代表（ブルース・リュウ氏）が言及していますが、Apple Vision Proを装着して現場を歩き回るだけでリアルタイムでの空間計測と記録が可能になる可能性があります。また、ウォークスルー機能の発展としてApple Vision Pro上でその空間に入り込み、バーチャルで再現された現場で打ち合わせをし、床や壁、家具などを配置したシミュレーションをして実際の施工結果を共有する活用が考えられます。「PSYCHO-PASS サイコパス」というアニメで、スイッチを押すと空間が瞬時に変わり、その日の気分に合わせて空間を変える描写がありますが、インテリアや内装などもそうしたバーチャルな空間で気分によって変えて、実際の空間のアレンジを検討するようなことは今後身近になっていくかもしれません。

小川　山本さんは以前、テーマパークでリサーチャーをされていましたが、施工に関わったりすることはあるのでしょうか？

山本氏　テーマパークの建築の仕事に半年だけかかわりました。技術本部の方は、建築に必要な知識が詳しい分、半端な要件で相談しづらい雰囲気もありました。当時は素人ながらに何度も建物の写真を撮影しましたが、技術本部の方に渡しても情報が足りないと言われたり、写真の取り忘れを指摘されたりすることがありました。慣れない現地調査をする難しさや、建築のプロの方と共通の会話をするためのハードル

参考URL
アップル「Vision Pro」が日本の建設業界を救う日
開発者が考える「ゴーグル型デバイス」の未来
https://toyokeizai.net/articles/-/689787

インタビュー

の高さを嫌というほど思い知らされた経験があるので、「Scanat」が当時あったら、と思いますね。

小川　ホームビジット調査での「Scanat」活用についてはいかがでしょうか？

山本氏　キャラクターグッズのホームビジット調査に取り組んでいたことがありますが、家のなかでどのように置かれているかといった情報からインサイトを探索します。あるグッズはほとんどがトイレに置かれており、グッズの愛され方の理由の仮説などに活用してきました。ただし、ホームビジットを1件成立させるだけでも相当なハードルがあるので、定量的に分析するためのサンプルサイズを集めることは不可能だと思っていました。しかし「Scanat」でそれが可能となったので、3D記録データの共有によってより深い示唆が得られるのではないかと期待しています。先述のように、ホームビジットでは「興味のある商品がどこに置かれていて、その周辺がどうなっているか」からユーザー個別の住空間におけるつながりを考察することが多く、徹底的にホームビジットが行われて熟達したことで「玄関を見れば、自社の製品を使用しているか予測できる」とおっしゃる方もいると聞いたことがあります。「Scanat」がオンラインで完結可能なホームビジットを実現すれば、ユーザーの住空間における製品に近い場所から遠い場所までを包括的に捉えることがより現実的になっていくかもしれません。デジタルテクノロジーを活用することで、人間のアナログなインサイトに迫るデータをより

効率的に大量に集められるのを想像して非常に感動しました。

若狭氏　3Dモデルとしてユーザーの住空間の状況を記録できるので、参照しやすく分析しやすい面はあると思います。というのも、インタビュー手法で「コグニティブインタビュー」という手法があります。もともとアメリカで開発された方法で、警察が事件や事故の目撃者に状況を想起して正確な証言を多く引き出すために、事件にかかわる現場を想起してもらい、どのような行動をしたかを回答者が答えやすい状況を作って聞き出し、たしかな情報を確認していく手法です。たとえば、商業施設に関連する業種で障害を持つ方の目線にたったお店づくりを考えるためのリサーチでは、「Scanat」のウォークスルー機能を使って、店舗の3Dモデルの映像を見てもらい、コグニティブインタビューの手法でユーザーの目線に合わせた形で店舗内を疑似体験してもらいながら意見を聞くことができます。事前のアンケートで「購入したい」と言っていたブランドの商品をホームビジットの3Dモデルを見ても、購買行動に結びついていない状況を目の当たりにすることもあります。今まで知り得ることができなかったリアルに行き着くこともあるので面白いですね。

小川　「Scanat」のマーケティングはどのように取り組んでいますか？

若狭氏　今はとにかくBtoBとして、プロ（建設）の方に使っていただくことの浸透に努めています。「Scanat」の戦略を考えた

際に、まずはプロの方に認めてもらえないことにはサービスが浸透していかないと考えています。BtoCで拡販していく可能性もありましたが、まずBtoBの土壌を作ったうえでエンドユーザーの方が依頼すれば、BtoBの事業者とエンドユーザーのマッチングにつながっていくイメージです。たとえばDIYにも限界はあるので、本格的に部屋や住居を変えていく場面でエンドユーザーがプロに依頼する機会は今後大きいと思います。ゆくゆくはBtoBからBtoC、双方のマッチングへと市場を拡大していくつもりで、そのタイミングではエンドユーザーが簡単に操作できるような機能を拡充させていく想定です。

小川 今のお考えに至るまでの模索や過程についてお聞かせください。

若狭氏 もともと私は建築や土木に関連する業界はまったくの未経験であり、当初はマーケティング統括として動いていました。ユーザーインタビューをしたり、プロの方にリーチするためのデジタル広告をテストしたり、さまざまな模索をしましたが、ターゲットとなる方は土日でも仕事されている方も多いですし、日中も現場に出ている方が多く、コンタクトしやすい時間となれば早朝と夕方以降に限られます。普段よく利用する店舗もホームセンター、利用するWebサイトも「モノタロウ」や「ワークマン」などと業界の特色が見受けられました。デジタルプロモーションのテストもしましたが、デジタルメディアでそうしたターゲットの方をセグメントしてコミュニケーションをすることはなかなか難しいと感じ、今は時期尚早と判断しました。プロの方は実際にサービスを現場で使ってみて馴染む感覚がないと導入しないことがよくわかってからは、マーケティング予算を営業交通費やリアルイベントなどに使うことのほうが生産性は高いという思考になりました。そこから自分も営業統括の役割を担ったほか、人員を増員してプロの方に会いに行くことに注力し、現場の方にサービスを理解いただくことに注力する方針に転換しました。マーケティング的な予算の使い方もゼロにはしていませんが、展示会などのリアルチャネルにフォーカスしています。

小川 テストを経て注力するマーケティングのフェーズを見極めて決めている、非常に戦略的だと感じました。「Scanat」が世の中やマーケティングを変えていく可能性について学ぶことができました。貴重なお話をありがとうございました。

終

株式会社HONE　桜井 貴斗 氏

株式会社HONE
代表取締役

ネットイヤーグループ株式会社　日下 陽介 氏

ネットイヤーグループ株式会社　マーケティングDX事業部
インバウンドプロデューサー
※上記2名の肩書及び内容は取材日2024年2月26日時点のものです。

インタビュー企画概要

NewsPicks×株式会社刀のマーケティングブートキャンプ1期に参加するなど、学んできたマーケティング思考を実装し、「地方に"骨のある"マーケティングを。」という意思で活動するマーケターかつHONE（ホーン）社の経営者である代表桜井氏と、ネットイヤーグループ社のプロデューサーの日下さんを引き合わせる形で3名の鼎談を行いました。

日本にはじめて「UX（ユーザーエクスペリエンス）」という概念を持ち込んだ企業はネットイヤーグループ社です。同社は徹底したユーザー目線とデジタルテクノロジーを駆使し、デジタルマーケティングに関するコンサルティング、デジタルコンテンツの企画制作、システム開発などのソリューションで企業経営の進化とエンドユーザーとのエンゲージメント強化の支援をしています。私（小川）が独立する前に最後に社員として働いた企業であり、日下さんは元上司で独立したあとも協業しています。今後の日本にとって重要な「観光」「インバウンド」「地方創生」テーマで共通点があるお2人を引き合わせることで起こる科学反応に期待しつつ、それぞれの活動内容をお聞きしました。日本が誇る観光資源のうち、富士山、静岡をテーマにしたコンテンツを海外に発信する新たな事業がはじまりそうです。

小川　まずは桜井さんがどんな活動をされているか、キャリアを交えてお聞かせください。

桜井氏　静岡県静岡市を拠点に、地方のマーケティング支援事業を行うHONEという会社を経営しています。拠点は静岡ですが、北は北海道、南は九州の方まで、地方の多くの事業者さんのお手伝いをしており、仕事の特性上、行政の方とお話をすることも多いです。地方の企業などの組織同士や官民や場合によっては産学で連携しながら、リソースが少ない地方でいかにして戦っていくか、なにを推進すべきかを考

えて取り組んでいます。それ以前は求人メディアの会社に12年ほどおりまして、そこで求人の報告営業を四年間やったあと、社内の新規事業開発という部署で2つ事業を立ち上げる経験をさせていただきました。マーケティングをやらないと事業がそもそも立ち行かないことを痛感したため経営大学院に学びに行き、独立する前には森岡毅さんの株式会社刀とNews Picsが企画した半年間ぐらいのスクールで"刀イズム"を学びました。「株式会社刀は、刀イズムを地方で実践しないだろうな」と考えたとき、私が地方にそのエッセンスを落とし込むことで地方がより良くなればいいなという思いが生まれました。そこで会社を立ち上げて、粛々と全国のお客様の支援をさせていただいています。2024年2月から、日経クロストレンド「地方マーケティング 10の成功法則」で特集記事が全5回にわたって掲載されています。

小川 その記事は私も拝見しました。大企業の地方創生ビジネスに関わったことはあるのですが、地方の企業に観光面で並走した経験はありません。記事冒頭に「地方には経営資源が少なく、都市部と同じやり方では成功しにくい」とあり、桜井さん発信のコンテンツから勉強させていただいております。次は日下さん、お願いします。

日下氏 私はもともとグラフィックデザイナーをやっていて、見た目でわかりやすくシンプルに物事を伝えたいと考えていました。また、視点を利用者に合わせることで「新しい気づき」があることを理解し、UXデザイン、サービスデザインで経営改革に取り組むネットイヤーグループ（以下「ネットイヤー」）にて現在も継続中です。もともとマーケティングのコミュニケーション領域よりも、究極的にはサービスや商品などのプロダクトそのものの強さが大事だと考えています。プロダクトやサービスそのものが持っているファーストインパクトが重要という考えです。思考としてはコミュニケーションデザインよりUXデザイン、UXデザインよりもサービスデザインが近いと思います。そんな考えをベースにプロデューサーとして活動していましたが、コロナ前の2019年位から、今後の日本人口減少に伴う未来でなにができるか考える機会が増えてきました。これからは、どんどん高齢化が進み国内市場はシュリンクするばかりですが、訪日外国人の方に目を向けると、東南アジアから旅行に来た若い旅行者が円安の影響でスマホや高級楽器をキャッシュで買っています。世界から見た日本市場は私たちが考えているより変化しており、今後はインバウンドマーケティングに関わってノウハウを蓄積しないと食いぶちがなくなる危機感が強くなってきました。

インタビュー

参考記事
【1週間で分かるマーケ講座】「地方マーケティング」の成功法則　第1回／全5回
地方マーケティング「10の成功法則」　経験者ほどはまる落とし穴
https://xtrend.nikkei.com/atcl/contents/18/00950/00001/

今取り組んでいるものの1つが、富士山を中心としたインバウンドマーケティングです。富士山は世界的なコンテンツであり、観光資源として高付加価値なビジネスチャンスがあると思案しています。日本の代表的な観光資源「マウント富士」のマーケティングをしたいと考え、海外に「マウント富士」を中心とした観光をコンテンツとして発信するインバウンド向けメディアを立ち上げることにしました。

小川 日下さんからは事前にお聞きしていましたが、このインタビューの場でインバウンド向けのメディア事業について話題にしていただき議論することで、桜井さんも加えてのシナジーが生まれないかと思っていました。桜井さんの「地方マーケティングで食っていく。」YouTubeを拝見して心が動き、X（旧ツイッター）でご連絡させていただきましたが、映像で紹介されていた無人島の支援など、大企業が取り組めない地方創生に実際にアクションしてファクトを積み上げているパワーに感銘しております。インバウンドに対する関わりやお考えをお聞かせいただけますか？

桜井氏 はい、私が今携わっている企業に静岡の鋳物のメーカーさんがいらっしゃいます。今まで鉄とか錫とか銅とかを作っている会社さんですね。もともとは国内工場の産業ロボットの製造がメインのBtoBの企業でした。その会社は130年ぐらい続

いている会社で、徳川家が静岡の膝元だった頃に銅とか金貨などのお金を作っていた鋳物師（いもじ）さんがその会社のルーツでした。徳川の時代からお金を作って地元に根差した仕事をしていて、改めて地元に根差したビジネスを作りたいという考えから、新たにBtoC向けにお猪口やタンブラーを銅や錫で作るビジネスを4〜5年前ぐらいに始めました。また、静岡はプラモデル世界都市なんていうふうにいわれています。

小川 お聞きしたことがあります。

桜井氏 玩具メーカーのバンダイの工場と田宮模型が静岡にあります。ミニ四駆で有名な同社とコラボしてミニ四駆箸置などを作ってみたら、それがインバウンドでたくさん売れたことがありました。「地方で事業継承が厳しいけど日本の文化を残したい」という話をよく聞きますが、そんなときにBtoCビジネスで考えると、日本の文化好きな日本人が全国でどれぐらいいるか考えると市場は大きくありません。日本の文化として売るよりも有力なIP[1]とコラボして日本の文化から生まれた新しい価値を作って売ることのほうが現実的です。IPなど日本の今っぽいものと旧来からある文化を組み

---

[1] IPとは"Intellectual Property"の略称で、日本語では「知的財産」と訳されます。アニメなどのコンテンツにおけるIPは、キャラクター、ストーリー、設定、世界観など、創作物に含まれる無形の財産を指します。

参考URL
地方マーケティングで食っていく。TAKATO SAKURAI - Episode 01 -
https://www.youtube.com/watch?v=OznkiYKgFc0

合わせて売っていく取り組みはインバウンドとの相性もよさそうなので、今後積極的にチャレンジしたいと考えています。

「インバウンドを取り込まないと地方はそもそも生き残れない」くらいの前提で考えた方がいいと思っています。日本の文化からインバウンド向けのビジネスを創出し、さらに越境海外マーケティングにチャレンジしていく携わり方が最近増えてきている実感があります。

小川　ありがとうございます。日下さんはもともとマーケティング・コミュニケーション領域よりもプロダクトやサービスそのものにインパクトのある価値の持たせ方やサービスデザイン思考だとおっしゃっていました。桜井さんの取り組みも、主にコミュニケーション領域として一般的に捉えられることが多いマーケティングの視点ではなく、プロダクトやサービスから考えることが多いのでしょうか？

桜井氏　そうですね。「どう売るか」ということよりも「そもそもなにを売るか」「なにを作るか」から一緒に携われると可能性が広がると感じており、最近はそこから入っているケースが多いかもしれせん。

小川　観光はたとえば「どんな旅行プランやパッケージにするか？」「既存からある観光資源や施設などのアセットを使ってどんなサービスにするか？」からアイデアを介入させられる余地が大きいので、大変面白そうですね。

日下氏　私の地元は神戸でもともと接点がないエリアでしたが、静岡は特に面白いですよね。小学生レベルから貪欲に知識を吸収している最中ですが、豊富な観光資源がある割に観光にあまり力を入れてない印象です。日本では有名な宿泊施設を静岡エリアで推進する際にも、地元から賛同を得るのが難しいと聞きました。観光に注力するよりも、企業や工場の誘致のほうが確実な税収増が見込めるという考えがいまだに強いのかもしれません。私の推測ですが…。

桜井氏　静岡市と浜松市だと、大企業が多い浜松市のほうが財政基盤は盤石ですからね。

日下氏　素晴らしい観光資源があるのにもったいないと思います。お隣の山梨県のほうが、富士山を観光資源として活用するやり方がうまいと思います。静岡ローカル発で、世界に「マウント富士」を発信するメディアを立ち上げる意義は大きいと考えています。そもそも海外の方に静岡は知られていませんし、もっというと関東在住の方以外だと伊豆が静岡県って知らない人も多いです。

小川　私は神奈川県出身ですが、サーフィンをしていたこともあり、車の免許を取ってからは伊豆の海によく行っていました。身近すぎて、熱海くらいまでは神奈川県だと20代前半まで勘違いしており、友人に指摘された記憶があります。地元の方にはとても失礼な話です。今更ながら申し訳なく

思います。

日下氏　近すぎて間違えていた話ですね（笑）。静岡が持っている観光資源のポテンシャルのうち、知られていないことの一例にちびまる子ちゃんがあります。ちびまる子ちゃんは台湾で大人気です。静岡にちびまる子ちゃんのマンホールがあるのですが、そこに人だかりができているので、なにをやっているのか見てみると台湾から来た観光客の方がそのマンホールの写真を撮っているわけです。すごいですよね。聖地巡礼による台湾からの集客効果は大きいはずです。日本国民の作品認知度は非常に高いと思いますが、原作者のさくらももこさんの出身地が静岡市清水区であることを知っている方や、常設ミュージアムの「ちびまる子ちゃんランド」を知っている方が全国でどれくらいいらっしゃるのか気になるところです。

小川　作者の方が静岡ご出身までは知っていましたが、「ちびまる子ちゃんランド」は知りませんでした。

日下氏　あと付け加えると、「孤独のグルメ」を見た外国人観光客も伊豆のある場所に多く訪れています。Netflixの効果でしょうか？「吾郎さん」知っているんですよ。

小川　あの番組は大ファンなので全話見ています。わさび丼のお店ですね。

日下氏　はい、わさび丼です。わさびの体験収穫のツアーで、台湾の方が「吾郎さん（原作とドラマの主人公の名前）がわさび丼を二杯お代わりしたところだ！」と言って大変喜んでいらっしゃいますからね。日本初のIPが海外で浸透し集客につながり成功しているエリアがある一方で、未開発未認知で海外の方に見向きもされていないエリアもあります。点ではなく線としてつないで面にしていかないといけないと考えています。静岡は東京からのアクセスも良いですからね。県ぐるみで地元一丸となってインバウンドに取り組めば伸びしろも大きいので、今後は面白いことになると考えています。

桜井氏　それまで静岡にはあまりご縁がなかったとおっしゃっていましたが、静岡のさまざまなリアルな状況や課題をご存じであるため、素晴らしいなと思いながら聞いておりました。歴史的な背景やカルチャーから静岡のインバウンドを盛り上げるために地元が一枚岩になることが簡単ではない課題もいくつかありますが、日下さんが進めるメディア事業をきっかけに前に進む部分も多いと思います。最近、仲間内でインバウンドの会社を立ち上げて民泊の新しいビジネスを準備しており、今まさに物件を選定しています。インバウンドのメディアでは、ぜひ我々も連携させていただきたいです。

小川　お2人をお引き合わせして良かったです。日下さんが立ち上げるメディアの情報はネットイヤーでリリースされると思うので、本書にコーポレートサイトのURLを記載しておきます。では、現時点でのその事業の構想をお聞かせください。そもそもな

ぜ、日下さんは事業の対象を静岡と富士山にしたのでしょうか？

日下氏　事業を考えるために、事前に訪日外国人方へのインタビューやSNSを調べるソーシャルリスニングなどのリサーチを行いました。富士山はパワースポットとしての側面があるせいか、ものすごい熱量の海外のファンがいることを知りました。たとえば韓国人のインフルエンサーでドハマリしてくれる方もいますし、台湾のパワーブロガーの方は河口湖がいいと思ったけど静岡の海から見た富士山にものすごく感動して、「また家族と絶対行きたい！」など熱量の高い投稿やインタビューがたくさんありました。ポテンシャルは十分あるのですが、それぞれの観光スポットが点でしかなくて面になっていない印象があり、魅力が伝わる情報を海外向けに発信できていないため、それを届けることで、海外の方の心を動かせると確信できたのが静岡を選んだ理由です。

小川　まずは、どんな風にメディアを形にしていくのですか？

日下氏　当初のチャネルはローカルでは人気ですが、まだ観光客には知られていないコンテンツを届けるInstagramとWebサイトについてはともに取り組むパートナー企業と地元の方にコンテンツの運用を担っていただきます。私にとってのメディアづく

りは目的ではなく手段です。海外のゲストの声に耳を傾けて、観光スポット1つ1つの点での紹介ではなく、連続した体験で点をつなぐ面での周遊コースづくりや新たな観光資源の創出をし続けていこうと考えています。訪日外国人の多くを占めるアジア圏の方のうち、特に親日家が多い台湾の方で、海外旅行に積極的な若い女性は新しい日本の観光スポットを貪欲に探している傾向があるので、KOC、KOLとして彼女たちとも連携していこうと考えています。静岡のお店や観光スポットにお連れして意見を聞きつつ、彼女たちの視点で日本の魅力を積極的に発信してもらうことを考えています。

また昨今の訪日観光客は、メジャーで一般化された観光ではなく、特別な体験を求める傾向にあります。また、海外の富裕層を満足させるラグジュアリーな宿泊施設を地方で用意することは都心に比べて難しいのですが、ものは捉えようです。たとえば、「最後の将軍」が愛してやまなかったスポットがここだ、といったストーリーを演出して特別な体験に創出すれば、それは富裕層が満足する「ラグジュアリー」だと思います。点から線、面にしていくということはそのようなサービスデザインだと考えています。メディアを作って終わりではなく、コンテンツも一緒に開発しますし、さらにそのコンテンツの元になる観光資源の創にも関わっていきます。台湾には20代30代女性向けの

参考URL
ネットイヤーグループ（コーポレートサイト）
https://www.netyear.net/

インタビュー

「ビューティアップグレード」というメディアがすでにあって、ユニークユーザー数が月間150万人でInstagramのフォロワーは16万人います。これは、今回立ち上げるメディアの利用者数の獲得目標のボーダーラインと考えています。立ち上げ当初はコンテンツの発信が中心となりますが、記事や投稿から予約決済まで行うことができるシームレスな体験を提供できる環境の構築もゆくゆく検討します。

そして現在、日本在住の外国人の方は約300万人で、名古屋や札幌の人口よりも多いです。しかしながら、外国人が日本で生活するのに必要な情報が不足しています。就職や住まいの斡旋をサポートする企業やサービスが徐々に出てきていますが、現段階では情報量が少ないです。インバウンド向けの観光メディアだけではなく、日本で生活したい方に向けたライフスタイル情報も取り扱うメディアへと拡張していこうと考えています。

小川　さまざまな拡張の可能性が考えられそうですね。桜井さんはどんなご感想でしょうか？

桜井氏　静岡を拠点にして地元を盛り上げていきたいと思っていますので、率直に一緒に手伝わせていただきたいなという気持ちです。

小川　桜井さんはマーケティングにもクリエイティブにも静岡にもお詳しいので、アンバサダーやアドバイザーをやっていただ

けたら素敵ですね。

桜井氏　ありがとうございます。静岡も東側の伊豆、熱海などには人が来ているのですが、中部西部はそれと比較するとほぼ来てないと思います。しかし、中部西部にもポテンシャルのあるスポットはあります。たとえば静岡市だと、日本平（にほんだいら）という山の山頂から富士山も見える雄大な景色を臨むことができる「日本平ホテル」があります。清水港には豪華客船がよく来ます。今週も来るのですが、朝来て夕方に出ていくので、その間の日中に時間がある人が周辺を周遊いただけるポテンシャルがあるにも関わらず、その行動を誘発するコミュニケーションができていません。コンテンツをこちら側から積極的に発信したほうがいいよねと、いった話を仲間内で議論する機会はよくありました。日下さんの仕組みがほぼできあがっていらっしゃるのであれば、コンテンツの供給やサービスの立案など、我々がお手伝いできることはいろいろあると思います。素晴らしい計画だと思うので、我々もその計画に混ぜていただきたいという率直な気持ちです。

日下氏　ありがとうございます。こちらこそです。メディアに掲載するコンテンツの議論から、結局は「サービスの内容や見せ方自体をどうする？」といったことを検討する機会は多いので、桜井さんのパワーをお借りできると面白いブランディングができて楽しいと思います。

小川　桜井さんの地元である静岡の観光

推進に、今よりもさらに地元の方が本格的に取り組む土壌は今後できそうでしょうか？

桜井氏 そうですね。私もUターンで静岡に戻ったので、普段から静岡がどう見られているかを客観的に見ながら活動しています。私は現在37歳ですが、それくらいの年齢で家業を継がれたり事業承継されたりする方は多いです。創業百年など老舗の会社が我々世代に代替わりする話を聞くことも増えており、風向きが変わってきていると感じています。地元のプロジェクトでは、これまでスーツ着てないやつは入ってくるな、みたいな空気が漂っていた場もあったのですが、僕も普段どおりのスウェットでも行きやすい状況になっており風土は変わってきています。たとえば先週、静岡の東方映画館という静岡市の駅近くにある映画館でマーケティングのプレゼン大会を実施しました。

小川 先週打ち合わせをした東京在住の知人もそのイベントに行かれていました。

桜井氏 もともと静岡の駅に近くに「映画通り」という通りがあり、そこが昔は二十カ所ぐらい映画館が集まっていましたが、今はその一箇所しかなくなってしまいました。静岡駅から歩いて15分くらいの七間町（しちけんちょう）という町にある映画館ですが、周辺の映画館がなくなってしまって寂しい状況です。そこで、なにかできないかと考え、跡継ぎの方が「マーケティングのプレゼン大会やろうよ！」とおっしゃったことを

きっかけに、そこから商工会議所や静岡の市役所、県庁、静岡銀行などにつながって一緒に取り組みをすることとなり、約200人が集まって大盛況でした。いわゆる僕ら世代の方と少し上の世代の方々と、民間企業、あとは行政と静岡の大手企業といわれる方々、うまく結束してみんなで静岡を良くしていこうという関係値を築くことができました。

小川 私も気づけば、もう45歳です。ここ4〜5年位でようやく、これからを担う若い皆さんに役立つことをやりがいとして見出すようになりました。X（旧Twitter）で発信されている内容やリアクションを見ると、桜井さんの同世代または若い世代のビジネスパーソンの方への影響が大きいようにお見受けしております。桜井さんより若いビジネスパーソンやマーケターの方へのアドバイスはありますか？

桜井氏 そうですね。30歳前後では僕もそうだったのですが、つい「技」で勝負しがちです。持っている知識や、こんなことできるぜ、みたいなことなど、技、スキルで勝負しがちですが、実際には地域の観光や街づくりで物事を動かしていくためには必要なのは人を巻き込んで動かす力だったりします。人柄だったり思いだったり、リスペクトだったり、根回しだったり、ちょっと面倒くさいことも率先して臆せず行うことができるかといった力だと思います。僕らの世代が、それが大事とわかって実践しつつ、そこに40代50代の先輩方がうまく取り持ってくださることが多くありました。つまり技

も大事ですが、技だけで人は動かない、世の中は良くならない、そんなことを伝えていく年齢であり、役割になったのはないかと考えています。

都会やスタートアップともお付き合いはありますが、やはり地方はスピード感も違えば求められているものも違うので、技は最初に見せるものではなくて。合意形成や相手へのリスペクトがあってから関係を構築したあとに技を発揮すべきだと思います。地方の観光や街づくりを推進するためには、今の視点が必要だと思っています。こんなに静岡にいいものあるのになんでやれていないかというと、おそらく手前の部分が全然やれていない面があると思うので、そこを変えていくことに貢献できればと思います。

小川　技で仕事をするアナリストなので耳が痛い部分もありますが、元々私はデータドリブンとはほど遠い昭和生まれの新規開拓専任の広告代理店マンでしたから、「データやエビデンスを不用意にふりかざすと嫌われる」ことを痛感していて、普段からこれを意識して仕事をしていることに気づきました。大事なのは相手へのリスペクトと合意形成ですね。お二人とも本日は貴重なお話をありがとうございました。

終

株式会社プリファード・ロボティクス　寺田 耕志 氏

株式会社プリファード・ロボティクス　ソフトウェアエンジニア
情報理工学博士（東京大学）/ 科学技術振興会　特別研究員DC1/ 日本ロボット
学会 第23回 研究奨励賞 / 元トヨタ自動車パートナーロボット 主任

株式会社レアゾン・ホールディングス　大泉 共弘 氏

株式会社 レアゾン・ホールディングス
シニア・クリエイティブディレクター / CXデザイナー
※上記2名の肩書及び内容は取材日2024年2月14日時点のものです。

インタビュー企画概要

日本のZ世代のエンジニアは、自身が身を置く環境によってモチベーションの格差が生じているようです。エンジニアを目指す理由として「モノづくりの楽しさ」を原点とすることが多い一方で、属する環境によっては、新しい取り組みに参加できる機会が少ない現実、自身の将来性への不安が直面していることなどが課題となっており、こうしたZ世代エンジニアのモチベーション格差の解決にむけて"体験と成長の場"を提供する『GIFTech（ギフテック）-テクノロジーとモノ創りを楽しむ才能』というプロジェクトがスタートしました。エンジニアの創造性を刺激し、モノ創りの喜びを再発見するプロジェクトです。

取材当時（2024年2月中旬）では、クリエイティブプランナーやデザイナーとエンジニアが協力して、プロダクトを共同で作り出し、同時に協創スキルの習得に励むハッカソンの応募が行われていました。このプロジェクトを立ち上げと運営を行うレアゾン・ホールディングス社で、コーポレートブランディングを統括する大泉 共弘氏と、GIFTechのアンバサダーとして、日本を代表するAIエンジニア集団のプリファードネットワークス社のグループ企業のプリファード・ロボティクス社で家庭用ロボット「kachaka（以降『カチャカ』）」を手がけるエンジニアの寺田 耕志氏にお話をお聞きしました。

レアゾン・ホールディングスは"世界一の企業へ"を掲げ、「広告事業」、「ゲーム事業」、「フードテック事業」、「ブロックチェーン事業」、「コンテンツ事業」などの領域を中心に事業を展開しています。各事業領域同士で事業シナジーを高めることで、他社にはない事業展開や新規事業を創出し続けています。プリファード・ロボティクス社の親会社のプリファードネットワークス社は、人工知能技術の研究開発を行う日本のリーディングカンパニーです。深層学習技術の分野で世界トップレベルの技術を誇り、画像認識、音声認識、自然言語処理など、様々な分野で革新的な技術を開発しています。プリファード・ロボティクス社は、

インタビュー

AI技術で自律移動ロボットを開発する革新的な企業です。2023年2月に予約販売が開始された家庭用ロボット「カチャカ」は、家事の負担を軽減し、これからの新しい生活スタイルを創る可能性を秘めた製品です。

大泉氏はクリエイティブな領域を映像からコミュニケーション、サービスデザイン全般へと拡張されてきた方で、かつてプロジェクトをご一緒し学ばせていただいたことがあります。寺田氏は過去に発売前のリサーチをお手伝いをさせていただいたことがあります。マーケティングとAI・ロボットエンジニアリングの花形といえるポジションでそれぞれご活躍されるお二人が関わるGIFTechとはどんなもののなか？　立ち上げた経緯やお考え、好きなことを仕事にされているお二人から、そうなるための秘訣となるヒントを探るべく、お話をお聞きしました。

参考サイト
「GIFTech」紹介ページ
https://giftech.io/

小川　お2人それぞれが手掛けているお仕事の内容について、そこに至るまでのキャリアを交えてお聞かせください。

大泉氏　元々は映像クリエイターでした。主に企業の広告やミュージックビデオや番組など、エンタメコンテンツを手掛けていましたが、映像に限らないクリエイティブ領域に拡張し、企業のマーケティング・コミュニケーション全般に関わるようになり、クリエイティブ・ディレクター/CXデザイナーとしてデジタルエージェンシーや総合広告会社でキャリアを積みました。現職では、GIFTech事業の統括、ホールディングスのコーポレートブランディングに、他新規事業のマーケティング支援を担っています。広告代理店時のマーケティングやクリエイティブの対象は"広告を軸にしたマーケティング"や"広告のコンテンツクリエイティブ"でしたが、今のマーケティングやク

リエイティブの対象は"事業やサービス"そのものです。事業会社に所属するクリエイターとして、事業戦略(マーケティング戦略)やサービス(クリエイティブ)の領域に従事しています。

寺田氏　私はもともとロボットが好きで、昔から新しいものを考えたり発明したりすることに興味があり、ロボティクスのアカデミアでは博士号まで取得しました。そのままアカデミアに残ることも考えましたが、トヨタ自動車のロボットへの大きな取り組みを愛知万博で知って同社に入社しました。そこではさまざまな研究にチャレンジすることができました。興味の中心は常にロボットということは今も変わりませんが、研究したい、発明したいという想いに加え、しっかりとそれを世に出したいという思いが強くなっていきました。そして世に出すだけでなく、実際に利活用されてビジネスとして成立さ

せたいと考えるようになりました。そしてロボットでビジネスを行いたいという考えが合致したことから、2018年に現職にジョインして、家庭用の自律移動ロボット「カチャカ」を作って発売しました。ビジネスとして関わるようになったことで、そもそも開発を進めるためにどのように資金を集め、どのようなプロダクト設計を行い、どんな風に売っていくか、すべての構想を練って投資家に提案し実行に結び付けていきました。2023年2月に先行予約を開始して以降、カチャカの販売も進みました。今もっとも興味があることは、このプロダクトを育て、さらに普及台数を広めて産業として成長させていくことです。

大泉氏　寺田さんは昔からロボットに深い興味を持ち、その夢を追求し、さらにはそのプロダクトを世に送り出し、ビジネスとして拡大していくことを実現されていますね。それは本当に素晴らしく、充実した人生を送られていると感じます。今回立ち上げられたGIFTechが目指すのは、簡単にいえば寺田さんのような人材を増やすことです。

GIFTechは「テクノロジーとモノ創りを楽しむ才能」をコンセプトにしています。これは、Gifted（才能のある）とTech（テクノロジー）を組み合わせた造語です。テクノロジーと創造活動の両方を楽しむ才能を持つ人々、すなわち寺田さんのような人々を増やしたいと考えています。GIFTechになるためには、教育や心理学の分野で広く受け入れられている「すべての子供には才能がある」という考え方が基礎となります。しかし、才能を花開かせるには適切な環境とプロセスが必要であり、小さい頃からロボットを愛し、その夢を実現できる人は多くありません。理想的な職業や状態を実現することは、個人の環境によって大きく左右されると考えています。すべての人がGIFTechな状態に至ることができるような環境を整えることが目標であり、そのためにプロジェクトを立ち上げ、今後もハッカソンの開催やコンテンツの提供を続けていきます。

また私自身の原点は、高校時代に観た“ある映画”にあります。その映画を観たことで、恋愛における勇気ある一歩を踏み出した経験は今も鮮明に覚えています。それがきっかけで、人々の心を動かすものを生み出したいと思うようになり、クリエイティブな職業に就くことを目指しました。経験を積むうちに、クリエイティブな対象が映像からイベント、統合コミュニケーション、さらにはサービスや事業創造へと広がっていきましたが、私は自分の好きなことを仕事にできていると思っています。

小川　お2人とも好きなことを仕事になさっています。寺田さんが、昔から興味があったロボットを仕事にすることができた秘訣はあるでしょうか？

寺田氏　やりたいことをやっていくのは簡単ではないと思います。大泉さんが映画の話をされたので、私も同じような話をさせていただくと、THE HIGH-LOWSの「不死身のエレキマン」という曲があり、今も好きでカラオケでも歌ってしまいます。歌詞の

インタビュー

なかで「子供の頃から憧れてたものに　なれなかったんなら　大人のふりするな」という一節があります。その歌から、子供の頃から憧れていたもの以外に目をふらずに一心にやることに対して勇気づけられました。成長に伴ってさまざまなことに興味が移ることはあると思いますが、本気で実現したいことがあればブレずに続けることが大事だと思います。

小川　学校や会社など、自分がやりたいこと以外でやらなければいけないことは沢山あるのが当然だと思いますが、ブレずに続けるための秘訣を教えて頂けますか？

寺田氏　ひとつは得意なもの、強い武器をもつことと、もうひとつは小技をいっぱい広げることでその両輪が重要だと思っています。

小川　たしかに武器があることで、そのジャンルで頼まれることが自分にとってもやりたい仕事につながっていきそうな気がします。プリファード・ロボティクスは天才エンジニアが集まっているイメージが強いですが、チームでそれぞれのエンジニアの方の色の違いみたいなものはあるでしょうか？

寺田氏　コンピューターサイエンスが得意な人、電気が得意な人、設計が得意な人、企画が得意な人など色々あります。私は

バッググラウンドとして、チームの中でも特にロボティクスが得意な面がありますが、私は企画やマーケティングもしっかりわかるようにならないといけないという意識があります。ベンチャーに入ったからこそ、自分だけの領域を決めずに、様々な領域に踏み込んでいく意識になった感覚はあります。特に「カチャカ」のようにモノづくりを含むプロジェクトはソフトウェアだけを世に出すよりもさらにハードルが高いと考えています。1回作ったものを巻き戻すことはできないので、より計画性が要求されると思っています。

小川　GIFTechのYouTube動画で、寺田さんは研究だけに終わらせず市場に届けることが重要だと語られていましたね。カチャカを世に出すまでにはどれくらいの開発期間があったのでしょうか？

寺田氏　2018年にジョインして2019年に本格的に企画開発を始め、2023年2月春に発売しました。企画から世に出るまででおよそ3年半です。

小川　GIFTechのYouTubeで私も初めて知りましたが、企画当初のカチャカはお片付けロボットとして腕（アーム）があるものだったのですね。その腕を取ることを決められたのは英断だったと思いますが、実際にはどんな状況だったのでしょうか？

参考動画
【MVP Focus ep.2】人の指示通りに自動で動く家具kachakaの"売れる" MVP開発に迫る！
https://www.youtube.com/watch?v=sb-o9NXMhcA

寺田氏　アームをつけたものも研究や展示レベルで見せることはできていたのですが、カチャカを実際に家庭で使ってもらうことを具体的に考えると、アーム付きの場合だと家庭内での使用に10年くらいはかかりそうな感覚でした。ロボットの業界で、きっと10年後には実現できるみたいな話題は多いのですが、それだとずるずる先延ばしになってしまうので、プロダクトを前に進めることを重要視すべきだと考えて変更することを決めました。

小川　腕をなくして自走することで利便性を出すプロダクトに変更してから、モニターに使ってもらったり、テストをして世に出していったりという過程で、アームのないカチャカがユーザーにとって必要なプロダクトであることを実感できたタイミングはありますか？

寺田氏　想像以上にさまざまなタイミングで発見がありました。最初のユーザー使用テストでは利用率も低く、値段と機能が合っていないなどの厳しい意見が多く、企画時点に机上で描いていたニーズと実際にお客様に使ってもらったときのギャップは大きかったです。だからこそ、常に顧客目線をもって想像することと、ギャップを埋めるためのPDCAをいかにして早く行うかがもっとも重要だと考えています。

小川　顧客目線を念頭に開発するGIFTechなエンジニアとしての寺田さんのお考えをお聞きすることができました。ありがとうございます。大泉さんのご感想はいかがで

しょうか？

大泉氏　お話をお聞きしながらプロダクトやサービスを開発し世の中に届けるプロジェクト全般で「ビジネス」「テクノロジー」「クリエイティビリティ」という3つすべて必要であることを再確認しました。もしかしたらマーケティングとクリエイティブをメインに行ってきた私と寺田さんとは、本来接点があまりなかったかもしれません。しかし、GIFTechにともに関わり、こうしてお話をさせて頂けていることを考えると、寺田さんは特にテクノロジーに詳しく、私はクリエイティブに詳しいですが、それだけに特化せず前述した3つすべてに関わってきたことは共通であり、そんなことが今のご縁につながったのではないかと思います。

自分は「テクノロジーだけしかやらない」「クリエイティブしかやらない」ではなく、それぞれの領域を飛び越えて関わる思考や行動が重要なのではないかと思いました。企業のパーパス策定に注目されてから数年経ちますが、プロダクトやサービス自体にもパーパス（存在意義≒Why）があると思います。プロジェクトに関わるメンバー個々がもっているWhyやプロジェクトのきっかけとなっているWhyを、各メンバーが領域を飛び越えて議論をすることで相互理解を深めて、プロジェクトの本質を明確にしながら進めていくことが重要なのではないかと感じました。

小川　大泉さんのクリエイティブの対象は、はじめは映像でした、今はサービスデザイ

ン、CX（カスタマーエクスペリエンスデザイン）を統括する立場になり、対象を大きく拡張されています。仕事で特に心がけていることはありますか？

大泉氏　寺田さんの話にも通じると思いますが、（顧客を含めた）「相手目線」です。私はクリエイターとしてBtoB、BtoCに関わらず、そのビジネスがターゲットとする方々がなにを求めているかを想像し、逆算して必要なものを考える癖がついていると思います。　小川さんから今回のインタビューのお話を聞いて協力させていただいていますが、今も会話をしながら、小川さんが読者になにを届けたいのか？　どういうゴールを迎えたいのか？　どうするとインタビューの時間はハッピーなのか？　そんなことを想像しながらお話をしていて、それが癖になっていると思います。相手の目線に立って考察することはCXデザイナーの習慣とすべきだと考えます。

小川　ちょっとした仕事のやりとりでも、相手のことを想像しながら連絡しているかはわかりますよね。大泉さんからいただくご連絡はちょっとしたやりとりに配慮いただいていることが見えるので、もっと頑張ろうと思うことが多いです。その逆の人にならないように私も気を付けてなくてはいけないと思いました。相手目線を癖にするというのは簡単ではないと思いますが、大泉さんのように癖にできるまでは意識して続けるのが大切だと思います。

また寺田さんはマーケティングの専門家で

はありませんが、GIFTechのYouTubeで非常に重要なマーケティング視点に言及されていたと思います。「カチャカ」は炊飯機などと違って「こんな風においしく炊ける」などその価値を説明することが難しいこと、その商品のベースとなる知覚がないから訴求が難しいことについて言及されていました。私もカチャカのプロジェクトをお手伝いしたときに、プリファードネットワークス社CMO（チーフ・マーケティング・オフィサー）の富永氏から「メンタルモデル」という言葉を教わりました。メンタルモデルとは、共通認識としてもっているプロダクトやサービスのカテゴリーの前提知識のことです。カチャカにはメンタルモデルがないことを課題として設定し、それをゼロから醸成しながらプロダクトを浸透させるにはどうすればよいかを念頭に置いてマーケティングを設計されていたことが印象的です。カチャカのメンタルモデル形成に関する気付きを教えていただけないでしょうか？

寺田氏　カチャカを世に出した当初はテストマーケティングとして、SNS広告などのデジタル広告を用いてECに集客するなども行って拡げていく試みもやりましたが、なかなか難しく、そうしたコミュニケーションだけではメンタルモデルはできないと痛感しました。目の前にプロダクトがあって、実際に使って動かしてみてはじめてわかる部分が大きいことを改めて認識しました。デジタル広告のテストを経て、展示や体験会の場を一気に増やす戦略に転換しました。メンタルモデルがすでにある製品であればそうした取り組みは必要ないのですが、カ

チャカのようにメンタルモデルがない製品を世に出して浸透させるときは、体験が重要だということが明確になりました。考えてみると、VRヘッドセット「Oculus Rift」が登場した当初も、製品の情報だけ見ても買いたいとまったく思いませんでした。しかし、実機を装着してみて一気に印象が変わった事を思い出しました。トライアルエラーをしながら気づくことも多いですが、カチャカの場合は体験する機会を作り、拡大することがいかに重要か？ これについてチーム全体で早く気付くことができました。実際に取り組むことで、実機が動くために必要なスペースなどの制約をクリアしつつ、ユーザーがプロダクトを体験したいと思ってもらえる状況を目指すための課題にも気付くことができました。

小川　カチャカを世に出してよかったと実感することは多いと思いますが、印象に残るユーザーのエピソードを教えていただけないでしょうか？

寺田氏　カチャカ公式のYouTubeに映像がありますが、岩手県盛岡市の「マグロダイニング魂(soul) 」という飲食店の導入事例があります。店主の方が1人、いわゆるワンオペで1日予約3組に対応する営業をされていましたが、カチャカを導入してからは4組〜5組のお客様に対応できる様になったそうです。YouTubeでも「ワンオペの

救世主」とおっしゃっていただいています。また、これはYouTubeで紹介されていませんが、店主の方から今月時点（2023年2月）時点でカチャカが累計1000km走行したとお聞きしました。仕事の仕方も変わり、お店のお客様にも「カチャカ」が馴染んでいて、配膳と下膳双方をカチャカが行うことが常連のお客様にも理解していただいているそうです。

小川　今回の書籍では、調査テーマに日本の観光をテーマにしたものも入れていますが、カチャカは観光でも活躍しそうですね。

寺田氏　観光もそうですが、日本全体の働き手の減少に対して、特に地方ではその影響が大きいと思います。働き手の減少を補う一助として、カチャカ活用の場面が増えればうれしいです。

小川　高齢化社会において、カチャカが担う役割は今後も大きくなると思います。2023年11月10日に放映されたTV番組「ガイアの夜明け」でカチャカが特集された際、病気で体が不自由な方やシニアの方にカチャカをお届けして、お使いになった皆さんがカチャカを「かわいい」とおっしゃっていた場面が特に印象的でした。

寺田氏　高齢者施設や飲食店にカチャカ

インタビュー

参考動画
カチャカ導入事例 | 配膳ロボット【飲食店：マグロダイニング魂(soul) 様】
https://www.youtube.com/watch?v=N38rjNyOXNw

をもっていってわかったのですが、お子様やシニアの方がカチャカに対して「かわいい」という反応が多い一方で、意外とミドルエイジの方ほどドライな印象です。その理由の明確な解はまだありませんが、おそらく「足腰が弱っているから役に立つ」といった機能的な側面の理由でなく、孫的な存在として親近感をもたらせているものかもしれません。いずれにせよ、高齢者の方のカチャカの受容性が高いことは大きな発見でした。

小川　少子高齢化が本格化する日本の働き手不足を解決するカチャカが、高齢者の方に「かわいい」と受け入れられたことは大変すばらしいことだと思います。

寺田氏　大切なのはUX（ユーザーエクスペリエンス）だと思っています。高齢者施設や飲食店で高齢者の方がカチャカを体験されたときは、すでにカチャカの設定を済ませた状態で、カチャカが配膳などを行ってくれる状況を体験しています。しかし、ご自身がカチャカを購入してから使用するまでには、使用場所の状況を設定してスマホで専用アプリをインストールして、ペアリングしてWi-Fiにつないでなどの手順を行う必要があります。それらの手順を飛ばして便利な部分のみ体験いただくほうが好印象につながりやすいと思います。

意外に思われるかもしれませんが、カチャカを購入された方の最高齢の方は90代です。我々も努力を続けて、先ほどお話したようなカチャカの活用に必要な手順の最適

化を続けていますが、そのハードルをクリアするUXを提供することで、カチャカが生活に受け入れられる受容性はもっと高くなると思います。UXの重要性は家庭用ロボットに限ったものではないと思いますが、カチャカを活用いただくお客様と向き合って声をお聞きして改良するサイクルのなかで、改めて重要性を実感しています。

大泉氏　カチャカを世にリリースするときも事前のテストや調査でも、お客様に使用感や印象などを聞くプロセスは重要だと思います。調査にフォーカスすると、マクロな視点での定量調査もミクロな視点でのデプスインタビューのようなことも双方行うことも多いと思いますが、多くの場面でマーケターが求めている回答は「そのまま聞いても出てこない」ことがほとんどだと思います。メンタルモデルがないカチャカのような革新的なプロダクトを企画する際に「家具が動くと便利だと思う」といった答えをユーザーからそのまま引き出せることはないと思います。直球で聞いても答えられないからこそ、使用する相手の目線に立って具体的な仮説を考えて「こんな機能があった場合はどうですか？」と具体的に聞くことが重要だと思います。そうやって聞くためにはUX視点、相手目線で考える仮説が必要になります。カチャカのように、それまで誰も体験したことがない「家具が動くと便利かもしれない」という仮説をぶつけてユーザーへのヒアリングを繰り返して世に出した結果、「かわいい」と思われることがあることや、シニアの方のほうがそう思ってくれる確率が高いことを発見したことは素晴らしいことだ

と思います。一般的に、先進的なプロダクトは技術に詳しい層をターゲットにすることが多いですが、実際にはシニアの方から「かわいい」と思われるなど、想定外のターゲットからもポジティブな反応を得られることがあります。これは、マーケティングの仮説検証を通じて初めて得られる貴重な発見です。

小川 仮説を考えてぶつけて、また柔軟に新たな仮説を作りながら精度を上げていく、フレキシブルな思考と行動力が必要ということでしょうか？

大泉氏 その通りです。GIFTechの取り組みも、もとになった着想と仮説は「技術を磨くハッカソンは多いが、ゼロイチの発想力や企画力を磨くものはないので必要とされるのではないか？」というものでした。いろいろ調べて、当初は年代が上の方も下のエンジニアの方も含めた可能性を考え、最終的に吟味して主にZ世代に向けたものとしました。しかし、その世代のエンジニアの方に「ゼロイチで発想力を磨くハッカソンはないので、やってみたら面白いのではないか？」と聞くと反応は意外に渋く、主に「なんでゼロイチの発想力を身につけなければいけないのですか？」ということでした。

小川 ポジティブな反応が得られた話かと思いましたが、意外ですね。

大泉氏 対話しながら意見を紐解いていくと、ゼロイチで企画をするという前提が1人

ではなく、仲間やチームで「共創」するという発想を前提にすると、皆さんの反応が非常に前のめりでポジティブになりました。個人のエンジニアリングでのゼロイチでやれることの限界をわかっている部分があり、チームで連携して行う共創の必要性を認識されていたんです。これは言葉の言い回しに限った話ではなく、はじめに描いた仮説をぶつけて気づくことができた発見です。1人ではなく仲間とゼロイチを実現する能力、そうした共創を推進するための企画力や発想力を養うハッカソンは必要とされていると実感することができて、歩みを進めることができました。

現時点（2024年2月中旬）で、第1回のハッカソンの募集では想定の8倍の応募を頂いており、応募者の方と面談も進めています、応募の理由をお聞きすると、「クリエイティブプランナーやデザイナーなど、創造力や実現力のある方とコラボレーションすることはほかのハッカソンにはなく魅力的だった」という意見が多かったです。

小川 共創を前提したゼロイチの実現力を鍛える、そんなハッカソンなどの取り組みが増えれば、カチャカのように日本発で世界に誇ることができる先進的なプロダクトやサービスがもっと出てくるのではないかと、非常にわくわくしてきました。非常に勉強になりました。ありがとうございました。

終

インタビュー

Meta日本法人 Facebook Japan 中村 淳一 氏

Meta日本法人 Facebook Japan
マーケティングサイエンス ノースイーストアジア統括・執行役員
※肩書及び内容は取材日2024年2月21日時点のものです。

インタビュー企画概要

P&G社を経て、Facebook Japanの執行役員として日本と韓国も含めたマーケティングサイエンスの統括をされている中村淳一氏にオープンソースのMMMパッケージ「Robyn」を公開いただき、私も2021年から活用を始めています。中村氏は、私がかかわる何年も前からNBDモデルやダブルジョパディの法則、MMMなどのマーケティングサイエンスを活用されています。P&Gからfacebookまで、グローバル企業でマーケティングサイエンスの推進に関わる中村氏に、マーケティングサイエンスの先輩としてお聞きしたいことに加え、エビデンスを得るために用いる道具となるサイエンスを活用する以前に重要なことを学ばせていただきたいと考えてお話を伺いました。

参考サイト
MMMへの関心の高まりにはCookie規制の影響が。ビジネスに取り入れる時のポイントを語る
https://markezine.jp/article/detail/39161

小川　まずは中村さんのご管轄業務を教えてください。

中村氏　Metaプラットフォームズ日本法人 Facebook Japanの執行役員をしていますが、管轄領域は日本だけでなく韓国も含めたマーケティングサイエンスの統括で、最近はオーストラリアも見ています。マーケティングサイエンスとは、マーケティングとデータサイエンスを掛け合わせた言葉で、メンバーはデータサイエンティストがほとんどです。我々がデータサイエンスを適用する領域はクライアントのマーケティング活動で、Metaのプラットフォーム上で行われるクライアント企業それぞれのアドバタイザーとして、パフォーマンスの最適化やイ

ンダストリー（業界カテゴリー）全体としてのやり方をデータとサイエンスで向上していくことがミッションです。クライアントサイド、業界サイド双方でのやり方をデータドリブンに行う支援をしながら、クライアントのパートナー（広告会社など）も含めて皆様のビジネスの最大化を支援させていただいています。

小川　今のご職業に至るキャリアをお聞かせください。

中村氏　Metaへの入社前は、P&G社に15年超在籍していました。P&G時代も今も共通しているのは、ユーザーや市場のインサイトと分析をベースにマーケティング戦

略立案・実行を行っていることです。P&Gでは、それらの分析を自社商品のマーケティング戦略に落とし込み、今はクライアントのマーケティング戦略の変革に活用しています。P&G在籍時、日本では柔軟剤のレノアの新規市場投入やヘアケアカテゴリーのポートフォリオマネジメント、耐久財のBRAUN（ブラウン）も手掛けました。ほかには、小売り企業と共同でショッパーマーケティングも行っていました。

2013年からはシンガポールに移って、アジアのビッグデータ系プロジェクトやグローバルのメディア・プランニングのフレームワークを作り、トレーニングすることを行いました。もともとTV活用が中心の会社でしたが、デジタルの影響が急拡大していたため、デジタルを含めた場合のメディア・プランニングの型を作っていました。書籍の内容に関連する話題としてMMMは2003年から取り組んでいたため、足掛け20年以上やっています。P&G時代は、MMMをどうやってビジネス意思決定に落とし込んでいくかのプロセスにも取り組みました。今はMetaがオープンソースで提供するMMMツールのRobynの活用を浸透させることにも関わっています。

小川 私が2013年から取り組んだので、中村さんが10年以上も先輩です。中村さんが担当されていたヘアケアカテゴリーのポートフォリオマネジメントはブランドマネジメントの1階層上のレイヤーなので、スケールが大きすぎて具体的な仕事内容が私には想像できません。実際にどんなこと

をされていたのでしょうか？

中村氏 カテゴリーのポートフォリオマネジメントをするのはブランドマネージャーよりも上のレイヤーです。どのブランドというよりも、カテゴリー全体での投資計画やファイナンスを第一に考えて計画に落とし込んでいきます。そのレイヤーの意思決定を経てから、各ブランドマネージャーが与えられたPLを管理していく流れです。カテゴリーのポートフォリオマネジメントをするときの重要な観点が3つあります。

1つ目は投資配分です。私が関わっていた当時のヘアケアブランドはパンテーンがあり、ヴィダルサスーン、ウェラといったサロン・プロフェッショナルブランドがあり、ハーバルエッセンスとH＆Sが新登場した頃でした。すべてブランドの「エクイティ[※1]」はそれぞれ変えているつもりですが、完全にきれいに棲み分けられず多少重複します。

最初にやるべきはブランドごとのターゲットの整理と、それを各ブランド担当がクリアに理解することです。コンシューマリサーチなどのインサイトワークをとことん行ったあとで、経営陣も含めて各ブランドのお客様像を理解してもらうために、それぞれのブランドのお客様が住む部屋を想像してモックアップを作りました。それぞれのブランドに合わせたマネキンや家具・カーテンのデ

※1 ブランドが持つ無形の資産価値と顧客との関係性という2つの側面から、ブランドの総合的な価値を表す言葉です。

インタビュー

ザインなどまで検討して、部屋を再現しました。そんな部屋を4つ並べると、さすがに各位の理解が進みます。

2つ目はタイミングの判断です。流通の棚替えは四半期ごとでも若干ありますが、大きなものは年2回（春と秋）だけです。メーカーはそれに合わせて新製品の投入やコミュニケーションの計画を考える必要があります。投資配分とタイミングの判断のために、MMMとNBDモデルやダブルジョパディなどを踏まえたフォーキャストモデル（予測モデル）があり、それを活用し判断します。それら数理モデルの予測を各ブランドにあてはめて全体を捉えたうえで投資配分とタイミングを決定します。具体的には、マーケティングコミュニケーション予算や新製品ローンチのタイミングまで落とし込んでいくプロセスです。

3つ目はショッパー視点のマネジメントです。棚のどこをとるか、いつ山積み陳列をとるか、そうしたことをショッパー視点で理解し前述した2つの視点に加えていくイメージです。

小川　P&Gのご経験は今のお仕事にどのように活きているでしょうか？

中村氏　P&Gはグローバル企業なので、1企業で複数のブランドやカテゴリーに関わり学んだことがMetaでの業務に活きています。たとえばMMMを例にすると、化粧品のモデリングと洗剤のモデリングはまったく性質が違います。化粧品などは新規顧客と既存顧客のロイヤル化を分けた2つのモデルを作りますが、洗剤はそれを分けてもさほど差はでないので分けません。Metaではより多くのカテゴリーのクライアントさんを支援しながら会話していますが、一企業で複数の事業やサイエンスにかかわってきたことは筋肉になっていると思います。

小川　P&Gでご経験されたとお聞きしたグローバル・メディア・プランニングの経験もMetaでの業務とリンクすると思います。その規模のプランニングの場合、重要な視点にはどんなものがあるのでしょうか？

中村氏　グローバル・メディア・プランニングでもMMMの話題はあるのですが、MMMの陥りがちな罠にROI追及があります。ROIを追及し続けると、中長期でのブランドの成長にはつながらないことが多いです。小川さんはたとえば消費財などでメディア・プランのROIがもっとも高いのはいつだと思いますか？

小川　新商品登場直後または新しい広告を投じた直後でしょうか？

中村氏　正解はコミュニケーション予算が限りなく0に近いときです。コミュニケーション投資がなくてもベースの売上は残るのでROIは最大になります。しかし当然、それではビジネスは伸びないわけです。コミュニケーション投資が0の場合、顧客離反は原則止められないのでシュリンクしていきます。市場浸透率を高めるための効果とスケールを意識した投資と効率性の2軸が必

ず必要で、MMMのS字カーブともリンクします。

小川　書籍の本編でも、RobynのヒルΜ数のS字カーブを紹介しています。

中村氏　S字カーブは効果とスケールを意識した際に、当該チャネルでどこまで投資できるかの目安を数字で把握することができます。ROIだけ見てMMMを考えるとシュリンクする方向になってしまうため、スケールの軸を念頭に入れることが重要です。データ分析が得意でもROI視点での効率性だけでなく、実際にブランドをスケールすることを考えた現実的な判断を踏まえた投資判断にまつわる経験は、現職のメンバーとの議論にも生きていると思います。

小川　2013年頃、当時働いていたエージェンシーで欧米製の高価なツールを契約した経験があるので、はじめてRobynがオープンソースで提供されていたことを知ったときに驚愕しました。高機能なMMMツールをオープンソースで公開していただいているのはなぜでしょうか？

中村氏　MMMを手掛けている理由と、なぜオープンソースなのか？　この2つに分けてご回答します。まず前者ですが、Metaの効果測定上の原則となる考え方が3つあります。

1つ目が、効果計測はCookieベースのものではなく、人ベースであるべきというものです。もともと現在のCookie規制の話題が出る前から、人単位で効果を把握する、1ユーザーのクロスデバイス、クロスチャネルを踏まえた効果測定ができないとダメという考え方がベースとしてあります。2つ目はクライアントが重要視するKPIを重視することです。もともとはfacebookの広告は「いいね！」を取る目的をプッシュしてサービスがスタートしましたが、「いいね！」が増えてもクライアントが求める売上に貢献しないケースも多々ありました。そうした苦い経験を経たうえで、重要なのはクライアントのビジネスゴールであり対応するKPIであると考え、そこから逆算してMetaがなにをすべきかを考えるようになりました。結果的に、購買に関連する態度変容を重視する考えになっています。そして3つ目は、効果測定パートナー会社との連携です。クライアントさんによっては広告プラットフォーマーであるMetaの言うことよりも、第三者的な計測や分析を信じる方針の方もいらっしゃいます。その場合、我々は固執せず、外部の効果計測ツールや効果分析会社とのパートナーシップを公開してオープンにご紹介するスタンスです。

こうした3つの原則にMMMはマッチします。少しマクロ的な分析にはなりますが、1つ目のCookie単位でもないですし、2つ目のクライアントが求めるKPIにオフライン・オンラインを問わずに柔軟に対応することができます。またオンラインに限らずオフラインでもクライアントが投資するメディア、チャネルは多様化と複雑化は進んでいたため、全体最適の視点での分析としてMMMの必要性を感じており、Robynを公開する

以前からクライアントにMMMを提供するためのパートナーシップがありました。その状況に加えて、Google ChromeなどのCookie規制などにより、昔はよく行われていた「MTA（マルチ・タッチ・アトリビューション）[2]」が現実的ではない状況になってきました。

小川　私も2011年〜2014年くらいにMTAの分析に積極的でした。2013年からMMMを学ぶようになったので、その時期はMTA＋MMMを併用していました。しかし最近は、MTA的なアプローチに注力する発想がなくなっていて、各計測ツールのうち来訪先不明などの欠損情報が明らかに増加してきました。

中村氏　現状のMTA的なアプローチの分析においては、そもそも取得できないデータが増えているなかで、アドプラットフォーマーごとに欠損した情報を補完するモデリングが入っている状況です。そもそもCookie規制などが起きている背景は、ユーザー側が「自分のデータを活用して勝手に追跡広告を打たないでほしい」というプライバシーに配慮して、ユーザー目線でデータの活用を適正化する世界の潮流が

あると思います。これについてステップバックして考えると、企業側がデータの主導権を持ってマーケティングに活用していたものを、今は個人が嫌だといえます。つまり、データの主権が企業から個人へ移動する流れになっています。私としてはこのプライバシーに対する配慮から来る流れは不可逆的であり、変えることはできないと思っています。その実情を踏まえると、統計的に分析することでプライバシーの問題はクリアできる点でもMMMの意義は大きいと考えます。

小川　今回のほかのインタビューでは、パーソナルデータ流通の専門家の方にもお話をお聞きしています。グローバルの潮流を意識して、かなり先を見ていらっしゃるので改めて感心しております。

中村氏　マーケターの方のなかには、モデリングに対する忌避感がある方がいらっしゃるかもしれませんが、行動データが得られている方は非常にごく一部の方（広告のオプトアウトなどを一切行わない方など）で、セレクション・バイアスが発生したサンプルになっていることも多いため、それを補う欠損補填のための推計にモデリングがすでに行われている現状があります。モデリングはGoogleさんやMetaなど各プラットフォームでバラバラの方法で行われています。そうした欠損補完のモデリングはそれぞれのプラットフォームごとの広告最適化においては十分に機能しますが、横断比較には向いていません。その役割ではMMMが有用です。

※2　MTA（マルチ・タッチ・アトリビューション）は、顧客がコンバージョンに至るまでの過程で接触した複数の広告チャネルの効果を分析し、それぞれの貢献度を評価する手法です。しかし最近はGoogle ChromeなどのブラウザでサードパーティCookieの規制が強化されています。これにより、広告主はユーザーの行動をサイト横断的に追跡することが難しくなりました。

小川　ありがとうございます。では、なぜRobynをオープンソースで公開していただけるのでしょうか？

中村氏　弊社のミッションに関連します。アメリカの企業はミッションを重視しており、ミッションによってどんなカルチャーでなにを取捨選択するかが変わります。弊社のミッションは「コミュニティづくりを応援し、人と人が身近になる世界を実現する」というもので、オープンソースはあくまでコミュニティづくりのための手段です。もともと弊社はRobynに限らず、企画学習ライブラリ「PyTorch」や大規模言語モデル「Llama（ラマ）」など、オープンソース開発にも積極的です。オープンソースによってコミュニティを作り、コラボレーションを喚起することでより良いものを作っていく考えです。

Robynの目的はMMMのコミュニティを構築し、イノベーションの議論を活発化させて、より良いオープンソースコードを作ることです。Robyn以外のMMMツールもあります。今はそれぞれ一長一短だと思いますが、3年から5年後の未来にRobynのコミュニティが機能していた場合はRobynが抜きん出ていると確信しています。理由としては、コミュニティからのフィードバックを大事にして、常に進化を続けていくことを前提にしているためです。2022年にAPACでハッカソンを行い、日本から広告会社などにも参加いただいてアイデアをいただいたのですが、そのアイデアが今のRobynのベースコードに反映されています。Robynが進化し続けるため、それに必

要なコミュニティを作るためにオープンソースにしているわけです。

小川　ありがとうございます。この書籍をきっかけにRobynでサイエンスに取り組む方が増えることに貢献できればと思います。これだけ高機能なMMMツールがオープンソースなのに使わない理由はないと思っています。

中村氏　昨今データサイエンスに取り組む方が増えている実感があります。Googleさんや弊社のオープンソースでMMMの民主化をしていきたいと思っていますので、皆さんの武器として使っていただければと思います。また、MMMは特別なものではないと思っています。「クラスタリング分析できます」と同じくらいの感覚で「MMMできます」っていう人をどんどん増やしていただければと思います。小川さんはMMMを使った独自のユースケースを拡張して紹介してくれてるので有り難いです。

小川　MMMは貴重なエビデンスになりますので、活用法を発展させ、体系化して、今後も発信して参ります。書籍でテーマにしている、ビジネスで重要な仮説力や検証力についてのお考えもお聞かせいただけないでしょうか？

中村氏　これは仮説力と検証力ともリンクする内容ですが、突き詰めるとビジネスに必要な能力は"予測力"だと思っています。これはユーザーインサイトにおいても重要なテーマで、インサイトで重要なのはユー

ザーの肌感を持つことです。私は、イベントや勉強会でお会いするマーケターの方に「ご自身のパートナーやご家族の方に直接本人たちに聞かずに、喜ばれるプレゼントを用意できますか？」と聞いています。これを聞くと、多くの皆さんが「100％できるかはわからないけど、まあまあのプレゼントは選べるのではないか？」とできそうな感じがします。それも予測力だと思います。直接聞かなくても、一緒に過ごしている方なので「こういう色は嫌いだよね」などの肌感がある状態です。マーケターから「インサイトについてどうすればいいですか」と相談されることは多いので、まずはそうした肌感を持って、自分が行うコミュニケーションによってご自身のブランド・サービスのお客様がどういう反応を示すかの予測力をつけてくださいとお話をしています。またここまで話題にしたのは質的な予測力ですが、量的な予測力も大切です。「これくらいのメディア予算を投資して、こういったマーケティングプランを行ったらどれくらい売上が増えるでしょう」という感覚が大事だと思っています。小川さんが開発した消費者調査MMMもそれですよね。どの施策にどれだけ投資したらどれくらいのリターンがあるかを消費者調査で定量化するアプローチです。

小川　ありがとうございます。量的な予測力については長年行ってきましたが、質的な予測力については目からウロコであり、非常に感心しています。

中村氏　データサイエンスの手法も大事ですが、専門的な手法を使わなくても感覚的

に予測力を鍛錬している方もいらっしゃると思います。予測力を磨くのにどうしたらよいか？　そこで必要になるのが仮説構築力と検証力です。

たとえば小売り店舗の店長の方が日々行っていることは予測ですよね。このシーズンにこれくらいの天候だったらどれくらい売れるかを予測しています。毎回仮説を立てて実際はどうだったかを検証するプロセスを繰り返すことで、その肌感が身についているわけです。「VUCA（ブーカ）[※3]」という言葉があるように、近年の環境はさらに予測が難しい変化が激しい状況になります。予測をするために必要な係数が定数ではなく変数になっているような状況のなかで、PDCAを柔軟かつ速くやり続けなくてはいけません。それが予測力を養う本質だと思っています。

MMMで過去の検証をする際、「これはよかった、よくなかった」を判断して次に活かすサイクルも大事ですが、本当はMMMをより有益に機能させるには順番が逆だと個人的には思います。仮説があって、「これをやったら売上がこれくらい上がるに違いない」という仮説と対応するプランを立てて、そのあとMMMで検証することです。一般的に行われているMMMは、まず診断

※3　VUCAは、Volatility（変動性）、Uncertainty（不確実性）、Complexity（複雑性）、Ambiguity（曖昧性）の4つの単語の頭文字をとった造語です。社会環境の複雑性が増したことで、想定外の出来事が起こり、将来予測が困難な状況を意味します。

とばかりに過去を分析してみて次に活かす順番です。しかし、本来やるべきは明確な仮説を持って、あちこちでプランを仕掛けておいて、MMMでそれぞれの仮説の良し悪しを判断し学ぶことです。その仮説の内容によって、MMMの分析モデルの変数選択も変わってくると思います。

「仮説なしであとから検証」というMMMの取り組まれ方は非常にもったいなくて、先に仮説とプランニングありきでMMMを活用することで、もっと有効に活用できると考えています。

小川 ありがとうございます。今はプロジェクトのデザインとして、MMMを内製で実装するスタンスの企業しか支援を行っていませんが、MMMをやったことがない企業がまず診断してみようといった目的で取り組まれる場合、仮説を後付けするようなプロジェクトのデザインになってしまうことから多くの失敗をしてきた反省があります。ご指摘いただいたことは非常に重要なことだと思います。最後に、書籍でテーマにした日本の観光について、メタバースと連動させた取り組みや事例を教えていただけないでしょうか？

中村氏 弊社のミッションは「コミュニティづくりを応援し、人と人が身近になる世界を実現する」ことです。メタバースは「物理的な距離と属性を超えて人と人が新たな方法でつながるソーシャルテクノロジーの次なる変化」と認識しています。それに対して長期的に取り組むスタンスです。

メタバースに関しては大事な要素が3つあると考えていて、1つ目が没入感、2つ目がその場にいるような感覚、3つ目が相互運用性です。 英語だと"immersiveness"、"presence"、"interparability"です。今まではスマートフォンなどのモバイル端末上の画面でしたが、VRヘッドセットを使って3D空間の中に入る没入感を味わうことができて、他の方と物理的には離れていても仮想の3D空間上で同じ場所にいるような感覚を共有することができます。モバイルインターネットはそれぞれのアプリごとに閉じられた世界でしたが、メタバースはアプリとプラットフォーム、バーチャルと現実世界を行き来できるので、いろいろな世界を融合して体験することができます。さまざまな研究の実績を活かし、今後はメタバースに関わる各領域に必要なツールやテクノロジーをサポートしていくことが弊社のスタンスです。テクノロジーの世界では、イシューが明確であれば、時間はかかっても、あとは解決するだけという考えがあります。ここでのイシューとは、テクノロジーによって解決すべき課題や問題点のことを指します。これが明確になってさえいれば、解決し得るという考え方です。

旅行に関しては、日本では2018年から各地方自治体と連携協定を結んで地域活性化に取り組んでいます。世界に先駆けて高齢化が進む日本で福祉領域において、VRやAR（拡張現実）などのXRテクノロジー活用の可能性を発信することを目的とした「VRを活用した未来の福祉プロジェクト」が発足しています。VR空間で疑似旅行を

行う体験の提供やVRコンテンツ作成の
ワークショップを行うことで、シニアの方を
はじめとする参加者と地域社会のつながり
強化およびコミュニティづくりをサポートし
ています。 いちばん最初の取り組みは
2023年の8月で、神戸市の特別養護老人
ホーム「六甲の館」にて、自由に外出するこ
とが難しい施設の入居者を対象に、VR旅
行体験会を開催しました。新しい技術との
出会いを通じて、地域のコミュニティとのつ
ながりづくりをサポートすることが目的と

なっています。

小川　ありがとうございます。ミッションを
ベースに、何に取り組むか？　なぜ取り組
むのか？　こうしたことを明確に判断して
取り組まれていることが改めて戦略的だと
感じました。本日は貴重なお話をありがと
うございました。

終

参考サイト
「VRを活用した未来の福祉プロジェクト」発足後、初となるVR旅行コンテンツが神戸市との連携により完成
https://about.fb.com/ja/news/2023/08/future_of_welfare_with_vr_kobe/

あとがき

　ここまでお読みいただきありがとうございました。『確率思考の戦略論』と『ブランディングの科学』をきっかけに、エビデンスを用いたマーケティングに取り組むブランドとの実務と研究とを行き来し、本書の出版に至ることができました。分析をご自身でも行いたい方向けに特典を用意しましたが、書籍だけでも意思決定の精度を上げるヒントになるものを目指しました。

　本書の2章までは、消費者調査MMMの要素技術として参照させていただいた『ブランディングの科学』で紹介された基礎となる法則を、日本の消費者リサーチで確認しながら皆さんと共有するものでした。

　3章以降は各種法則から着想を得て、因果推論の傾向スコアなどを用いて体系化した消費者調査MMMを共有しました。この手法をさらに磨いて、日本発のマーケティング・リサーチのスタンダード手法にすることが今後の目標です。本書で紹介した分析法の実装のしやすさ、費用面、活用シーンの広さ、（マーケティング戦略意思決定に対する）有効性をまとめてみました。

分析手法	解説した章	実装の しやすさ	費用面	活用シーン の広さ	有効性
ガンマ・ポアソン・リーセンシー・モデル	2章、3章	◎	○	◎	○
消費者調査MMM	3章	△	△	○	◎
RobynによるMMM	4章	○	◎	◎	◎
CEPsを要因としたアシストモデル （消費者調査MMM）	5章	▲	△	○	◎
ディファレンス分析	5章	◎	○	◎	○
ATEによる調査結果の補正	6章	○	○	◎	○

表の補足

　ガンマ・ポアソン・リーセンシー・モデルは、ExcelのVBAでスピーディに分析することができ、費用はインターネット調査費がかかるだけです。直接ヒアリングするよりも購買回数の推計の精度が高いことや、CEPsなど特定の条件でのリーセンシーデータから分析すればさまざまな需要を推計できることから、活用シーンは広いと思います。

消費者調査MMMは、興味があるカテゴリーの主要なブランドのコミュニケーション構造をガラス張りにして把握できるため有効性が高いと考えています。ただし、大規模な標本サイズが必要となるため調査費が多少かかり、実装の難易度もハードルがあります。

　一方、RobynによるMMMは費用がかかりません。デジタルマーケティング限定でもローカルエリアのTVCM施策でも使えるなど活用シーンも広く、マーケティング従事者がやらない理由はないと思います。

　CEPsを要因としたアシストモデル（消費者調査MMM）は、広告コミュニケーションなどにおいて、ブランドのコアなメッセージでなにを訴求するか決める際に有効です。ただし、CEPsの設定自体が難しいことから、消費者調査MMMよりさらに難易度が上がります。5章でのエナジードリンクの分析は20代男性だけで行っていましたが、すべての年代性別を対象とせずに重要なセグメントだけで分析するやり方でもよいと思います。

　ディファレンス分析は、カテゴリーバイヤー理解とPOPの理解に有効です。このテーマで各ブランドがアドホックな調査を繰り返すことはかなり非効率です。消費者向けのビジネスに関わる方は、ディファレンス分析をきっかけとして消費者パネルデータの活用の基礎的なリテラシーを持っておくことが有用だと思います。

　ATEによる調査結果の補正も、活用シーンは多いと思います。自社顧客に向けた調査の回答者は、全体のなかでロイヤルティの高い集団に偏ります。インターネット調査では特定のテーマに回答いただける方に対象をスクリーニングして行うこと一般的なので、世代全体に調査をした際の回答率を推計することで市場全体のポテンシャルを把握することができます。

　また分析手法ではないため表には入れていませんが、本書が対象としていたマーケティング担当者にかかわらず、**「顧客理解を理解する」**テーマは**これから市場を拡大または創造しようとしている方全員**にご活用いただけるものだと思っております。

「はじめに」でテーマにしたように、日本は米英と比較してリサーチをしない国です。手軽にスピーディに実施できますが、インターネット調査では標本が偏るほか、さまざまなバイアスがあります。消費者インタビューから本音を引き出すのも難しいことです。

　こうした例を理由に、消費者リサーチはあまり活用できないという消費者調査不要論をたまに見かけます。その意見に対応し、皆がさらにリサーチをしなくなると、日本は**「良質な消費者リサーチができない国」**になっていくと考えます。企業がリサーチに投じる費用が米英と比較して少ないことから、一般消費者に支払われるアンケートやインタビューなどに対する謝礼の流通額も少なくなっていることが想像できます。

　この傾向が加速すると、アンケートに答えてくれる方はさらに偏りのある稀有な存在となっていきます。アンケート謝礼の流通額が増え、リサーチに応じてくれる人が多くなることは、パネルの偏りを減らし、アンケートパネルになる人が稀有な存在ではなく代表性のある集団に近づくことを意味し、リサーチパネルの質の向上につながるはずです。個人的にも、貴重なご意見をいただくことができるアンケートまたはインタビューのモニターの皆さんに心から感謝しています。

　定量調査のバイアスがあるからこそ、それを知ったうえで補正すること。インタビューで本音を引き出すのは簡単でないことを知っているからこそ、入念な準備や工夫を行うこと。こうしたことを地道に行い、ビジネスを成功させる確率を上げるためのエビデンスを作ることができる人が優秀なビジネスパーソンではないでしょうか？

　私もいまだ修行の日々です。半端な理屈や経験で自己完結させず自らデータを触る、インタビューを行う、ファクトを探索し追及するためにアクションできることだけが唯一の取柄だと思っています。ビジネスやマーケティングを成功させるための素養は理屈ではなく、ファクトを信じ、それに対応するアクションを行うことではないでしょうか。本書と特典が皆さんのお役に立てば幸いです。

INDEX

著者 PROFILE

小川 貴史 Takashi Ogawa

マーケティング・アナリスト
株式会社秤 代表取締役社長

DA サーチ＆リンクと電通ダイレクトフォース（本書初版出版時点
では電通ダイレクト）でマスとデジタルの最適化をテーマにした分
析と改善に注力。デジタルマーケティング支援会社のネットイヤー
グループでコンサルティング経験を積み、2019 年 12 月に法人設立。
マーケティング・アナリストの役割で複数の企業で活動中。前著
『Excel でできるデータドリブン・マーケティング』では、時系列デー
タ解析による効果検証の MMM（マーケティング・ミックス・モデ
リング）を Excel で行う方法など、マーケティング意思決定に役立
つ分析を体系化して紹介した。

note：https://note.com/ogataka/
X：https://x.com/dancehakase

著者 PROFILE

山本 寛 Hiroshi Yamamoto

マーケティングリサーチャー

オリエンタルランドでテーマパークのリサーチに従事したのち、パー
ソルキャリアで転職やキャリアに関するリサーチを担当。現在は総
合エンターテイメント企業にて引き続きリサーチに取り組むと同時
に、個人としても顧客理解を軸にしたリサーチアドバイザーや講師
として活動中。リサーチを通じた意思決定支援に加え、事業者の
顧客志向の強化プロジェクトや自律的なリサーチ人材の育成に従
事している。

note：https://note.com/yamamoto_hiroshi/
X：https://x.com/yama_research

STAFF

ブックデザイン：三宮 暁子（Highcolor）
DTP：富 宗治
編集：角竹 輝紀、塚本 七海

その決定に根拠はありますか？
確率思考でビジネスの成果を確実化するエビデンス・ベースド・マーケティング

2024 年 6 月 26 日　初版第 1 刷発行
2024 年 7 月 26 日　　第 2 刷発行

著者　　　　小川 貴史・山本 寛

発行者　　　角竹 輝紀

発行所　　　株式会社マイナビ出版
　　　　　　〒 101-0003　東京都千代田区一ツ橋 2-6-3 一ツ橋ビル 2F
　　　　　　0480-38-6872（注文専用ダイヤル）
　　　　　　03-3556-2731（販売）
　　　　　　03-3556-2736（編集）
　　　　　　pc-books@mynavi.jp
　　　　　　URL：https://book.mynavi.jp

印刷・製本　株式会社ルナテック

©2024 小川貴史, 山本寛
Printed in Japan
ISBN978-4-8399-8186-0

- 定価はカバーに記載してあります。
- 乱丁・落丁についてのお問い合わせは、TEL：0480-38-6872（注文専用ダイヤル）、
  電子メール：sas@mynavi.jp までお願いいたします。
- 本書掲載内容の無断転載を禁じます。
- 本書は著作権法上の保護を受けています。
  本書の無断複写・複製（コピー、スキャン、デジタル化等）は、著作権法上の例外を除き、
  禁じられています。
- 本書についてご質問等ございましたら、マイナビ出版の下記 URL よりお問い合わせください。
  お電話でのご質問は受け付けておりません。
  また、本書の内容以外のご質問についてもご対応できません。
  https://book.mynavi.jp/inquiry_list/